理書
物之

The Physics Book

作者 —— **柯利弗德‧皮寇弗**（Clifford A. Pickover）

譯者 —— **顏誠廷**

審訂 —— **高涌泉、黃小玲**

目次 |

簡介

物理的範圍

隨著知識之島逐漸成長，與自然的謎題接觸的面積也越來越大。當主流理論被推翻時，我們曾一度確信的東西遭到捨棄，知識重新以不同的方式觸摸這些謎題。這些新發現的謎題可能會讓我們感到渺小與不安，但這就是真理的代價。而充滿創意的科學家、哲學家和詩人將會在這條海岸線上絡繹不絕。

——W・馬克・理查森（W. Mark Richardson），
〈一個懷疑論者的好奇心〉（A skeptic's sense of wonder），《科學》（Science）

美國物理學會（The American Physical Society）是當今最重要的物理學家專業組織之一，這個學會是在1899年，由36名聚集在哥倫比亞大學的物理學家所成立，學會的目標是促進並推廣物理學的知識。該學會在宗旨中提到：

物理學對於了解環繞著我們的世界、我們之內的世界以及我們感知以外的世界，都非常地重要。它是最基本、也最重要的科學。物理學裡的相對論與弦論等概念挑戰了我們的想像力，它還引導了電腦與雷射等改變了我們生活的偉大發現。物理學的研究範圍涵括了最大的星系到最小的次原子粒子。除此之外，物理學還是其他許多學科，例如化學、海洋學、地震學以及天文學的基礎。

的確，今天物理學家的研究範圍又遠又廣，包含了各種酷炫的主題以及基本定理，以了解自然、宇宙以及組成真實世界最細微的結構。物理學家探討多重維度、平行宇宙以及連結不同時空的蟲洞存在的可能性。就如美國物理學會所說的，物理學家的發現經常會導致新的科技，甚至改變哲學以及我們看待這個世界的方式。舉例來說，對許多科學家來說，海森堡的不確定性原理意味著物質宇宙並非以決定論者所說的形式存在，而是一個由各種可能性所形成的神祕組合。我們對電磁學的了解導致了無線電、電視與電腦的發明。我們對熱力學的了解則導致汽車的發明。

從這本書中，你將會發現物理學的範圍無法以年代來區分，更難以劃定界線。我採用了一個較寬廣的視角，把工程與應用物理，以及我們對天體了解的進展都納了進來，有些主題甚至還帶有哲學的意涵。儘管這樣的範圍很廣，但是大多數物理領域都有一個共通點，那就是科學家非常仰賴數學工具來了解、實驗並預測自然世界。

愛因斯坦曾說，世界上最難以理解的事就是，這世界是可以理解的。確實，我們似乎活在一個可以用簡潔的數學式與物理定律來描述或近似的宇宙中。然而除了這些自然定律之外，物理學家還鑽研一些人類所曾思考過最深奧難解的概念，例如相對論、弦論以及大霹靂宇宙論。量子力學讓我們瞥見一個如此古怪又違反直覺的世界，讓我們對空間、時間、資訊以及因果產生疑問。然而，姑且不論量子力學的那些神祕指涉，這個領域的研究成果已經被應用在雷射、電晶體、微晶片以及核磁共振造影等各式各樣的領域與科技上。

這本書的內容也把提出那些偉大物理概念的「人」納入其中。物理學是現代科學的基石，幾個世紀以來它吸引了無數的人們投身其中。牛頓（Isaac Newton）、馬克士威爾（James Clerk Maxwell）、居禮夫人（Marie Curie）、愛因斯坦（Albert Einstein）、費曼（Richard Feynman），這些史上最偉大而迷人的心靈，都曾將自己奉獻給物理學的進展。他們改變了我們看待宇宙的方式。

物理學也是科學中最困難的學科之一。物理學對宇宙的描述永無止盡地成長，而我們的思考與語言技巧卻有極限。每天都有新的物理被發現，因此我們也需要新的方式來思考與理解物理。德國理論物理學家海森堡（Werner Heisenberg）曾擔心人類或許永遠無法真正了解原子；但是丹麥物理學家波耳（Niel Bohr）則在 1920 年代初期樂觀地回應：「我想我們還是可以辦得到，但是在這個過程中，我們或許必須學習『了解』這個字，到底意味著什麼。」今天，我們藉由電腦來分析超越我們直覺的事物。事實上，以電腦所進行的實驗已經讓物理學家得以提出在電腦普及以前無法企及的理論與洞見。

現在有一些傑出的物理學家認為在我們的宇宙之外，還有許多像是一層層的洋蔥或是奶昔裡的泡泡一樣平行存在的宇宙。在某些平行宇宙理論裡，我們或許可以偵測到從鄰近宇宙所「洩漏」過來的重力，偵測到這些宇宙。舉例來說，來自遙遠星球的光可能會因為幾公分外、位於平行宇宙中的不可見天體而產生扭曲。整個多重宇宙的概念並不像它表面上看起來那樣的異想天開。根據美國研究者大衛拉柏（David Raub） 在 1998 年對 72 名頂尖物理學家所做的問卷顯示，有百分之五十八的科學家，包括霍金（Stephen Hawking），都相信某種形式的多重宇宙。

《物理之書》的內容涵括了從理論與具備卓越實用性的發現到奇特難解的主題。在其他的介紹物理的書籍裡，你可能看不到介紹完 1964 年的次原子粒子——上帝粒子（God Particle）後，下一篇出現的會是 1965 年風靡了整個美國，擁有絕佳彈跳力的超級球（Super Ball）。我們還會介紹有朝一日可能會撕裂星系，並造成可怕的宇宙大撕裂，終結宇宙的神祕暗能量（Dark Energy）；以及開啟了量子力學的黑體輻射定律（blackbody radiation law）。我們將一同沉思涉及與外星生命接觸的費米悖論（Fermi Paradox）；探索一座在非洲發現已經運作了 20 億年的史前核子反應爐。我們將會討論到創造出史上最深沉的黑——比車子的黑色烤漆還要黑上一百倍——的競賽。這種「終極的黑」未來可能可以用來更有效率地從太陽獲取能量或是設計極度靈敏的光學儀器。

本書裡的每一節都很簡短，這種形式可以方便讀者很快地切入一項主題，而省略冗長的說明。想知道人類最早是在什麼時候看到月球的遠側？〈月球的黑暗面〉（Dark Side of the Moon）就可以獲得簡短的介紹。什麼是古老的巴格達電池（Baghdad batteries）之謎？什麼又是黑鑽石（black diamonds）？這本書裡將會提到這些與其他令人好奇的主題。我們將會懷疑真實是否其實只是人為的建構。當我們越來越了解宇宙，而且可以利用電腦來模擬複雜的世界時，即使是嚴肅的科學家也開始質疑真實的本質究竟為何。會不會我們其實都活在電腦所模擬出來的世界裡？

在我們生存的這個小小星球上，我們已經發展出可以用軟體與數學規則來模擬類似生命的行為。有一天，我們或許可以創造出具有思考能力的生物，存活在如同馬達加斯加雨林那樣複雜而多樣的豐富虛擬空間裡。也許我們還能模擬「真實」本身，而更先進的生命或許早就在宇宙的另一個角落這樣做了也說不定。

本書架構與目的

　　我們的周遭俯拾皆是物理原理的例證。我撰寫《物理之書》的目的是希望將重要的物理概念和思想家簡短地介紹給更多的讀者，每一則主題都只需要短短的幾分鐘就能消化。大多數的內容都是我本人覺得有趣的主題。可惜的是，礙於篇幅本書並無法納入所有偉大的物理學里程碑。因此為了要在有限的篇幅裡盡量勾起讀者對物理學的好奇心，我不得不略去許多物理學上重要的發現。然而我相信本書已經囊括了大多數具有重要的歷史意義以及對物理學、社會與人類思想有重大影響的主題。有些主題非常實用，例如滑輪、黃色炸藥、雷射以及積體電路；有些還蠻有趣的，比如說回力鏢以及矽膠黏土。我還提到了幾個奇特甚至聽起來有點瘋狂，但是卻十分重要的哲學概念，像是量子永生、人擇原理或是快子等。有時一些資訊片段會重複地出現，目的是確保每一條目都獨立可讀。其中粗體字的部分是用來提醒讀者書裡有關的條目。另外，每一條目下的參照條目，可以幫助讀者以橫向的方式串連閱讀本書。

　　物理之書反映了我本人學識上的侷限，雖然我已盡量地學習更多不同的領域，但要熟習所有的面向並不容易。這本書可以看出我個人的興趣、強處和弱點。這本書若是在主題的選擇上有所不當或是有任何的錯誤都是我的責任。本書的目的不在於成為一本全面或是學術性的著述，而是希望作為修習科學或數學學生，或是其他有興趣的讀者的休閒讀物。歡迎讀者提供任何讓本書更臻完善的回饋或建議。對我來說，這本書是一個持續性的計畫，而且我非常樂在其中。

　　這本書是依主題時間以編年的方式來安排。大多數主題的時間都是發現該概念或性質的時間。但是在「登場」和「閉幕」時的一些主題，例如宇宙學或天文學上的事件則使用真實（或猜想）的發生時間。

　　當然，當發現者不只一個人時，就必須在主題的時間上做一些取捨。通常我會選擇最早的發現時間，但有時候，在請教一些同事和科學家後，我會使用某個概念取得足夠關注的時間。例如「黑洞」這個主題，有好幾個時間可以選：某些種類的黑洞可能在大霹靂時，也就是大約 137 億年前，就已經形成，但是黑洞這個詞是理論物理學家惠勒（John Wheeler）在 1967 年時提出的。最後經過分析，我決定把時間訂在科學家能藉由創造力清楚地描述出這個概念的時間，也就是 1783 年，地質學家密契爾（John Michell）在當時最早討論到一個質量大到連光都無法逃逸的天體。同樣地，我把暗物質的日期訂在 1933 年，是因為瑞士天文物理學家茲威基（Fritz Zwicky）在這一年首次觀測到這個神祕不發光的神祕粒子可能存在的證據。至於暗能量之所以訂在 1998 年，不只是因為這個詞是在這一年提出，而且當時一些超新星爆炸的觀測結果顯示宇宙正在加速膨脹。

　　本書裡的一些較古老的年代，包括西元前的年代，只是一些大概的時間，例如巴格達電池、阿基米德螺旋泵等主題的時間。書中並不會另外標註「大約……」，但是在這裡我要提醒讀者，古代的時間和遙遠未來的時間，都只是粗略的估計。

　　讀者可能會注意到許多基礎物理上的發現也導致了許多醫療器具，這些器具減輕了人類所受的苦痛並拯救了許多生命。科學作家約翰·西蒙斯（John Simmons）說：「醫學上大多數用來診斷人體的儀器都要感謝 20 世紀的物理學進展。在倫琴（Wilhelm Conrad Röntgen）發現神的 X 光幾星期以後，這種工具就已經被用在醫療上。幾十年後的雷射是量子力學的其中一種實際應用。超音波影像是為了偵測潛艇而發展出來的；CT 掃描則必須使用電腦科技。而磁振造影（MRI）則是近年來醫學上最重要

的科技，可以提供人體內部細微的三維影像。」

　　讀者也會發現，有許多重要的里程碑都在二十世紀。而科學革命則大抵發生在 1543 年到 1687 年之間。1543 年，哥白尼發表了探討行星運動的日心說；克卜勒則在 1609 到 1619 年之間建立了有關行星繞行太陽軌道的三大定律；牛頓在 1687 年發表了他的運動定律和萬有引力定律。第二次科學革命發生在 1850 到 1865 年之間，科學家在這段時間內發展並完善了許多與能量及熵有關的概念。熱力學、統計力學以及氣體運動學等領域都在此時大放異彩。量子力學、狹義相對論以及廣義相對論則是二十世紀最重要的創見，徹底改變了我們對真實的認識。

　　本書有時會引用一些科學記者或著名研究者說過的一些話，為了維持版面的簡潔，我並沒有直接在主文中註明出處。我在這裡先為這種安排方式致歉。

　　由於本書內容是以年代來編排，因此讀者可以利用索引來尋找自己有興趣的概念，有些概念會出現在意想不到的主題中。舉例來說，量子力學的概念非常地豐富且分散，因此並沒有一個條目叫做「量子力學」。但是讀者可以從這些主題中找到許多有趣與重要的概念：黑體輻射、薛丁格方程式、薛丁格的貓、平行宇宙、玻色－愛因斯坦凝聚態、包立不相容原理、量子遙傳等等。

　　誰知道未來的物理學將帶給我們什麼？在十九世紀末時，著名的物理學家威廉·湯姆森（William Thomson，即克爾文爵士）曾經宣告物理學已發展到盡頭。他可能想都想不到後來會出現量子力學和相對論以及這些理論對物理學帶來的劇烈變化。物理學家拉塞福（Ernest Rutherford）在 1930 年代初期還曾說過：「任何以為我們可以從這些原子的轉換而取得能源的想法，都是異想天開。」由此可知，預測未來物理學所能帶來的想法和應用即使不是件不可能的任務，也是極為困難的挑戰。

　　最後，讓我們把焦點放在提供我們可據以探索次原子與超星系世界的架構以及讓科學家能用來預測宇宙未來的一些發現。在這個領域裡，哲學的思辨可以刺激科學的重大突破。這本書裡的發現可說是人類史上最偉大的一些成就。對我來說，物理學培育的是一種好奇的態度，這種態度讓我們持續去探索思考的極限，宇宙的運作，以及這個我們稱之為家園的地方在廣袤時空中的定位。

萊斯特，我可以告訴你什麼是大霹靂。

大霹靂就是上帝的細胞開始分裂。

——安萊斯（Anne Rice），《偷屍賊的故事》（*Tale of the Body Thief*）

大霹靂

勒梅特（**Georges Lemaître**，西元 1894 年～西元 1966 年），
哈伯（**Edwin Hubble**，西元 1889 年～西元 1953 年），
霍伊爾（**Fred Hoyle**，西元 1915 年～西元 2001 年）

1930 年代初期，比利時神父兼物理學家勒梅特提出了我們今天所說的大霹靂理論（Big Bang theory）。根據這個理論，我們的宇宙起自一個極為緻密且高熱的狀態，空間從那時以來便不斷地膨脹。科學家相信大霹靂發生在 137 億年前，今天大多數的星系仍然以高速飛離彼此。這些星系與炸彈爆炸後飛射的碎片不同，他們之所以遠離彼此是因為空間本身正在膨脹。星系間距離增加的方式比較像是氣球膨脹時，畫在氣球表面上的黑點彼此會越離越遠的樣子。不管你位在哪個黑點上，都可以觀察到這種膨脹的現象。從任何一個黑點上看出去，其他的黑點都正在遠離。

觀測遙遠星系的天文學家可以直接觀察到這種現象，美國天文學家哈伯在 1920 年代首先發現了宇宙正在膨脹。霍伊爾則在 1949 年的一次廣播中首次提出「大霹靂」這個詞。大霹靂後過了 40 萬年，宇宙才冷卻到足以讓質子和電子結合成中性的氫原子。大霹靂在宇宙誕生的最初幾分鐘就創造出氦原子核和其他的輕元素，提供了形塑第一代恆星所需的原料。

依尚恩（Marcus Chown）的著作《神奇的大爐子》（*The Magic Furnace*）的說法，在大霹靂發生後，氣體團很快地開始凝聚，然後宇宙就像棵聖誕樹一樣突然間亮了起來。這些星星早在我們的銀河系出現之前就已經存在，而且已經死亡。

天文物理學家史蒂芬霍金曾經估算過，如果大霹靂之後一秒宇宙的膨脹速率再小個十萬兆分之一，宇宙就會重新塌縮，而無法演化出智慧生命。

上圖──根據芬蘭遠古創世傳說，天空和大地都是打破鳥的蛋殼而形成的。下圖──大霹靂（最上方的亮點）的示意圖，時間由上而下。宇宙經歷了最初的快速膨脹（一直到紅點）。最早的星星則出現在大霹靂後約四億年（黃點標示的位置）。

參照條目 奧伯斯悖論（西元 1823 年）、哈伯定律（西元 1929 年）、CP 對稱性破壞（西元 1964 年）、宇宙微波背景輻射（西元 1965 年）、宇宙暴脹（西元 1980 年）、哈伯太空望遠鏡（西元 1990 年）及宇宙大撕裂（三百六十億年後）

黑鑽石

記者泰森（Peter Tyson）寫道：「除了夜空中那些燦爛的恆星，科學家很早就知道天空裡還有鑽石……外太空很可能也是一種名為 carbonado 的神祕黑鑽石的誕生地。」

科學家對黑鑽石形成的機制有各種理論，莫衷一是。其中一種認為黑鑽石是因為隕石在撞擊時產生的巨大壓力而形成的，這種過程稱為衝擊變質（shock metamorphism）。2006 年，哈格提（Stephen Haggerty）、葛雷（Jozsef Garai）和他們的同事在研究黑鑽石的多孔特性時發現，其中所存在的各種礦物質以及元素、熔融狀的表面色澤以及其他的特性顯示這些鑽石可能在富含碳元素的星球爆炸——超新星（supernovae）中所形成。實驗室中用化學氣相沉積反應的高溫環境來製造人工鑽石，超新星可能提供了類似條件。

黑鑽石大約形成於 26 到 38 億年前，隨小行星墜落到地球上，當時的南美洲和非洲還連在一起。今天的中非共和國和巴西發現許多黑鑽石。

黑鑽石和傳統鑽石的硬度相仿，但是它們不透明，具多孔性，而且由多種鑽石結晶所形成。黑鑽石有時用來切割其他的鑽石。巴西人在 1840 年最早發現這種稀有的黑鑽石，因為其碳化或燒灼過的痕跡而命名為 Carbonado。1860 年代，黑鑽石用在鑽頭上貫穿岩石而得到廣泛的應用。目前已知最大的黑鑽石重約 1.5 磅（相當於 3167 克拉，比最大的透明鑽石重了約 60 克拉）。

自然界中還有一些傳統鑽石，由於裡頭含有鐵的氧化或硫化物等礦物質而呈現燻黑外觀，因而被稱為「黑鑽石」，但不是 Carbonado。這種黑鑽石中最著名的就是重達 0.137 磅（312.24 克拉）的「德・格里斯可諾精神」（Spirit of de Grisogono）。

根據某種理論，所謂的「超新星」來自恆星爆炸，提供了形成黑鑽石所需的高溫環境和碳元素。左圖所示為蟹狀星雲（Crab Nebula），是某恆星經歷超新星爆炸後的遺骸。

| 參照條目 | 恆星核合成（西元 1946 年） |

史前的核子反應爐

佩蘭（Francis Perrin，西元 1901 年～西元 1992 年）

「產生核反應並不容易，」美國能源部的專家寫道：「電廠裡的核反應牽涉到鈾元素的分裂，分裂的過程中能量以熱的形式釋出，同時產生能使其他原子繼續分裂的中子。這個過程稱為核分裂（nuclear fission）。在核電廠中要讓原子持續地分裂需要許許多多的科學家和技術人員。」

事實上，一直到 1930 年代，物理學家費米（Enrico Fermi）和西拉德（Leó Szilárd）才發現鈾可以持續地進行連鎖反應。西拉德和費米在哥倫比亞大學進行的實驗發現了鈾原子會產生大量的中子（Neutron，一種次原子粒子），證明連鎖反應是可能的，而且可以用來製造核子武器。西拉德在發現這個結果的夜晚寫下：「我幾乎可以確信，這個世界正走上浩劫之路。」

正因為核反應是如此地複雜，所以當 1972 年法國物理學家佩蘭發現，早在人類出現以前的 20 億年，在非洲加彭的奧克洛地底下已有全世界最早的天然核反應爐時，舉世震驚。這座天然反應爐的成因是當富含鈾礦的沉積物接觸到地下水時，水減緩了鈾礦釋放出的中子的速度，使得這些中子能與其他的原子碰撞並進行分裂反應。反應過程中所產生的熱讓水汽化成蒸氣，使連鎖反應的速度暫時地變慢。當環境冷卻後，蒸氣變成水，讓反應又再度開始進行。

科學家估計這座史前核反應爐持續運轉了幾十萬年，產生了科學家在奧克洛所發現的各種同位素（isotope）。這些在地底空洞的鈾礦中所進行的核反應消耗了大約五噸的放射性鈾 235。奧克洛是目前已知唯一有天然核反應爐的地方。在則拉茲尼（Roger Zelazny）的科幻小說《塵埃之橋》（*Bridges of Ashes*）中，外星人在加彭建造了這座反應爐以誘發基因突變，最後創造出人類這個物種。

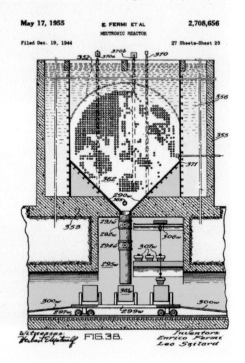

自然界在非洲孕育出全世界最早的核反應爐。幾十億年後，費米和西拉德在美國專利 2,708,656 中提出了核反應爐的構想。其中 355 是用來隔離輻射線的水槽。

參照
條目　放射線（西元 1896 年）、中子（西元 1932 年）、核能（西元 1942 年）及小男孩原子彈（西元 1945 年）

西元前三萬年

標槍投射器

　　世界各地的古文明都各自領悟出標槍投射器（Atlatl）的物理原理，並以此原理製作出靈巧工具來擊殺獵物。這是一種尾端有個杯狀物或鉤子的木棒，藉由槓桿原理和其他簡單的物理定律，讓使用者能夠將標槍投射到距離非常遠（大於 100 公尺）的目標上，其速度可超過每小時 150 公里。標槍投射器就像是手臂的延伸。

　　在法國曾發現過一把在 27,000 年前由馴鹿的鹿角所製成的標槍投射器。美洲的原住民曾在 12,000年前使用同樣的工具。澳洲的原住民稱這種工具為 woomera。東非和阿拉斯加的原住民也使用類似的工具。馬雅人和阿茲特克人更是大量使用這種器具（Atlatl 就是他們對這種工具的稱呼），阿茲特克人曾經用標槍投射器擊穿盾甲（plate armor），讓當時的西班牙征服者為之一驚。史前的獵人可以使用標槍投射器獵殺長毛象等大型的動物。

　　今天，由世界標槍投射器協會所舉辦的美國國內和國際競賽吸引了工程師、獵人和其他對這項史前科技感興趣的人參加。

　　有個版本的標槍投射器看起來就像是一把兩呎長的棍子，儘管已經經歷了幾千年來的技術演進。把約 1.5 公尺長的標槍插入投射器尾端的扳機裡，使它和和木板平行，最後射手以類似網球發球時的動作揮動手臂和手腕將標槍擲出。

　　隨著標槍投射器的演進，使用者發現具有彈性的投射板更能有效地積存和釋放能量（就像泳池旁跳水者在跳水板上彈跳），還在上面加上了一些小石鎮。多年來人們一直在爭論這些石鎮的作用。許多人認為這些石鎮可以調整投擲的時機和彈性以增加投射的穩定性和距離。另一種可能性是這些石鎮降低了投射時發出的聲響，增加了使用時的隱蔽性。

西班牙征服者於 1521 年摧毀阿茲特克首都。取自墨西哥中部發現的阿茲特克法雅瓦力抄本（Fejéváry-Mayer Aztec Codex），圖中描繪一位神祇雙手分持三支箭與投射器的樣子。這份抄本來源比那更早。

參照條目　弓（西元前 341 年）、投石機（西元 1200 年）、鞭子的超音速音爆（西元 1927 年）

回力鏢

　　我小時候聽過查理德雷克（Charlie Drake）唱的一首無厘頭歌曲，歌詞是某個澳洲土著感慨：「我的回力鏢回不來了。」回力鏢回不來實際上並不是什麼大問題，因為獵袋鼠或是作戰用的回力鏢是沉重的彎曲木棒，投出去的目的是擊碎獵物的骨頭而不是飛回來。而在波蘭某洞穴發現的狩獵回力棒，約西元前兩萬年。

　　今天大多數人講到回力鏢時，腦海中浮現都是其 V 字型的造型。這種形狀可能是從不會飛回來的回力鏢演變而成的，或許是由於獵人注意到某些形狀的樹枝在飛行時更穩定，而且呈現一些有趣的軌跡。返回型的回力鏢事實上是在狩獵時用來驚嚇鳥禽，好讓牠們飛起來，雖然我們不知道這類的回力鏢究竟是何時發明的。這種回力鏢的兩翼剖面類似飛機的機翼，其中一面成圓弧狀，另一面則較平坦。空氣在通過弧狀翼面的速度比通過平坦翼面時來得快而產生了升力。和飛機不同的是，回力鏢在 V 字型的兩側都具有翼剖面前緣，使得回力鏢能在飛行時產生旋轉。也就是說前翼和尾翼的翼剖面前緣朝向不同的方向（譯註：其中一翼的剖面前緣朝向 V 型的前端，另一翼的剖面前緣朝向 V 型的開口端）。

　　投擲回力鏢的方式是讓 V 型開口端朝前，以接近垂直的方向擲出。當回力鏢沿著投擲的方向旋轉時，上翼的速度比下翼快，這種方式也可以提供升力。陀螺進動（gyroscopic precession，指旋轉物體的轉動軸指向不斷改變的現象）讓回力鏢在正確地擲出時能夠回到投擲者的手上。這些因素合力造就了回力鏢那複雜的圓弧形飛行路徑。

回力鏢被用於武器以及運動。其形狀隨著起源地以及功用而變。

 參照條目　弩（西元前 341 年）、投石機（西元 1200 年）及陀螺儀（西元 1852 年）

日晷 |

> 不要隱藏自己的才華，它們是拿來用的。日晷在陰影中有啥用？
>
> ——富蘭克林（Ben Franklin）

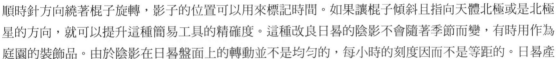

幾世紀以來，人們一直對時間的本質充滿好奇。古希臘哲學家致力於探討什麼是永恆，時間更是世界所有宗教與文化的主軸。七世紀的神祕主義詩人西勒修斯（Angelus Silesius）甚至認為意識力可以暫時停止時間的流動：「時間是由你自己掌握的，只在你的腦中滴答作響。當你停止思考，時間也停止流逝。」

日晷是最古老的計時工具之一。遠古的人們發現自己的影子在清晨時最長，隨後慢慢變短，然後越靠近傍晚又變得越長。目前已知最古老的日晷是在愛爾蘭諾斯古墓的石刻上，其時間可以回溯到西元 3300 年前。

把一根棍子垂直插在地上就是一個簡單的日晷。在北半球，影子會以順時針方向繞著棍子旋轉，影子的位置可以用來標記時間。如果讓棍子傾斜且指向天體北極或是北極星的方向，就可以提升這種簡易工具的精確度。這種改良日晷的陰影不會隨著季節而變，有時用作為庭園的裝飾品。由於陰影在日晷盤面上的轉動並不是均勻的，每小時的刻度因而不是等距的。日晷產生誤差的原因很多，例如地球繞太陽運轉的速度不平均、實施日光節約時間，以及同一時區內的時間都是一致的等等。在手錶發明以前，人們有時候會在口袋裡放個摺疊式的日晷，其中附上一個小羅盤來指示北方。

人們對時間的本質總是充滿好奇。而日晷是最古老的計時工具之一。

參照條目 安提基特拉機械（西元前 125 年）、沙漏（西元 1338 年）、週年紀念鐘（西元 1841 年）、時光旅行（西元 1949 年）及原子鐘（西元 1955 年）

衍架

衍架（Truss）指的是一種結構，通常由許多金屬或木製直桿接合的三角形單元所組成。如果衍架的所有組成單元都位於同一個平面上時，就稱為平面衍架（Planar Truss）。幾個世紀以來，衍架結構讓建築師能夠以更經濟的方式（無論是所耗材料或成本）打造出堅固的構造。衍架的剛性架構讓它能夠跨越非常遠的距離。

使用三角形單元的理由是，唯有三角形在某邊長改變時，形狀就會改變。這表示以接頭固定鋼樑所形成的三角形結構不會變形（以正方形為例，一旦接頭鬆動，可能就會變成菱形）。衍架的另一項優點是，可以假設鋼樑所受的應力主要來自於節點處的拉伸或壓縮作用力，通常可預測其穩定性。當作用力傾向於使鋼樑變長時，就是拉力（tensile force）。當作用力傾向於使鋼樑變短時，就是壓力（compressive force）。由於衍架中的節點是靜止不動的，因此每個節點上的合力都為零。

早在西元前 2500 年左右的青銅器時代早期，木製衍架就用來建造湖面上的木架屋。羅馬人使用木製衍架來建造橋樑。十九世紀的美國，大量使用衍架來建造廊橋，而且有許多衍架的配置方式已申請專利。美國第一座鐵衍橋是 1840 年建於伊利運河上的法蘭克福橋（Frankfort Bridge），第一座鋼衍橋則是在 1879 年跨越密蘇里河。南北戰爭後，金屬衍架鐵道橋，因為在沉重的列車通過時，它能提供比吊橋更佳的穩定性。

幾百年以來，三角形的衍架結構讓建築師打造出又經濟又堅固的結構。

 參照條目 拱（西元前 1850 年）、Ｉ型鋼（西元 1844 年）、張力平衡結構（西元 1948 年）及里拉斜塔（西元 1955 年）

拱

在建築學上，拱指的是跨過空間且能承受重量的圓弧結構。拱（Arch）這個字也被用來隱喻由簡單構件交疊所形成的卓越耐用性。羅馬哲學家塞內卡（Seneca）曾寫道：「人類社會就像個拱，是由成員彼此推擠所維繫。」而古印度則有句俗諺說：「拱結構屹立不搖。」

現存最古老的城鎮拱門位於以色列的亞實基倫（Ashkelon），是在西元前 1850 年左右以泥磚與石灰岩所建造的。美索不達米亞的磚造拱結構更為古老，但是到了古羅馬時期，拱才被大量地應用到各種建築上。

建築物裡的拱結構可以將上方的負重轉嫁到支撐柱上的水平和垂直作用力。拱結構通常由彼此密合的楔狀拱石（voussoirs）所構成，上一塊拱石的負重透過密合界面，均勻地傳遞給下一塊。拱頂中央的拱石就是所謂的拱心石（keystone）。在堆砌拱構造時，通常使用木造支架來支撐，直到最後才置入拱心石，將拱結構卡住為止。當心石置入後，拱就自行支撐結構。相對早期其他支撐結構，拱的優點之一是它可以用容易搬運的拱石來建造，而且其跨距大。另一項優點是拱可以將重力分散且轉換成大約與拱石底面垂直的作用力。但是這也意味著拱的基部承受了一些側向作用力，因此必須在拱的底側以其他方式（例如磚牆）來抗衡這些力量。拱結構上的大部分力量都轉換成作用在拱石上的壓縮力

（石材、水泥等材料都可以有效地承受壓力）。羅馬人建造的拱大多是半圓形的，但拱的形狀並不只限於此。羅馬水道橋有連續的拱結構，它的設計可以讓相鄰拱的側向作用力正好互相抵消。

拱結構可以將上方的負重分解成水平和垂直作用力。拱結構通常由彼此密合的楔狀拱石所構成，就像照片裡歷史悠久的土耳其拱門。

參照條目　衍架（西元前 2500 年）、I 型鋼（西元 1844 年）、張力平衡結構（西元 1948 年）及里拉斜塔（西元 1955 年）

奧爾梅克羅盤

寇伊（**Michael D. Coe**，西元 1929 年生），
卡爾森（**John B. Carlson**，西元 1945 年生）

　　幾個世紀以來的航海者都倚賴具有磁針的羅盤來找到地磁北極。而中美洲的奧爾梅克羅盤（Olmec Compass）可能是已知最早的羅盤。奧爾梅克是位於現今墨西哥中南部的前哥倫布時期古文明，存在於約西元前 1400 到 400 年之間，以火山岩所雕成的巨大頭像而著名。

　　美國天文學家卡爾森利用**放射性碳定年法**（Radiocarbon Dating）檢測埋藏著一片研磨過的扁平長條狀赤鐵礦石（氧化鐵）的土壤層，發現其年代可追溯到西元前 1400 到 1000 年。卡爾森猜測奧爾梅克人曾利用這樣的礦石在占星、風水和決定墓葬的方位時指引方向。奧爾梅克羅盤是研磨過的天然磁石（lodestone）的一部分（磁化過的礦石），其中一端有道可能是用來指引方向的溝槽。古代中國人在西元二世紀之前就發明了羅盤，但是一直到了十一世紀羅盤才被拿來導航。

　　卡爾森在〈天然磁石羅盤：是中國人先發現的還是奧爾梅克人？〉文章中寫道：「看到 M-160 標本獨特的形狀（刻意打磨過且附有溝槽的條狀物）與組成（磁矩沿漂浮面排列的磁鐵礦石），再加上我們知道奧爾梅克人擁有使用鐵礦石的先進知識和技術，我認為 M-160 這件中美洲古代文物的用途，就算不是所謂的一階羅盤（first-order compass），起碼是零階羅盤（zeroth-order compass）。究竟這個指針是用來指向天體（零階羅盤）或是地磁南北極（一階羅盤），仍莫衷一是。」

　　1960 年代末期，耶魯大學考古學家寇伊在墨西哥韋拉克魯斯省的聖羅倫索發現了奧爾梅克羅盤；而卡爾森在 1973 年，進行了測試。他是以讓它直接浮在水銀上或是藉由軟木墊讓它浮在水面上來進行測試。

天然磁石簡而言之就是天然帶磁的礦石，古代人利用這種礦石來製作羅盤。右圖是史密森尼學會管理的美國國立自然史博物館寶石廳所展示的天然磁石。

參照條目　論磁石（西元 1600 年）、安培定律（西元 1825 年）、電流計（西元 1882 年）及放射性碳定年法（西元 1949 年）

弩

　　弩（Crossbow，十字弓）是一種利用物理定律的武器，幾個世紀以來被用於擊穿盔甲殺傷敵人。中世紀時，弩提高在戰爭中獲勝的機率。弩最早被用於戰爭的可考紀錄可以回溯到西元前 341 年的齊魏馬陵之戰。但是考古學家在中國的墓陵中曾找到更加古老的弩。

　　早期的弩基本上就是把弓架在木柄上。短而沉重且類似於箭的投射物——弩箭，會沿著木柄上的溝槽移動。隨著弩的演進，也發展出各種把弦往後拉回固定在預備射擊位置上的機制。早期的弩設計有蹬具，讓射手能用腳逐步踩穩弩以雙手或勾具來上弦。

　　提升這些殺人工具的性能就靠發揮物理特性。傳統的弓箭只有非常強壯的射手才能使用，因為他們必須把弓拉開並且在瞄準時維持穩定。但有了弩箭後，比較弱小的人就可以藉助腿部的力量來拉弦。後來更使用各種槓桿、齒輪、滑輪和曲柄來增加使用者在拉弦時的力量。十四世紀時，歐洲出現了以鋼鐵打造且配備齒輪式上弦器（crannequins）的弩。上弦器由齒輪和曲柄所組成，射手只要轉動曲柄就能把弓弦往後拉。

　　弩箭和傳統弓箭的穿透力來自於弓在彎曲時所儲存的能量。就像拉開並固定彈簧時一樣，這些能量會儲存成弓的彈性位能。放開後這些位能就轉變成運動時的動能。弓的射擊力取決於弓的拉力（把弓拉開所需的力量）和拉距（弓弦靜止時的位置和拉開後的距離）。

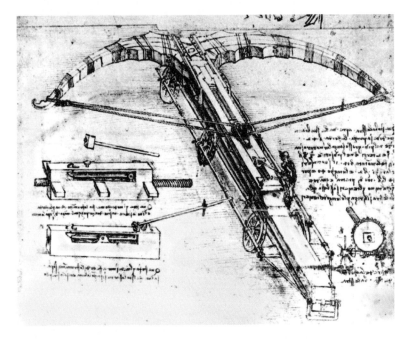

達文西（Leonardo da Vinci）在 1486 年左右畫了一系列巨型的弩箭的設計圖。這種武器運用齒輪來上弦。其中一種射擊方式是用木槌敲擊插栓來釋放弓弦。

參照條目 標槍投射器（西元前三萬年）、回力鏢（西元前兩萬年）、投石機（西元 1200 年）及能量守恆（西元 1843 年）

巴格達電池

亞歷山德羅‧伏打（**Alessandro Giuseppe Antonio Anastasio Volta**，西元 1745 年～西元 1827 年）

　　1800 年，義大利物理學家伏打利用浸泡過鹽水的布隔開好幾對交叉疊放的銅片和鋅片，發明了大家公認的第一個電池。以導線連接這疊金屬片的上方和底部時，就會產生電流。然而考古文物顯示，在伏打這項發現的一千年前，可能就已經出現了電池。

　　「伊拉克擁有豐富的文明遺產，」BBC 新聞寫道：「據說伊甸園和巴別塔都座落在這片古老的土地上。」1938 年，德國考古學家柯尼格（Wilhelm König）在巴格達發現了一個 13 公分高的黏土罐，其中有個銅製的圓筒環繞著一根鐵棒。這個罐子上有些腐蝕的痕跡，顯示它可能曾經裝過一些弱酸，例如醋或葡萄酒。柯尼格相信這類容器就是電池或電池的一部分，可能是用來把黃金電鍍到銀器上。酸性溶液功能是電解質，也就是導體。這些文物的年代不明。柯尼格認為它們可以回溯到西元前 250 年到西元後 224 年之間，但有些人認為大約是西元 225 年到 640 年之間。後來研究人員發現巴格達電池（Baghdad Battery）的複製品在注入葡萄汁或醋之後，的確可以產生電流。

　　冶金學者克拉多克（Paul Craddock）在 2003 年談到這種電池時說：「它們只曇花一現。就我們所知，沒有其他人發現過類似的東西。它們太奇特了，就像是個謎。」巴格達電池的用途有許多不同的臆測，例如它們是用來進行針灸或是用來感召崇拜偶像者。如果發現這些古老的電池時也找到一些導線或導體的話，就能支持這些罐子的作用的確是電池的說法。當然，即使這些容器真的是用來產生電流，也並不表示古代的人們真的了解這些東西是如何運作的。

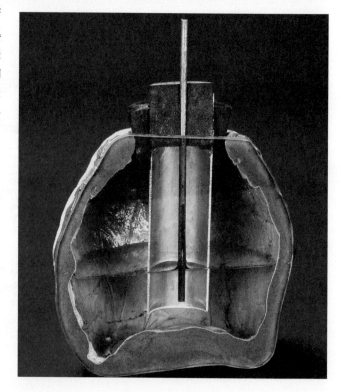

古老的巴格達電池是由黏土罐和瀝青瓶塞所組成。罐子裡有個銅製的圓筒包圍著一根穿過瀝青的鐵棒。當罐子裡裝滿醋時，可以產生約 1.1V 的電壓（圖片由 Stan Sherer 提供）。

參照條目 馮格里克靜電起電機（西元 1660 年）、電池（西元 1800 年）、燃料電池（西元 1839 年）、萊頓瓶（西元 1744 年）及太陽能電池（西元 1954 年）

虹吸管

斯提西比烏斯（Ctesibius，約西元前 285 年～約西元前 222 年）

虹吸管（Siphon）能夠把液體從儲槽中抽取到其他的位置。虹吸管的某段落可以比儲槽還要高，依然能運作。由於虹吸現象是流體靜壓（hydrostatic pressure）的差異所造成，因此不需借助泵來維持液體的流動。最早發現虹吸原理的是希臘發明家和數學家斯提西比烏斯。

虹吸管中的液體可以在往下流之前先上升一段高度，部分原因是，較長那段排放管中的液體會被重力往下拉。有些巧妙的實驗，示範某些虹吸管在真空中也能運作。傳統虹吸管最高點的位置受限於大氣壓力。因為虹吸管的高點若太高，則液體中的壓力可能會小於液體的蒸氣壓，而在高點產生泡泡。

有趣地是，虹吸管的末端不一定要低於管口，但是它必須要低於儲槽中的液面。雖然虹吸管在現實生活中的應用非常廣泛，但我個人最愛的是神奇的坦塔洛斯之杯（Tantalus Cup）。其中一種坦塔洛斯之杯的樣子是一個小型的男子雕像站在杯中。雕像中藏著一條虹吸管，其高點大約是在男子下巴的地方。當注入的液體上升到男子下巴的位置時，虹吸管開始把杯子裡的液體經由隱藏的虹吸管末端抽出。坦塔洛斯因而必須忍受著永恆的飢渴……。

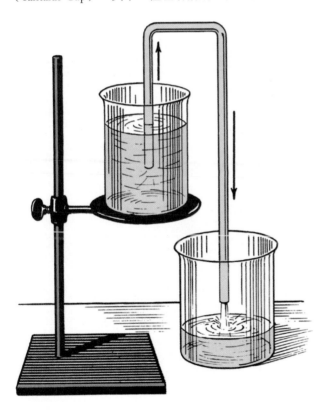

上圖——坦塔洛斯之杯，藍色的部分就是隱藏的虹吸管。下圖——液體沿著一條簡單的虹吸管流到另一個儲槽。

參照條目 阿基米德螺旋泵（西元前 250 年）、氣壓計（西元 1643 年）、白努利定律（西元 1738 年）及喝水鳥（西元 1945 年）

阿基米德浮力原理

阿基米德（**Archimedes**，約西元前 287 年～約西元前 212 年）

想像你現在要秤個東西，例如一顆沉在水槽裡的新鮮雞蛋。如果蛋是掛在秤具下，你會發現雞蛋浸泡在水中時，磅秤上顯示的重量比雞蛋離開水槽時所量到的輕。這是因為水對雞蛋施加了一個向上的力量，支撐了它的部分重量。如果我們拿個密度更低的物品，例如軟木塊來進行相同的實驗，你會發現它半浮在水面上，這個力量更明顯。

水施加在軟木塊的作用力叫做浮力。當軟木塊被壓進水中時，產生的浮力會大於軟木塊的重量。浮力與液體密度以及物體體積的大小有關，但是和物體的形狀、組成材質無關。因此雞蛋是圓的或方的，並不會影響我們的實驗結果。而體積相同的雞蛋或木頭，在水中所感受到的浮力是一樣的。

讓我們再舉個例子。當我們把一小顆鉛球放進浴缸裡，由於鉛球的重量大於它所排開的水的重量，因此鉛球會下沉；而木製的小船會浮起，則是因為它排開了夠重的水。潛艇在水面下航行時，排開的水重正好就等於潛艇的重量。也就是說，潛艇的總重，包括人員、金屬船殼以及潛艇內的空氣，和潛艇所排開的海水重量相等。

上圖——水裡的雞蛋會受到一個大小與它所排開的水重量相等的向上作用力。下圖——當蛇頸龍（Pleasiosaurs，一種已滅絕的爬蟲類）在海裡游動時，牠們的重量與他們所排開的海水重量相等。在蛇頸龍化石胃部所發現的胃石（Gastrolith），當初可能有助於牠們控制浮力和在水中游動。

參照條目 阿基米德螺旋泵（西元前 250 年）、史托克定律（西元 1851 年）及熔岩燈（西元 1963 年）

阿基米德螺旋泵

阿基米德（**Archimedes**，約西元前 287 年～約西元前 212 年），
維特魯威（**Marcus Vitruvius Pollio**，約西元前 87 年～約西元前 15 年）

　　阿基米德是古希臘幾何學家，他是古代最偉大的數學家和科學家，同時也列名歷史上最偉大的四名數學家。另外三位是牛頓（Isaac Newton）、歐拉（Leonhard Euler）與高斯（Carl Friedrich Gauss）。

　　根據希臘歷史學家狄奧多羅斯（Diodorus Siculus）在西元前一世紀左右的記載，指稱是阿基米德發明了水螺旋（water snail），或稱為阿基米德螺旋泵（Archimedes' Principle of Buoyancy）來汲水灌溉農田。出生比他稍晚的羅馬工程師維特魯威詳細地描述了它如何藉由交錯的螺旋葉板來汲水。汲水時必須先把螺旋泵的底部浸在池塘裡，再轉動螺旋葉板把水汲取到較高的地方。阿基米德可能還發明了一種類似軟木塞開瓶器的螺旋泵，用來將大型船隻底部的水排出。有些科技較落後的地區到今天仍然在使用阿基米德螺旋泵。這些泵在水中充滿砂石時仍然可以正常地運作。而且對水中生物的傷害較小。汙水處理廠在抽取汙水時使用的也是類似的泵浦。

　　哈森（Heather Hassan）在她的書《數學之父阿基米德》（*Archimedes: The Father of Mathematics*）中寫道：「有些埃及農夫依然使用阿基米德螺旋泵來灌溉他們的農田。這些泵的管徑最小只有 0.6 公分，最大可達 3.7 公尺。在荷蘭以及一些其他的國家，也會使用這種泵來排除地表上的積水。」

　　這種泵在現代還有一些有趣的應用例子。美國田納西州孟菲斯的一座汙水處理廠中有七具阿基米德螺旋泵。這些泵的管徑是 2.44 公尺，每分鐘可抽取大約 75,000 公升的汙水。而根據數學家羅瑞斯（Chris Rorres）所提供的資訊，用於心臟衰竭、冠狀動脈繞道手術以及其他手術中的人工心臟輔助循環裝置裡，有種軸流式血泵（Hemopump）使用的就是約橡皮擦大小的阿基米德螺旋泵。

阿基米德螺旋泵，出自 1875 年的《錢伯斯百科全書》（*Chambers's Encyclopedia*）。

參照條目 虹吸管（西元前 250 年）及阿基米德浮力原理（西元前 250 年）

測量地球的埃拉托斯特尼

埃拉托斯特尼（Eratosthenes of Cyrene，約西元前 276 年～約西元前 194 年）

賀伯特（Douglas Hubbard）在他的書裡寫道：「測量學開山鼻祖完成了一件當時大多數人都覺得不可能的壯舉。歷史紀錄中，他就是第一個測量出地球周長的古希臘科學家埃拉托斯特尼。……他沒有使用任何精密的測量儀器，當時也沒有雷射和衛星可用……。」但是埃拉托斯特尼知道在埃及南邊的賽印有口很深的井。每年有個日子，太陽會在正午時照到這口井的底部，也就是說此時太陽就在正上方。他也知道，就在這一刻，位於亞歷山大港的物體會投射出影子。這件事告訴埃拉托斯特尼，地球是圓的，不是平的。他假設太陽光線是平行的，而且他知道影子和物體的夾角是 1/50 個圓。因此他認為地球的圓周應該大約等於亞歷山大港到賽印間距離的 50 倍。埃拉托斯特尼測量值的準確度如何，各方看法不一，受到他使用的古代測量單位轉換成現代單位以及其他一些因素的影響，但一般都認為，他量到的周長與實際周長的誤差在幾個百分點以內。他量到的值當然也比當時其他人所量到的值更準確。今天我們知道地球在赤道的周長是 40,075 公里。有趣的是，如果當年哥倫布有參考埃拉托斯特尼的結果，而沒有低估了地球周長的話，那麼想要利用帆船往西航行到亞洲的目標，說不定會被當成一件不可能的任務。

埃拉托斯特尼出生於昔蘭尼（Cyrene，現今利比亞境內），後來成為亞歷山大圖書館的館長。他著名的成就還包括奠定了科學紀年法（把時間段落按照正確比例紀錄事件發生順序的系統）的基礎，以及一種用來檢定質數（prime number，除了自己和 1 以外，無法被其他自然數整除的數，例如 13）的簡單演算法。埃拉托斯特尼晚年時因為雙眼失明而絕食身亡。

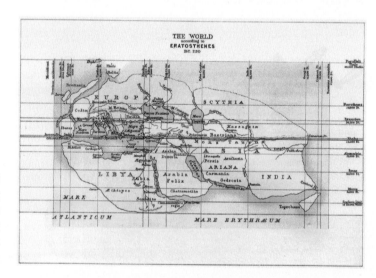

埃拉托斯特尼製作的世界地圖（1895
年複製版）。從未離開過埃及的埃拉
托斯特尼，測出了地球的圓周。古時
候和中世紀的歐洲學者通常相信地球
是圓的，雖然他們當時不知美洲的存
在。

參照
條目
滑輪（西元前 230 年）、量測太陽系（西元 1672 年）、黑滴現象（西元 1761 年）、恆星視差（西元 1838 年）
及公尺的誕生（西元 1889 年）

滑輪

阿基米德（**Archimedes**，約西元前 287 年～約西元前 212 年）

滑輪（Pulley）是一種由繞著輪軸旋轉的圓輪所組成的機械裝置。例如當我們或機械在拉舉重物時，就可以藉由繞過圓輪的繩子，以滑輪來改變施力的方向。滑輪也可以讓移動重物變得更容易，因為它可以減少需要施加的力量。

最早的滑輪可能可以回溯到史前年代，早就有人發現可以把繩子搭在水平的樹枝幹上來舉起重物。坎達哈門（Kendall Haven）在他的書裡提到：「西元前三千年，具有凹槽（用來防止繩子滑脫）圓輪的滑輪就已經存在於埃及和敘利亞。希臘數學家和發明家阿基米德則是在西元前 230 年左右發明了複滑輪⋯⋯複滑輪結合了多個單滑輪來舉起單一物體⋯⋯使拉力呈倍數增加。現代的滑車組（block and tackle）就是一種複滑輪。」

滑輪看起來非常神奇，因為它不需要粗而強韌的繩子以及很大的力量就可以舉起重物。事實上，希臘歷史學家普魯塔克（Plutarch）故事中的阿基米德，可能就是藉由複合滑輪才輕鬆地拉動了沉重的船。滑輪當然並沒有違反任何自然定律。因為滑輪只是讓我們使用較小的拉力拉動較長的距離，過程中所作的功（作用力乘以距離）並沒有變少。實際上，滑輪越多時，滑動產生的摩擦力也越大，因此當使用的滑輪超過某數量時，整個系統的效率就下降。在計算滑輪系統所需的拉力時，工程師通常會假設滑輪和繩子本身的重量和重物相比之下可以忽略。長期以來，帆船使用了大量的滑車組，因為在海上並沒有其他機械動力的輔助。

一艘仿古遊艇上滑輪系統的特寫。滑輪上繩索繞過圓輪，使得滑輪能夠改變施力的方向，讓移動重物更加容易。

參照條目 標槍投射器（西元前三萬年）、弩（西元前 341 年）及傅科擺（西元 1851 年）

阿基米德的燃燒鏡

阿基米德（**Archimedes**，約西元前 287 年～約西元前 212 年）

幾世紀以來，阿基米德燃燒鏡（burning mirror）的故事讓歷史學家為之神往。據說阿基米德曾在西元前212年，以一組鏡子製造出「死光」（death ray）──將陽光聚焦在羅馬人的船隻上使之起火燃燒。許多人嘗試檢驗這些鏡子的實用性，結果都不如預期。但是在 2005 年，麻省理工學院機械系教授華勒斯（David Wallace）和他的學生們用橡木複製了一艘羅馬戰船，並且使用了 127 片長 30 公分的平面鏡把陽光聚焦在船上。船與鏡組的距離約 30 公尺。在照射了十分鐘的聚焦光束後，戰船陷入了火舌中！

1973 年，一個希臘的工程師使用了 70 片平面鏡（每片長 1.5 寬 0.9 公尺）把陽光聚焦在一艘小船上。在這個實驗裡，小船同樣地很快就燃燒起來。雖然用鏡子把船點燃是可行的，但如果當初船在移動，阿基米德要讓船著火，恐怕非常困難。

克拉克（Arthur C. Clarke）寫過一個小故事〈輕微的中暑〉（A Slight Case of Sunstroke），描述了一個不受歡迎的足球裁判的命運。故事裡的裁判做出了一個不受歡迎的判決，於是觀眾就用他們手上閃亮的節目手冊把陽光聚焦到裁判的身上。手冊上閃亮表面就如同阿基米德的鏡子，把這個可憐的傢伙燒成了灰。

阿基米德還開發過其他的武器。根據希臘歷史學家普魯塔克的說法，阿基米德的投射武器曾經有效地抵抗了羅馬人在西元前 212 年的圍城。普魯塔克是這樣寫的：「阿基米德啟動他的機器，對地面部隊一口氣射出所有的武器，數不盡的石頭挾著巨大的噪音從天而降，把敵人一個個擊倒、掩埋。」

上圖──燃燒鏡的木版畫，取自馬里安（F. Marion）《神奇的光學》（*The Wonders of Optics*）一書。下圖──世界上最大的太陽爐，位於法國的歐德洛。一座平面鏡陣列（不在圖中）把陽光反射到這面巨大的凹面鏡上，然後再聚焦到一個很小面積，溫度可達攝氏 3000 度。

參照條目 光纖（西元 1841 年）、太陽能電池（西元 1954 年）、雷射（西元 1960 年）及照不到光的房間（西元 1969 年）

安提基特拉機械

史大里斯（Valerios Stais，西元 1857 年～ 1923 年）

　　安提基特拉機械是用來計算天體位置的古代齒輪運算裝置，它的存在讓科學家困惑了超過一個世紀。安提基特拉機械是考古學家史大里斯在希臘的安提基特拉島附近的沉船中所發現，它的製造年代大約是西元前 150 到 100 年之間。記者莫黔（Jo Marchant）這樣描述：「後來送到雅典的打撈品中有塊不規則的石頭，起先沒什麼人注意，直到它破裂，露出了裡面的青銅齒輪、指針和微小的希臘文刻字……這個精巧的機器，包括了精確切割的轉盤、指針與起碼三十個以上互相連結的齒輪。往後一千年，直到歐洲在中世紀發展出天文鐘為止，沒有任何東西的複雜度可以與之比擬。」

　　機器前方的轉盤可能包括至少三個指針，其中一個用來指示日期，另外兩個分別指示太陽和月球的位置。這個機器當初可能還用來提示古代的奧林匹克運動會的日期、預測日蝕以及顯示行星的運動。

　　令物理學家感到特別興奮的是，機器上與月球有關的部分使用了一組特別的齒輪，其中的兩個齒輪以偏軸的方式連接來指示月球的位置和相位。今天我們都知道，根據克卜勒行星運動定律（Kepler's Laws of Planetary Motion），月球繞著地球旋轉時速度會改變（離地球近時，速度較快），而安提基特拉機械在當時就已經模擬了月球的速度變化，即使古希臘人並不知道月球的軌道是橢圓形的。順便一提，地球靠近太陽時的公轉速度也比遠離太陽時快。

　　莫黔寫道：「你可以轉動箱子上的把手，往前或往後調整時間，來看看今天、明天、上周二或是一百年以後的天象。當時擁有這台機器的人，一定會覺得自己彷彿主宰天空。」

安提基特拉機械是古代用來計算天體位置的齒輪運算裝置。科學家藉由 X 光探索安提基特拉機械的內部構造。照片由魏格特教授（Rien van de Weijgaert）提供。

參照
條目　日晷（西元前 3000 年）、齒輪（西元 50 年）及克卜勒行星運動定律（西元 1609 年）

希羅的噴射引擎

希羅（Hero〔Heron〕of Alexandria，約西元 10 年～約西元 70 年），
維特魯威（Marcus Vitruvius Pollio，約西元前 85 年～約西元前 15 年）、
斯提西比烏斯（Ctesibius，約西元前 285 年～西元前 222 年）

　　經歷無數實驗發展而成的現代火箭，其歷史可以追溯到古希臘數學家與工程師希羅所發明的汽轉球（aeolipile）。汽轉球是種類似火箭，以蒸氣推動的機器。希羅的汽轉球是一顆裝設在密閉鍋子上的空心圓球。當鍋子受熱時，產生的蒸氣通過管子進入圓球，再從球體兩側的彎管噴出，推動圓球開始旋轉。由於軸承有摩擦力，希羅的引擎並不會越轉越快，而會達到一個穩定的速度。

　　希羅和羅馬工程師維特魯威以及更早期的希臘發明家斯提西比烏斯，對這類以蒸氣推動的裝置都非常地感興趣。科學史學者不確定希羅的引擎在當時是否有實際的用途。1865 年出版的《科學季刊》曾寫道：「從希羅以來，一直到十七世紀初為止，我們並未發現蒸氣有任何實際的應用。1600 年左右出版的一本書上建議，可以利用希羅的引擎來轉動烤肉叉。它最大的優點是享用烤肉的人『不必擔心轉動烤肉叉的僕役想嚐鮮，而用髒手去碰架上蹄膀（在女主人沒看到的時候）』。」

　　噴射引擎和火箭發動機的原理都是牛頓第三運動定律，這個定律告訴我們任何作用力都會產生一個方向相反的反作用力。一個實例是當你放開一個充滿氣的氣球時，它會往氣孔的反方向衝。第一架以噴射引擎為動力的飛機是德國製造的亨克爾 He-178（Heinkel He 178），在 1939 年試飛成功。

班特利（John R. Bentley）所複製的希羅引擎，只需要 1.8 psi（pound per square inch）的壓力，就足以讓它以 1,500 rpm 的轉速安靜的轉動，且幾乎看不到噴出的蒸氣。

參照條目　牛頓運動定律和萬有引力定律（西元 1687 年）、查爾斯氣體定律（西元 1787 年）及火箭方程式（西元 1903 年）

齒輪

希羅（Hero〔Heron〕of Alexandria，約西元 10 年～約西元 70 年）

　　互相嚙合的齒輪（Gears）在科技史上扮演了重要的角色，因為它可以增加扭力，也就是扭矩（torque），它還可以有效的改變施力的速度與方向。製陶轉輪是最早的機器裝置之一，這種裝置中所使用的原始齒輪可能已經存在了幾千年之久。亞里斯多德（Aristotle）在西元前四世紀時曾描述了一種藉由平滑表面間的摩擦力來帶動的輪狀裝置。製造於西元前 125 年的**安提基特拉機械**（Antikythera Mechanism）利用齒輪來計算星體的位置。而最早在文獻中留下與齒輪有關的記錄的則是西元 50 年左右的希羅。齒輪在碾磨機、時鐘、自行車、汽車、洗衣機以及鑽孔機等應用上扮演了關鍵的角色。由於齒輪能夠有效的增強力量，早期的工程師常常利用它們來舉升重物。齒輪組的變速特性經常被應用於古代那些以馬匹或水力推動的紡織機，但獸力或水力所提供的轉速太慢，因此常使用木製齒輪一組來增加織造的速度。

　　當兩個齒輪嚙合時，其轉速比 s_1/s_2 就等於其齒 (n) 數比的倒數：$s_1/s_2 = n_2/n_1$。因此小齒輪轉得比大齒輪快。但扭矩比就是齒數比。大齒輪的扭矩較大，而高扭矩也意味著低轉速。這種特性在電動螺絲起子之類的應用上非常好用，因為馬達輸出的是高轉速的小量扭矩，而我們需要的是低速的較大扭矩。

　　具有縱切（straight-cut）齒的正齒輪是（spur gear）是最簡單的齒輪。具有斜切齒的螺旋齒輪則擁有轉動平順與安靜等優點，而且通常可提供較大的扭矩。

齒輪在歷史中扮演了重要的角色。齒輪裝置可以用來增加扭力，也就是扭矩，還可以有效的改變施力的速度與方向。

參照 滑輪（西元前 230 年）、安提基特拉機械（西元前 125 年）及希羅的噴射引擎（西元 50 年）

聖艾爾摩之火

老普林尼（Gaius Plinius Secundus〔Pliny the Elder〕，西元 23 年～西元 79 年）

「每樣事物都像是著了火。」達爾文驚訝地描述他出航時看到的景象：「天際閃著光，水中光點閃爍，連桅桿頂端都冒出藍色的火燄。」達爾文看到的其實就是聖艾爾摩之火，是聖人顯靈達數千年之久的自然現象。

西年 78 年左右，羅馬哲學家老普林尼在他的《博物誌》（Naturalis Historia）就已經提到了這種「火」。這種鬼魅般的藍白色燄光其實是一種天氣電象（electrical weather phenomenon），來自於電漿（離子化的氣體）的放光現象。這些電漿是大氣中的電位差所造成，其詭異的光芒經常在暴風雨時出現在教堂尖塔或船上的桅桿等突起物的尖端。聖艾爾摩是地中海水手的守護神，他們把聖艾爾摩之火視為吉兆，因為它的光芒通常在暴風雨即將結束時最為明亮。這種「火燄」容易出現在尖銳突起物的原因是電場會集中在曲率大的地方。火燄的顏色則是因為空氣主要由氮氣和氧氣所組成，而它們的螢光就是藍白色。如果大氣是由氖氣所組成的話，那我們看到的火燄就會是如同霓虹燈一般的橘色。

「在狂風暴雨的暗晚，」科學家卡拉漢寫道：「聖艾爾摩之火可能比其它任何自然現象引發出更多的鬼故事和靈異傳說。」梅爾維爾（Herman Melville）在《白鯨記》（Moby Dick）中描述出現在颱風中的火燄：「所有的桁尖都出現一團慘白的火燄；三叉避雷針上也都附著尖細的白色燄光，三具高大的主桅有如在肅然的空氣中靜靜地燃燒著，就像是祭壇前三根巨大的蠟燭……『噢……願聖艾爾摩之火憐憫我們！』……在我過去的航海中難得碰到這樣的景象，當上帝著火的手指碰觸到這艘船時，所有的船員都重覆著同樣的一句誓言。」

船桅上的聖艾爾摩之火，出自哈特維希博士（Dr. G. Hartwig）1886 年出版的《空中世界》（The Aerial World）一書中。

參照條目　北極光（西元 1621 年）、富蘭克林的風箏（西元 1752 年）、電漿（西元 1879 年）、螢光（西元 1852 年）及霓虹燈（西元 1923 年）

火炮

塔爾塔利亞（Niccolò Fontana Tartaglia，西元 1500 年～西元 1557 年），
韓世忠（西元 1089 年～西元 1151 年）

　　使用火藥射擊沉重砲彈的火炮（Cannon），曾讓全歐洲最聰明的頭腦都絞盡腦汁，探討作用力和運動定律相關的問題。歷史學家柏諾（J. D. Bernal）在他的書中寫道：「追根究底，機器時代誕生的推手，是火藥在科學而非戰爭上所引發的種種效應。」「火藥和火炮不只巔覆中世紀的政治和經濟，也徹底地摧毀了當時的思考體系。」凱利（Jack Kelly）也補充道：「砲手和研究自然的哲學家都想知道：當砲彈離開了砲管後，接下來會如何？我們花了四百年，而且必須建立全新的科學領域才找出了確切的答案。」

　　最早在戰爭中使用火炮的記載是西元 1132 年（宋紹興二年）韓世忠攻打建州城（位於今天的福建）一役。中世紀時，火炮走向標準化，在對付士兵與攻擊碉堡時變得更具威力。隨後加農砲更改變了海戰的樣貌。在美國南北戰爭中，榴彈砲的射程可達 1.8 公里；第一次世界大戰時，大多數的傷亡都是火炮所造成。

　　到了十六世紀時，人們已經知道火藥會產生大量的炙熱氣體對砲彈施壓。義大利工程師塔爾塔利亞協助砲手算出火炮在仰角 45 度時可得到最大射程（我們現在知道這只是個近似值，因為並未將空氣阻力納入考量）。伽利略（Galileo）的理論研究證明重力會使砲彈以等加速度落下，無論砲彈的質量或射角為何，其軌跡在理想情況下都是拋物線。雖然空氣阻力與其他因素會增加火炮射擊時的複雜度，但火炮「為科學提供了一個研究真實現象的焦點」，凱利說：「推翻了長久以來的錯誤，為理性的年代奠定了基礎。」

位於馬爾他戈佐島城堡砲台上的中世紀火炮。

參照
條目　標槍投射器（西元前三萬年）、弩（西元前 341 年）、投石機（西元 1200 年）、火箭方程式（西元 1903 年）及高球小酒窩（西元 1905 年）

永動機

婆什迦羅二世（**Bhaskara II**，西元 1114 年～西元 1185 年），
費曼（**Richard Phillips Feynman**，西元 1918 年～西元 1988 年）

在一本談論物理重要里程碑的書裡放上永動機（Perpetual motion machines）這個主題似乎不太恰當，但是某些重要的物理進展往往是旁門左道的觀念促成的，特別是當科學家為了證明某個裝置違反物理定律時。

幾世紀以來，不斷地有人提出永動機的構想，例如印度數學暨天文學家婆什迦羅二世在西元 1150 年時描述了一座設置了裝入水銀的容器的轉輪，他相信當水銀在這些容器中流動時，會使得轉軸的其中一側較重而讓轉輪永遠地轉動下去。一般而言，所謂的永動機指的是：產生的能量永遠大於其所消耗的能量（違反了**能量守恆定律**）或自發性的從周圍萃取熱量來產生機械功（違反**熱力學第二定律**）的裝置或系統。

我個人最喜歡的永動機是費曼在 1962 年提出的布朗棘輪（Brownian Ratchet）。想像一個浸在水中的槳輪上連接著一個微小的棘輪。由於棘輪只能單方向轉動，因此當分子隨機與槳輪碰撞時，槳輪也只能往其中一個方向轉，而且可能可以用來作功，例如舉起一個砝碼。這樣一來，只要使用簡單的棘輪，可能是一個掣子（pawl）咬住斜牙齒輪（sloping teeth gear），就可以讓槳輪永遠地轉動下去。很神奇吧！

但是費曼自己證明了他的布朗棘輪必須要有個微小掣子，能隨分子的碰撞而動。當棘輪和掣子的溫度與水相同時，這個微小的掣子三不五時就會失效，而無法產生淨移動。當其溫度低於水溫時，槳輪可能只往一個方向轉，此時耗用的能量來自於溫度梯度，並未違反熱力學第二定律。

《通俗科學》（*Popular Science*）雜誌在 1920 年 10 月號的封面，畫著一個研究永動機的發明家。由美國插畫家洛克威爾（Norman Rockwell）所繪製。

參照條目 布朗運動（西元 1827 年）、能量守恆（西元 1843 年）、熱力學第二定律（西元 1850 年）、馬克士威爾惡魔（西元 1867 年）、超導（西元 1911 年）及喝水鳥（西元 1945 年）

西元 1200 年

投石機 |

投石機（Trebuchet）是一種使用簡單的物理定律來造成嚴重傷害的可怕武器。它類似彈弓，利用槓桿原理和吊索的離心力，在中世紀時被用來拋射石彈擊毀城牆。有時候士兵的死屍或腐爛的動物也會被投到城牆裡以傳播疾病。

牽引式投石機（traction trebuchet）是以人力拉動繩狀扳機來投射，出現於西元前四世紀的希臘和中國。後來的重力投石機（counterweight trebuchet）以重物來取代人力，在西元 1268 年傳入中國。這種投石機有點像蹺蹺板，其中一端裝有重物，另一端是放置石彈的吊索。當重物端落下時，吊索甩到垂直的位置上，然後把石彈拋向目標。這種投石機投射的速度更快，距離更遠，其威力遠大於不含吊索的傳統投石機。有些投石機會把重物放在更靠近支點的位置來加強投射的威力。這種投石機使用的重物，其重量遠大於所要投射的石彈，舉例而言就像讓一隻大象落在一端，然後很快地將能量傳送到另一端的磚塊上。

在歷史上，十字軍和伊斯蘭軍隊都曾經多次使用投石機。西元 1421 年時，後來的法王查理七世下令建造了一具可用來拋射重達 800 公斤石彈的投石機。平均射程可達 300 公尺。

物理學家曾針對投石機的力學進行研究，雖然其構造看起很簡單，但用來描述其動作的微分方程組是非線性的。

法國南部中世紀古堡的投石機。

參照條目　標槍投射器（西元前三萬年）、回力鏢（西元前兩萬年）、弩（西元前 341 年）及火炮（西元 1132 年）

彩虹

哈金（**Abu Ali al-Hasan ibn al-Haytham**，西元 965 年～西元 1039 年），
卡馬爾（**Kamal al-Din al-Farisi**，西元 1267 年～約西元 1320 年），
西奧多里克（**Theodoric of Freiberg**，約西元 1250 年～約西元 1310 年）

「我們之中誰不曾讚嘆過風雨後寧靜地橫跨天際的壯麗彩虹？」李雷蒙（Raymond Lee, Jr.）和弗雷瑟（Alistair Fraser）在他們的書中寫道：「這樣的景象生動地勾起我們的兒時回憶、那些遙遠的傳說以及印象模糊的自然課……有些地方把彩虹視為跨越天空的不祥之蛇，有些地方則把它想像成眾神和人類之間的橋樑。」彩虹跨越了現代在科學與藝術之間設下的劃分。

今天我們知道，彩虹的多重顏色是因為陽光在進入雨滴表面時先產生第一次折射（改變行進的方向），在雨滴的另一側產生反射，離開雨滴時再產生第二次折射的結果。白光之所會被分成好幾個顏色是因為不同波長的光（分別對應不同的顏色）產生折射的角度不同的緣故。

卡馬爾和西奧多里克幾乎同時正確地解釋了彩虹的成因：兩次折射與一次反射。卡馬爾是出生於伊朗的波斯伊斯蘭科學家，他使用裝了水的透明圓球來進行實驗。西奧多里克則是德國的神學家與物理學家，他的實驗方式和卡馬爾類似。

令人稱奇的是，許多數學與物理上的重大發現，都是由不只一人同時發現。例如許多氣體定律、莫比烏帶（Möbius strip）、微積分、進化論以及雙曲幾何（hyperbolic geometry）都由不同的人在同時間發展出來。之所以會出現這樣的情形最可能的解釋是「時機成熟了」——因為人類的知識已累積到一定的程度。有時獨立研究的兩個科學家會因為讀到同樣的成果而受到啟發。以彩虹為例，卡馬爾和西奧多里克的研究都是以伊斯蘭學者哈金的《光學之書》（*Book of Optics*）為基礎。

上圖——聖經裡，上帝展示了一道彩虹，作為向諾亞的保證。由約瑟夫安東柯赫（Joseph Anton Koch）所繪。下圖——彩虹的顏色是陽光在水滴裡折射加反射所產生的。陽光在水珠中折射和反射成為繽紛彩虹。

參照條目 司迺耳折射定律（西元 1621 年）、牛頓的稜鏡（西元 1672 年）、瑞利散射（西元 1871 年）及綠閃光（西元 1882 年）

沙漏

洛倫采提（**Ambrogio Lorenzetti**，西元 1290 年～西元 1348 年）

　　法國作家勒納爾（Jules Renard）曾寫道：「愛情就像沙漏，心逐步填滿了，腦袋就空了。」沙漏中的細沙由上方的沙斗流經窄小的頸部來計時。計時的時間長短是由許多因素決定的，包括沙的體積、沙池的形狀、頸部的寬度以及沙的種類。雖然人類可能早在西元前三世紀就開始使用沙漏，但是與沙漏有關的最早記錄是義大利畫家洛倫采提在 1338 年所繪的壁畫《好政府的寓言》（*Allegory of Good Government*）。有趣的是，麥哲倫（Ferdinand Magellan）在嘗試環航地球時，曾在他率領的每艘帆船上各放置了 18 個沙漏計時。莫斯科在 2008 年時建造了一個高達 11.9 公尺的沙漏，是世界上最大的沙漏之一。歷史上，沙漏通常被用於工廠或是在教堂裡用來計算佈道的時間。

　　1996 年，英國萊斯特大學的研究人員發現，沙漏的流速只與頸部上方數公分的沙子有關，而非整個沙池的沙。他們還發現使用小玻璃珠所得到的結果再現性最佳。研究人員寫道：「給定玻璃珠的體積固定時，計時的長度是由玻璃珠的大小、開孔的大小以及沙斗的形狀所決定。當孔徑大於珠子直徑的五倍時，時間長度 P 可以表示為：$P = KV(D - d)^{-2.5}$，其中 P 的單位是秒，V 是玻璃珠的體積，單位為毫升（ml）；d 是玻璃珠的最大直徑，單位公厘（mm）……D 是頸部開孔的直徑，單位公厘。K 則是個與沙斗形狀有關的比例常數。」例如圓錐狀的沙斗和沙漏狀的沙斗的 K 值就不同。任何沙斗若形狀偏離沙漏狀，都會把時間拉長，但溫度變化並沒有造成什麼影響。

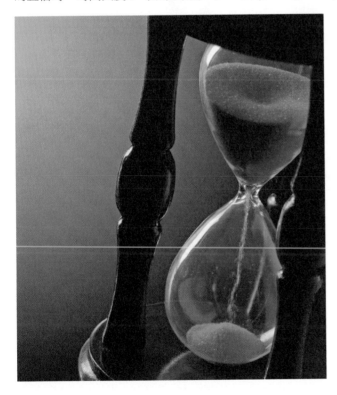

人類可能早在西元前三世紀就開始使用沙漏。麥哲倫在嘗試環航地球時，曾在率領的每艘帆船上各放置了 18 個沙漏計時。

參照 條目 日晷（西元前 3000 年）、週年紀念鐘（西元 1841 年）、時光旅行（西元 1949 年）及原子鐘（西元 1955 年）

以太陽為中心的宇宙

哥白尼（**Nicolaus Copernicus**，西元 1473 年～西元 1543 年）

「沒有任何一種發現和創建，能像哥白尼的理論那樣深深地撼動人類的心靈。當我們的世界不再享有宇宙中心的特權，它就再也不像我們以為的那樣完整。大概沒有其他人能像哥白尼那樣讓如此多的事物消逝在煙塵中！我們的伊甸園——那充滿虔誠和詩歌的天真世界、感知的證明，以及那如詩般的宗教信仰又該往哪裡去？」博學的歌德（Johann Wolfgang von Goethe）在 1808 年寫下了這段話。

哥白尼是第一個提出完整的日心說（以太陽為中心的理論）的科學家，主張地球不是宇宙的中心。他的《天體運行論》（*De revolutionibus orbium coelestium*）出版於 1543 他過世那年，書中提出了地球繞著太陽運行的理論。哥白尼是波蘭籍的數學家、醫師和古典文學家，天文學只是他的業餘興趣，但他也因為天文學而改變了世界。他的理論基於幾項假設：地球的中心並不是宇宙的中心、地球到太陽的距離遠小於到其他星球的距離、星星的東升西落是因為地球自轉、還有行星的逆行（從地球上看來，行星在某些時間會停止或是往反方向運動的現象）是因為地球的運動所造成的。雖然哥白尼提出的圓形軌道和行星的周轉圓（epicycle）並不正確，但是他的理論啟發了其他的天文學者如克卜勒（Johannes Kepler）開始研究行星的軌道，終於發現了它們的軌道是橢圓形的。

有趣的是，經過了許多年後，羅馬教廷才在 1616 年宣稱哥白尼的日心說是錯誤的，而且「完全地牴觸了聖經」。

太陽系儀（Orreries）展示各行星和其衛星的位置與運動，這個機械裝置是根據日心說的模型，是由一位名為馬丁（Benjamin Martin）的儀器技師在 1766 年打造。天文學家溫斯羅普（John Winthrop）曾在哈佛大學用它來教授天文學。目前展示於哈佛科學中心的普特南廳。

參照條目　宇宙的奧祕（西元 1596 年）、望遠鏡（西元 1608 年）、克卜勒行星運動定律（西元 1609 年）、量測太陽系（西元 1672 年）及哈伯太空望遠鏡（西元 1990 年）

宇宙的奧祕

克卜勒（Johannes Kepler，西元 1571 年～西元 1630 年）

德國天文學家克卜勒認為，他終其一生在科學上的創見和研究的動力都是來自於想要更了解上帝。比如說，在《宇宙的奧祕》（*Mysterium Cosmographicum*）一書中，他寫道：「我相信是上帝的旨意讓我僥倖發現了那些單憑自己的努力不可能發現的東西。我相信我的成功是因為我從不間斷向上帝禱告。」

克卜勒對宇宙最早的看法來自於他對正多面體（Platonic solid）這種對稱三維物體的研究。在克卜勒之前幾個世紀，希臘數學家歐幾里得（Euclid）就已經證明總共只有五種正多面體：立方體、正六面體、正十二面體、正二十面體、正八面體和正四面體。克卜勒在十六世紀所提出的理論今天看來雖然有點奇怪，但他想證明的是，在這五種正多面體間插入圓球，就可以找出各個行星到太陽的距離，所以他把這幾種正多面體像洋蔥一樣一層層地套起來。例如公轉軌道最短的水星就由它的模型裡最小的圓球來表示。當時已知的其他行星還有金星、地球、火星、木星和土星（譯註：當時已知的行星有六個，而五種正多面體由內而外正好可以插入六個圓球）。

克卜勒模型的順序是：最外圈有個圓球套著立方體，立方體內有個圓球，然後是一個正四面體，正四面體內又有一個圓球，接著是一個正十二面體、圓球、正二十面體、圓球、最裡面是正八面體和最小的圓球。而行星的軌道就位於這些圓球上。經過一些巧妙的取捨後，克卜勒的模型與當時已經的行星軌道十分吻合。歐文金格里奇（Owen Gingerich）在他的書裡寫道：「雖然《宇宙的奧祕》裡主要的論點是錯的，但克卜勒是第一個嘗試用物理來解釋天體運行的科學家。歷史上大概很少有這樣錯得離譜，卻對未來的科學發展影響深遠的書。」

克卜勒對宇宙最早的看法來自於他對正多面體這種對稱三維物體的研究。右圖取自他在 1596 年所出版的《宇宙的奧祕》。

參照條目　以太陽為中心的宇宙（西元 1543 年）、克卜勒行星運動定律（西元 1609 年）、量測太陽系（西元 1672 年）及波德定律（西元 1766 年）

論磁石

吉爾伯特（**William Gilbert**，西元 1544 年～西元 1603 年）

吉爾伯特在 1600 年所出版的《論磁石》（*De Magnete*）一書，是公認第一本出自英國的物理學鉅作。而且吉爾伯特的理論與對實驗的熱情，對後來歐洲的科學發展有深刻的影響。吉爾伯特不但是英國女王伊莉莎白一世的御醫，也參與催生電磁學。

既是作家也是工程師的吉時利（Joseph F. Keithley）在他的書中寫道：「在十六世紀時，大部分人相信知識是上帝的領域，因此人類不該妄加窺探。實驗更是被視為對智慧與道德生活有害的東西。但是吉爾伯特打破了傳統的思維，而且懶得理會那些不藉由實驗來探索真理是如何運作的人。」

在研究地磁時，吉爾伯特製作了一個直徑約 0.3 公尺的球狀磁石，並且將它命名為「小地球」。他讓磁針在小地球的表面上移動，證明了小地球也有南北極，而且磁針在靠近極點時，如同羅盤的指針在靠近地球的南北極時一樣，會往下傾斜。因此他推測地球就像是一顆巨大的磁石。在那之前，英國船隻已靠羅盤航行，但不明白其中道理。有人以為北極星是牽動羅盤指針的來源，也有人認為北極有座磁山或磁島，所以船隻最好不要靠近，免得帆船上的鐵釘被吸走。科學家雷納德（Jacqueline Reynolds）和丹佛德（Charles Tanford）認為：「吉爾伯特證明，掌控磁力和其他力量的，是地球而非天堂，更徹底影響了我們對物質世界的思維。」

吉爾伯特正確地推測了地球的中心是由鐵所組成。但是他相信石英是水的一種型態，類似壓縮過的冰，而這是錯的。吉爾伯特死於 1603 年，死因很可能是黑死病。

吉爾伯特推測地球的磁力是由本身所產生。今天我們知道地球是被外圍磁層（magnetosphere）包圍著，如同右圖的紫色空心球狀泡，這個磁層是來自太陽的帶電粒子和地球磁場作用因而偏折所形成。

參照條目　奧爾梅克羅盤（西元前 1000 年）、馮格里克靜電起電機（西元 1660 年）、安培定律（西元 1825 年）、高斯和磁單極子（西元 1835 年）、電流計（西元 1882 年）、居禮定律（西元 1895 年）及斯特恩－革拉赫實驗（西元 1922 年）

西元 1608 年

望遠鏡

立浦喜（**Hans Lippershey**，西元 1570 年～西元 1619 年），
伽利略（**Galileo Galilei**，西元 1564 年～西元 1642 年）

物理學家布萊恩格林（Brian Greene）說：「望遠鏡（Telescope）的發明和改良，以及後來伽利略的使用，標示了現代科學方法的誕生，而且為我們重新在宇宙中尋找自己的定位奠定了基礎。這個裝置讓我們領悟了宇宙蘊藏的知識遠比我們僅靠天然感官所認知的更廣闊。」電腦科學家藍頓（Chris Langton）也持同樣的看法：「沒有其他東西比得上望遠鏡。沒有其他發明像望遠鏡一樣徹底地改變了我們的世界觀。望遠鏡迫使我們接受，地球和人類只是宇宙中的滄海一粟。」

德裔的荷蘭鏡片工匠立浦喜可能是世界上第一個發明了望遠鏡的人（1608 年）。隔年，義大利天文學家伽利略自製了一具倍率大約為三的望遠鏡。他後來又製造了放大倍率可達 30 倍的望遠鏡。雖然早期望遠鏡的設計是利用可見光來觀察遠處的物體，但現在已經有各種使用其他電磁波頻段的望遠鏡。其中折射式望遠鏡（refracting telescope）是利用透鏡的組合來成像，而反射式望遠鏡（reflecting telescope）則是利用面鏡的組合來成像。折反射望遠鏡（catadioptric telescope）則同時使用了透鏡和面鏡。

有趣的是，和望遠鏡有關的許多重要的天文學發現都是無意間得到的。天文物理學家蘭格（Kenneth Lang）在《科學》期刊中寫道：「伽利略不經意把他剛做好的窺視管對向天空，從此開啟了新頁，天文學家利用新穎的望遠鏡來探索肉眼不可見的宇宙，在尋找新的星體的過程中，產生了許多重要的發現，包括木星的四個衛星、天王星、第一顆小行星——穀神星、漩渦狀星雲驚人的退行速度、來自銀河系的無線電輻射、宇宙 X 光源、伽瑪射線爆、無線電脈衝星、會產生重力輻射的雙脈衝星以及宇宙微波背景輻射。可見的宇宙只是那個更加浩瀚、等待著被發現的宇宙的一小部分。這些發現往往都來得出其不意。」

上圖——極大陣列（VLA, very large array）望遠鏡的其中一座天線，這個陣列是用來研究由無線電星系、類星體、脈衝星等星體所發出的訊號。下圖——天文台的工作人員於 1913 年攀爬在匹茲堡大學即將完工的 30 英吋索瓦（Thaw）折射式望遠鏡上。必須要有個人坐在大型砝碼上才能讓這座巨大的望遠鏡保持平衡。

參照條目　以太陽為中心的宇宙（西元 1543 年）、發現土星環（西元 1610 年）、微物圖誌（西元 1665 年）、恆星視差（西元 1838 年）及哈伯太空望遠鏡（1990）．

克卜勒行星運動定律

克卜勒（**Johannes Kepler**，西元 1571 年～西元 1630 年）

　　天文學家歐文金格里奇說：「雖然今天克卜勒最為人所知的是他的行星三大運動定律，但這只是他對宇宙秩序的追尋的一小部分……他留給（天文學）的是，一個比過去精確將近一百倍，物理學一以貫之的日心系統。」

　　克卜勒是德國天文學家、神學家及宇宙論者，提出了描述地球與其他行星如何以橢圓形軌道繞著太陽運行的克卜勒定律（Kepler's Laws of Planetary Motion）。在克卜勒提出他的定律之前，他必須先揚棄當時盛行的看法：圓是用來描述宇宙與行星軌道的「完美」曲線。當克卜勒提出他的定律時，並沒有理論的支持。這些定律只是提供了一個優雅的方式描述了觀測到的行星軌道。大約過了七十年，牛頓才用萬有引力定律（Law of Universal Gravitation）證明了克卜勒定律。

　　克卜勒第一定律（也稱軌道定律）指出在我們的太陽系中，所有的行星都以橢圓軌道運行，而太陽就位於橢圓的兩個焦點其中一個。第二定律（也稱等面積定律）說的是當行星離太陽較遠時，其運動速度比離太陽近時慢。如果用一條假想的線把行星和太陽連起來，則這條線在同樣時間段落內掃過的面積是相等的。有了這兩條定律，我們就可以輕易地計算出行星的軌道和位置，而且與觀測的結果一致。

　　克卜勒第三定律（也稱週期定律）指的是任何行星，其繞太陽公轉周期的平方與橢圓軌道的半長軸距離成正比。因此離太陽遠的行星，其公轉週期非常地長。克卜勒定律是人類所提出最早的科學定律之一，這些定律不只將天文學與物理學結合在一起，也促使後來的科學家嘗試用簡單的方程式來描述真實世界的運作。

太陽系的想像圖。克卜勒是德國天文學家、神學家及宇宙論者，提出了描述地球與其他行星如何以橢圓形軌道繞著太陽運行的克卜勒定律。

參照條目 以太陽為中心的宇宙（西元 1543 年）、宇宙的奧祕（西元 1596 年）、望遠鏡（西元 1608 年）及牛頓運動定律和萬有引力定律（西元 1687 年）

發現土星環

伽利略（Galileo Galilei，西元 1564 年～西元 1642 年），
卡西尼（Giovanni Domenico Cassini，西元 1625 年～西元 1712 年），
惠更斯（Christiaan Huygens，西元 1629 年～西元 1695 年）

科學記者寇特蘭（Rachel Courtland）寫說：「土星環（Saturn's Rings）看起來似乎亙古不變，事實上，這些由小衛星刻畫重力形成的行星外環飾物，今天的樣子很可能和數十億年前沒有兩樣，但是只有遠看才是如此。」1980 年代時，某個神祕的事件突然讓內側的若干土星環扭成一條隆起的螺旋狀紋路，「就像黑膠唱片上的音軌」。科學家推測這些螺旋狀紋路可能是小行星之類的物體或是土星上的劇烈天氣變化所造成的。

1610 年，伽利略成為歷史上第一個觀測到土星環的人，但是當時他把土星環描述為「兩邊耳朵」。一直到了 1655 年，惠更斯才藉由更好的望遠鏡，率先正確地描述出土星外面繞著一個環。卡西尼在 1675 年進一步地確認土星環是由許多較窄的環所組成，且其間存在著縫隙。其中兩個縫隙已知是由小衛星造成的，但其他縫隙的成因仍然不明。土星衛星彼此有週期性重力互相牽引而產生的軌道共振（orbital resonance）也會影響土星環的穩定性。每個窄環的公轉速度都不同。

今天我們知道土星環是由許多顆粒所組成的，其中大部分都是冰、岩石和塵埃。天文學家薩根（Carl Sagan）把土星環描述為「由一大群微小的冰所組成的世界，各自擁有自己的公轉軌道，也受到土星這顆巨大行星重力的束縛」。最小的顆粒如同沙粒，最大可達到房子般大小。土星環上還有由氧氣所組成的稀薄大氣層。土星環可能是很久以前某顆衛星、彗星或是小行星的殘骸所形成的。

2009 年，美國太空總署的科學家發現了一個幾乎看不見的巨大土星環，其中可填入十億個地球（或是直徑大約 300 個土星並排）。

由卡西尼號太空船廣角攝影機拍攝的 165 張照片所組合的土星和土星環。圖中的顏色是由紫外光、紅外光以及其他波段所拍攝的影像處理而成。

參照條目　望遠鏡（西元 1608 年）、量測太陽系（西元 1672 年）及發現海王星（西元 1846 年）

克卜勒六角形雪花

克卜勒（Johannes Kepler，西元 1571 年～西元 1630 年）

哲學家梭羅（Henry Thoreau）曾經這樣讚嘆雪花：「空氣裡要有多少創造力才能產生這些雪花！即使星星真的落在我的外套上，雪花也毫不遜色。」六角對稱狀的雪花結晶吸引了許許多多的藝術家和科學家。克卜勒在 1611 年時發表了一篇題為〈論六角形雪花〉的文章，是最早由科學而非宗教上的觀點，來探討雪花成因的嘗試之一。事實上，克卜勒曾經揣想若把每片雪花視為具有靈魂的生命，且各自擁有上帝所賦予使命的生物，會比較容易了解雪花結晶那美麗的對稱性。但是他認為更可能的解釋是，雪花神奇的形狀是某些無法觀察到的微小粒子進行某種六角堆積所形成的。

雪花，或者精確地說，雪的結晶。實際上從天空掉落的雪花中包含許多結晶。雪花通常是由微小的塵埃粒子開始，當溫度夠低時，水分子就會開始凝結在這些塵埃上。當成長中的結晶掉落經過不同的大氣濕度與溫度時，水氣持續地在上面凝結成固體的冰，逐漸形成各種不同的結晶形狀。常見的六重對稱是因為冰的六角型結晶所需構造能量最低。六個分支的形狀類似是因為它們形成時的環境相同。雪除了六角片狀以外，還可能形成六角柱狀等其他結晶形狀。

科學家研究雪的結晶和成因，一部分原因是，電子產品以及自我組裝、分子動力學、自發形成的圖案等科學上，結晶體的應用都非常地重要。

一個典型的雪結晶中包含大約 10^{18} 個水分子，兩個典型尺寸的結晶其結構一致的機率幾乎為零。從巨觀來看，自地球上有了第一片雪花以來，大概沒有任何兩片大型而複雜的雪花其形狀會是完全一樣的。

上圖──兩端覆有白霜的冠柱狀雪花。下圖──以低溫電子顯微鏡所拍攝的六角樹狀雪花。中央的雪花經過人工上色以突顯其形狀。

 參照條目　微物圖誌（西元 1665 年）、滑溜溜的冰（西元 1850 年）及準晶體（西元 1982 年）

西元 1620 年

摩擦發光

培根（Francis Bacon，西元 1561 年～西元 1626 年）

　　想像你正跟隨著一名北美的猶特族（Ute）巫師，在中西部尋找石英的結晶。在採集了晶石並把它們放進由半透明水牛皮製成的嘎哩器（rattle）以後，你開始等待夜晚的祭儀以召喚死者的靈魂。當天色暗了，你搖動手中的嘎哩器讓其中的晶石彼此碰撞後，然後嘎哩器開始發出閃爍的光輝。你在祭儀中所體驗到的，正是摩擦發光（Triboluminescence）最古老的應用之一。摩擦發光是一種當材料受到碰撞、摩擦或撕扯時，電荷分離，再結合而發光的現象。這些過程產生的放電現象會使附近的氣體離子化而引發閃光。

　　1620 年，英國學者培根留下這種現象的記錄，他提到在黑暗中敲碎或摩擦砂糖時，會出現亮光。我們今天很容易就可以在家裡進行類似的實驗：在黑暗的房間裡把砂糖或是薄荷糖打碎，就可以觀察到摩擦發光。其原理是糖果中的冬青油（wintergreen oil）或水楊酸甲酯（methyl salicylate）吸收了糖晶體破裂時所放出的紫外光後，再放出藍光。砂糖發光其波長範圍和閃電一致。兩者都是因為電的能量激發了空氣中的氮氣分子所造成的。氮氣放出來的光大多數都屬於人眼看不見的紫外光，只有少數屬於可見光。當糖的結晶受到擠壓時，正電荷和負電荷會開始累積，到某個程度後，電子躍出結晶斷面而激發氮氣中的電子。

　　如果你在黑暗中撕開透明膠帶，可能也會看到摩擦發光所放出的微光。有趣的是，如果是在真空中撕膠帶，甚至可以產生 X 光，強度足以拍下手指 X 光影像。

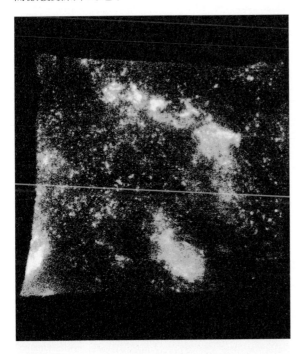

摩擦發光最早是培根在 1605 年用刀子刮砂糖時所發現。左圖是用兩片透明玻璃壓碎鄰乙醯氨基苯甲酸結晶時產生的摩擦發光現象。

參照條目　螢光（西元 1852 年）、壓電效應（西元 1880 年）、X 光（西元 1895 年）及聲光效應（西元 1934 年）

司迺耳折射定律

司迺耳（**Willebrord Snellius**，西元 1580 年～西元 1626 年）

「光束啊，你在哪？」詩人麥克佛森（James Macpherson）寫下這句詩時，可能根本不知道折射的原理。司迺耳折射定律（Snell's Law of Refraction）探討的是光線或其他電磁波，從例如空氣中進入另一種材料時，所產生的彎曲或偏折的現象。當電磁波受到折射時，會因為速度的變化而改變它們的傳播方向。你可以在一杯水中放隻鉛筆，鉛筆之所以看起來像是彎曲的，就是因為司迺耳定律的緣故。這個定律可以寫成：

$$n_1\sin(\theta_1) = n_2\sin(\theta_2).$$

其中與分別為介質 1 與 2 的折射率。入射光和兩介質介面法線間的夾角稱為入射角（θ_1）。光線從介質 1 進到介質 2，離開兩介質間的介面時，與介面法線間的夾角則稱為折射角。

凸透鏡利用折射現象讓平行光聚集在一起。如果沒有眼睛裡的透鏡來折射光線，我們就無法看到東西。地震波——例如地底的板塊突然破碎時所產生的能量波——在遇到不同材料的介面時，也會改變傳播的速度，並且依司迺耳定律而產生偏折。

當光線從折射率高的材料傳播到折射率低的材料時，會在某些情況下產生全反射。這種現象稱為「全內反射」（total internal reflection），就是當光線因介質介面的折射而反射回來。光線從光纖一端進入後就一直侷限在其中，直到從另一端離開為止，就是利用了這種現象。切割後的鑽石看起來閃閃發亮也是因為全內反射的緣故。

歷史上有許多研究者都曾經獨立發現過折射定律，但這條定律仍然以荷蘭天文學家及數學家司迺耳來命名。

上圖——光線在鑽石中產生全內反射。下圖——當射水魚（archerfish）朝獵物噴出水柱時，它在瞄準時必須校正因光線折射所產生的偏差。科學家目前還無法完全解釋射水魚是如何辦到的。

參照條目 彩虹（西元 1304 年）、牛頓的稜鏡（西元 1672 年）、布魯斯特光學（西元 1815 年）、光纖（西元 1841 年）、綠閃光（西元 1882 年）及契忍可夫輻射（西元 1934 年）

北極光

伽桑迪（**Pierre Gassendi**，西元 1592 年～西元 1655 年），
安果（**Alfred Angot**，西元 1848 年～西元 1924 年），
希歐特（**Olof Petrus Hiorter**，西元 1696 年～西元 1750 年），
攝爾修斯（**Anders Celsius**，西元 1701 年～西元 1744 年）

　　氣象學家安果說：「極光已經成為恐懼的源頭。」這就是十六世紀的人們看到空中出現發光簾幕時的反應。「血淋淋的長矛、身首異處的屍體、作戰中的軍隊，都清晰可辨。看到這些景象的人不是昏倒就是發瘋。」作家布萊森（George Bryson）則描述：「古代的斯堪地那維亞人把極光視為剛過世的堅毅美麗的女人靈魂冉冉上升到天際中……如電般的綠色穿插著霓虹般的藍，顫抖的粉紅色旋轉成深沉的紅，閃爍的紫光逐漸暗淡……。」

　　來自太陽的太陽風是高能量帶電粒子，源源進入地球的大氣，被引導到地球南北的磁極。當這些粒子沿著磁力線螺旋前進時，與大氣裡的氧原子和氮原子碰撞，使它們成為激發態。當這些原子裡的電子回到低能量的基態時，就會放出光，例如氧原子所放出的紅光和綠光，於是就在地球南北極附近的電離層（ionosphere，大氣層的最上層，因為太陽的輻射而電離）產生了讓人驚豔的極光秀。當氮離子重新得到電子而回到氮原子時，會發出淡藍色的光輝。發生在北極附近的極光稱為北極光（aurora borealis），發生在南極附近的極光則稱為南極光（aurora australis）。

　　雖然現存的克魯馬努人（Cro-Magnon）洞穴（大約可追溯到西元前三萬年）壁畫已經描繪了極光。但是一直到 1621 年，法國哲學家、神父、天文學家兼數學家伽桑迪才正式以羅馬神話中的曙光女神奧

羅拉（Aurora）和北風之神玻瑞阿斯（Boreas）為極光（aurora borealis）命名。

　　1741 年瑞典天文學家希歐特和攝爾修斯觀察到當極光出現時，羅盤上的指針會跟著變化，因而認為極光的出現和磁場有關。今天我們知道其他磁場比地球更強的行星，例如木星和土星，也都會出現極光。

閃耀在阿拉斯加熊湖上空的極光，攝於艾爾森空軍基地。

參照條目　聖艾爾摩之火（西元 78 年）、瑞利散射（西元 1871 年）、電漿（西元 1879 年）、綠閃光（西元 1882 年）及高頻主動極光研究計畫（西元 2007 年）

落體加速度

伽利略（Galileo Galilei，西元 1564 年～西元 1642 年）

　　柯恩（I. Bernard Cohen）說：「想完全體會伽利略的發現，我們必須先了解抽象思考的重要，以及伽利略如何使用抽象思考在科學上成為一項比望遠鏡更具革新性的工具。」傳說中，伽利略從比薩斜塔上丟下兩顆重量不同的球來展示它們會同時掉到地上。雖然伽利略不見得做過這樣的實驗，但是他一定做過某些對了解運動定律影響深遠的實驗。過去亞里斯多德認為重的物體掉落的速度比輕的物體快。但伽利略證明這只是因為物體的空氣阻力不同而已，而且他進行了許多次讓球從斜面上滾下的實驗來支持他的論點。更精確地說，他證明了從靜止的狀態開始進行等加速度運動的物體，其移動的距離與落下的時間平方成正比。

　　伽利略還提出了慣性原理，也就是除非受到其他的作用力，否則運動中的物體會持續以相同的速度與方向運動。亞里斯多德則誤以為必須要施力才能讓物體持續地運動。牛頓後來把伽利略的慣性原理整合到他的運動定律中。如果對你來說，運動中的物體除非受力，否則不會自然停止。你可以試著想像一下當硬幣沿著一張上了油而完全沒有摩擦力、光滑平坦且無限大的桌子上滑動的樣子。這硬幣將會沿著這個虛擬的平面永無止境的滑行下去。

想像一下從同樣的高度上同時放開若干不同質量的球或其他物體。伽利略證明如果空氣阻力的差別可以忽略的話，它們一定會以相同的速度落下。

參照
條目　動量守恆（西元 1644 年）、等時降落坡道（西元 1673 年）、牛頓運動定律和萬有引力定律（西元 1687 年）、螺旋迴圈（西元 1901 年）及終端速度（西元 1960 年）

氣壓計

托里切利（Evangelista Torricelli，西元 1608 年～西元 1647 年），
帕斯卡（Blaise Pascal，西元 1623 年～西元 1662 年）

　　雖然氣壓計（Barometer）的構造非常簡單，但是它的功能卻影響深遠，遠超過它在預測天氣上的用途。它幫助科學家了解大氣的性質，而且發現大氣層的範圍有限，宇宙中並沒有大氣。

　　氣壓計是用來量測大氣壓力的儀器，主要有兩種形式：水銀式以及非液體式。水銀式氣壓計包括一支上端密封裝有水銀的玻璃管，管子的底端開口插入裝了水銀的容器裡。當氣壓升高時，管子裡的水銀就會上升到比氣壓低時更高的地方。管子裡的水銀會調整到重量與大氣壓力相等的高度。

　　義大利物理學家托里切利在 1643 年時發明了氣壓計，他還觀察到氣壓計裡的水銀高度每天都會隨著氣壓的變化而略有不同。他說：「我們就像是活在由空氣所組成的海洋底部，從實驗結果來看，這些空氣毫無疑問具有重量。」1648 年巴斯卡利用氣壓計證明山頂上承受的空氣重量比山腳下的少，也就是說，大氣層並非無限地往外延伸。

　　非液體式氣壓計裡並沒有流動的液體，而是可撓式小金屬真空盒。盒子裡裝了彈簧，氣壓改變時會造成盒子的膨脹或收縮，氣壓計裡的槓桿裝置會放大這些微小的變化，讓使用者讀到壓力值。

　　當大氣壓力變低時，通常意味著暴雨將至。當氣壓上升時，則表示接下來可能是萬里無雲的好天氣。

以毫米汞柱（mmHg）和百帕斯卡（hPa）來指示壓力的氣壓計。一大氣壓正好等於 1013.25 百帕。

參照條目 虹吸管（西元前 250 年）、白貝羅氣候定律（西元 1857 年）及最快的龍捲風（西元 1999 年）

動量守恆

笛卡兒（René Descartes，西元 1596 年～西元 1650 年）

　　從古希臘的哲學家開始，人類就對物理上最簡單也最重要的問題：「東西為什麼會移動？」充滿好奇。動量守恆（Conservation of Momentum），這條偉大的物理定律的原始形式，就出現於哲學家兼科學家笛卡兒於 1644 年所出版的《哲學原理》（*Principia Philosophiae*）一書裡。

　　古典力學把線動量（linear momentum）P 定義為質量 m 與物體的速度 v 的乘積，P = mv，其中 P 和 v 是向量，擁有大小與方向。對一個包含相互作用的物體的封閉系統來說，其總動量 P_T 守恆。換句話說，即使個別的物體改變運動狀態，P_T 仍然維持不變。

　　舉例來說，假設有個重量為 45 公斤的溜冰者。一台機器朝著她正面以每秒五公尺的速度扔了一顆重達 5 公斤的球。假設機器與溜冰者之間的距離很短，因此我們可以假設這顆球以水平的方向朝她飛去。她接住了這顆球，而球的衝擊力使她以每秒 0.5 公尺的速度向後滑動。在運動中的球與靜止的溜冰者接觸之前的總動量是 5kg×5m/s（球）＋ 0（溜冰者），接觸之後則是 (45 ＋ 5)kg×0.5m/s，總動量守恆。

　　角動量則是相似的概念，只是用在旋轉的物體上。假設有個點質量（例如一條線上綁著一顆球）以動量 P 沿著半徑為 r 的圓轉動。角動量就是 P 乘上 r，因此質量、速度或是半徑越大，角動量就越大。在封閉系統中的角動量也是守恆的。舉例來說，當旋轉中的溜冰者把手臂縮起，也就是變小時，旋轉的速度就會變快。直升機必須使用兩組旋翼來維持穩定，因為如果只有水平旋翼時，直升機的機身會開始往反方向轉動以維持角動量守恆。

海空搜救直升機從海中吊掛起人員。少了尾旋翼來維持穩定，直升機的機身將會沿著與上旋翼相反的方向轉動，以維持動量守恆。

參照條目　落體加速度（西元 1638 年）、牛頓運動定律和萬有引力定律（西元 1687 年）及、牛頓擺（西元 1967 年）

虎克的彈性定律

虎克（**Robert Hooke**，西元 1635 年～西元 1703 年），
柯西（**Augustin-Louis Cauchy**，西元 1789 年～西元 1857 年）

當我在玩彈簧玩具時，我立刻就愛上了虎克定律。1660 年英國物理學家虎克發現當一個物體，例如一根金屬棒或一個彈簧，被拉伸某個距離 x 後，該物體產生的回復力 F 會正比於 x，這就是今天我們所說的虎克定律（Hooke's Law of Elasticity）。這個關係可以表示成方程式：$F = -kx$。其中 k 是一個比例常數，當虎克定律用在彈簧上時，經常稱之為彈簧常數。虎克定律可以來近似某些材料例如鋼鐵的特性，這些在大部分情況下都遵守虎克定律的材料就稱為虎克型（Hookean）材料。

大部分學生都是在學習彈簧時接觸到虎克定律，這條定律把彈簧所施加的作用力和彈簧的拉伸距離連結起來。彈簧常數的單位是每單位長度的作用力。$F = -kx$ 裡的負號表示作用力的方向和彈簧位移的距離相反。舉例來說，如果我們把彈簧的一端向右拉，則彈簧會施加一個向左的「回復」力。彈簧的位移指的是它偏離平衡位置的距離。

剛剛我們所討論的都是單方向的運動和作用力。法國數學家柯西將虎克定律推廣到三維（3D）的作用力和彈性體。新的方程式比較複雜，需要用到應力（stress）的六個分量和應變（strain）的六個分量。把應力－應變的關係寫成矩陣時，會形成一個具有 36 個分量的應力－應變張量（stress-strain tensor）。

當金屬受到微小的應力時，3D 晶格中形成彈性位移而產生短暫的變形。移除應力後，金屬就會回復其原本的形狀和尺寸。

虎克的許多發明都被刻意地隱藏起來，部分的原因是因為牛頓對他存有敵意。事實上牛頓不但讓皇家學會取下虎克的肖像，還曾試圖燒毀虎克存放在皇家學會的手稿。

鍍上鉻的機車懸吊彈簧。虎克定律描述了當彈簧或其他彈性體在長度改變時的行為。

參照條目 衍架（西元前 2500 年）、微物圖誌（西元 1665 年）及超級球（西元 1965 年）

馮格里克的靜電起電機

馮格里克（**Otto von Guericke**，西元 1602 年～西元 1686 年），
范德格拉夫（**Robert Jemison Van de Graaff**，西元 1901 年～西元 1967 年）

神經心理學家特里哈伯說：「過去兩千年來最重要的發明，必須是那些影響最為廣泛極深遠的發明。我個人認為，那就是馮格里克發明用來產生靜電的機器。」雖然在 1660 年之前，人們就已經知道電的存在，但是馮格里克的靜電起電機（Von Guericke's Electrostatic Generator）大概史上第一台發電機的先驅。他的靜電起電機利用了一個硫磺製成的圓球，讓人們可以用手旋轉並摩擦（歷史學家不太確定他的起電機能不能持續地旋轉，如果可以的話把它歸類為機器就比較沒問題）。

整體來說，靜電起電機就是將機械功轉換為電能來產生靜電。一直到十九世紀末，靜電起電機在物質結構的研究上都扮演著關鍵的角色。1929 年美國物理學家范德格拉夫設計並建造了一台稱為「范德格拉夫起電機」（Van de Graaff generator, VG）的靜電起電機，這台機器被廣泛地用在核子物理的研究上。作家威廉格斯特勒（William Gurstelle）說：「最巨大、最明亮、最狂暴以及最刺眼的放電現象既不是來自維姆胡斯特之類的靜電感應起電機（參考萊頓瓶）……也不是來自特斯拉線圈，而是來自一對像演講廳一樣高大的柱狀機器……這個機器叫做范德格拉夫發電機，它可以產生瀑布般的火花，焦臭的空氣以及強大的電場……。」

范德格拉夫起電機利用電子電源供應器讓一條傳送帶產生電荷，以便在中空的金屬圓球表面上累積高電壓。在粒子加速度器中，范德格拉夫起電機可以提供很高的電壓差來加速離子（帶電粒子）源。由於范德格拉夫起電機可以精確掌控所產生的電壓，所以被用來研究設計原子彈所需的核子反應。

多年以來，靜電加速器被廣泛地用在癌症治療、半導體製程（離子佈植）、電子顯微鏡、食物殺菌以及在核子物理實驗中加速質子等用途上。

上圖——馮格里克可能是第一個發明靜電起電機的人。格弗路 1750 年版畫中所描繪的其中一種靜電起電機。右圖——全世界最大的以空氣絕緣的范德格拉夫起電機，由范德格拉夫本人為了早期的原子能實驗所設計，目前位於波士頓的科學博物館。

波以耳氣體定律

波以耳（**Robert Boyle**，西元 1627 年～西元 1691 年）

「美枝，妳怎麼啦？」當河馬辛普森發現他老婆在飛機上臉色發青時，他問：「你肚子餓了嗎？脹氣？是因為氣壓的關係嗎？一定是因為氣壓，我沒說錯吧？」河馬當初要是知道被以耳定律（Boyle's Gas Law），就更有把握了。1662 年，愛爾蘭化學家及物理學家波以耳利用一個維持在定溫的密閉容器研究氣體的壓力和體積的關係。他發現氣體的壓力和體積的乘積幾乎都一樣：P×V ＝ C。

腳踏車的打氣筒就是波以耳定律的一個簡單例子。當你把活塞往下壓，打氣筒裡的氣體體積變小、壓力增加，這樣一來就可以把氣灌進輪胎裡。在海平面附近充飽氣的氣球往天上飄時，會因為外面的氣壓越來越小而膨脹。同樣地，當我們吸氣時，肋骨也會往上抬而橫膈膜往下降，以增加肺部的體積並降低壓力，讓空氣能夠進入肺裡。可以說，我們賴以為生的每一次呼吸，都和波以耳定律息息相關。

波以耳定律可以精確地描述理想氣體的行為，理想氣體由體積小到可忽略的相同粒子所組成，分子間沒有作用力，而且原子或分子與容器的器壁間為彈性碰撞。真實氣體則是在氣壓夠低時遵守波以耳定律，通常其近似值在實用上已經十分足夠。

水肺潛水者需了解波以耳定律，是因為它可以說明在上浮或下潛時，肺部、面鏡和浮力控制具（buoyancy control device, BCD）之間的變化。舉例來說，當一個人下潛時，壓力增加，會造成氣體的體積縮小。潛水者會發現他的 BCD 好像扁掉了，而且耳膜開始受到壓迫。為了平衡耳壓，空氣必須流經潛水者的耳咽管以補償減少的空氣體積。

發現他的理論可以用來解釋如果所有氣體都是由微小粒子所組成，就可以解釋他的結果，於是波以耳嘗試推導可以用在化學上的通用微粒子理論（corpuscular theory）。在 1661 出版的《懷疑派的化學家》（*The Sceptical Chymist*）中，波以耳批判了亞里斯多德的四元素說（地、氣、火、水），並推衍出新概念，認為有某些基本粒子存在，其不同組合形成各種微粒。

水肺潛水者應了解波以耳定律。如果潛水者在呼吸壓縮空氣後進行上浮時摒住呼吸，則肺裡的空氣將會在周圍的水壓變小時膨脹，可能會造成肺部的損傷。

參照條目　查爾斯氣體定律（西元 1787 年）、亨利氣體定律（西元 1803 年）、亞佛加厥氣體定律（西元 1811 年）及氣體運動論（西元 1859 年）

微物圖誌

虎克（**Robert Hooke**，西元 1635 年～西元 1703 年）

雖然十六世紀後期就已經出現了顯微鏡，但是英國科學家虎克設計的複式顯微鏡（compound microscope，使用一個以上透鏡的顯微鏡）仍然是一個重要的里程碑，這台顯微鏡在光學和機械上的設計是現代顯微鏡的前驅。一台擁有兩個透鏡的顯微鏡，其整體放大倍率是目鏡的倍率（通常是 10 倍）再乘上靠近標本的物鏡倍率。

虎克的《微物圖誌》（*Micrographia*）提供了令人摒息的微觀圖像，以及他所觀察標本的生物學推測，涵蓋的對象從植物到跳蚤。這本書還探討了行星、光波的波理論以及化石的起源，而且引起人們和科學界注意到顯微鏡的威力。

虎克是第一個發現細胞（cell）的人，「細胞」就是他在描述組成生物的基本單位時所使用的字。虎克之所以使用這個字是因為他觀察到植物的細胞就像僧侶住的一格一格的小房間（cellula）。科學史家魏斯特福說：「虎克的《微物圖誌》是十七世紀最偉大的著作之一，提供了礦物、動物以及植物領域上的豐富觀察。」

虎克是第一個使用顯微鏡來觀察化石的人，他發現木頭化石和貝殼化石的構造，和真正的木頭以及活生生的貝類幾乎沒什麼兩樣。在《微物圖誌》中，他比較了木頭的化石和腐木，並且做出木頭可能是逐漸地變成石頭的結論。他還相信許多化石是由已經滅絕的物種變成的，他說：「過去有許多物種是現在看不到的；而現在有許多物種，可能也是過去所沒有的。」在之後的〈看見單一原子〉那一篇裡，我們會介紹更多有關顯微鏡的進展。

1655 年出版的《微物圖誌》裡的跳蚤圖像。

參照條目 望遠鏡（西元 1608 年）、克卜勒六角形雪花（西元 1611 年）、布朗運動（西元 1827 年）及看見單一原子（西元 1955 年）.

西元 **1669** 年

阿蒙頓摩擦力

阿蒙頓（**Guillaume Amontons**，西元 1663 年～西元 1705 年），
達文西（**Leonardo da Vinci**，西元 1452 年～西元 1519 年），
庫侖（**Charles-Augustin de Coulomb**，西元 1736 年～西元 1806 年）

　　摩擦力是一種阻止物體間彼此互相滑動的作用力。雖然它會造成引擎裡的零件磨損和能量損耗，但是對我們的日常生活卻是不可或缺的。想像一下如果這個世界上沒有摩擦力，那我們要怎麼走路、開車、用釘子或螺絲固定東西或是鑽孔補牙？

　　1669 年，法國物理學家阿蒙頓證明了兩物體間的摩擦力和施加的負荷（垂直於接觸面的作用力）成正比，其比例常數（摩擦係數）與接觸面積的大小無關。最早提出這種關係的是達文西，後來由阿蒙頓重新發現。摩擦力的大小和接觸的面積幾乎無關，似乎有點違背我們的直覺。但事實上，如果你在地板上推動一塊磚頭，不管它與地板接觸的面積是寬還是窄，其摩擦阻力都是相同的。

　　進入 21 世紀以後，許多科學家開始研究在奈米到毫米這樣的尺度下——比如說在微機電系統（MEMS, micro-electromechanical systems）大小的面積上——阿蒙頓的定律是否還能適用。微機電系統是以微製造技術把機械組件、感應器以及電子元件一起整合在矽基板上的科技。結果發現在研究傳統機器和動件（moving parts）上十分有用的阿蒙頓定律，可能無法適用在針頭大小的機器上。

　　1779 年，法國物理學家庫侖研究摩擦力後發現，進行相對運動的兩個表面，其動摩擦力（kinetic friction）與相對速度幾乎無關。而物體在靜止時的靜摩擦力（static frictional force）通常比在運動狀態下的動摩擦力大。

輪子或是球型軸承（ball bearings）之類的裝置被用來將滑動摩擦（sliding frition）轉換為力較小的滾動摩擦（rolling friction），以降低運動時的阻力。

参照　落體加速度（西元 1638 年）、等時降落坡道（西元 1673 年）、滑溜溜的冰（西元 1850 年）及史托克定律（西元 1851 年）

量測太陽系

卡西尼（**Giovanni Domenico Cassini**，西元 1625 年～西元 1712 年）

在天文學家卡西尼於 1672 年測量出太陽系的大小之前，存在著一些古怪的理論。例如阿里斯塔克斯（Aristarchus of Samos）在西元前 280 年說，太陽與地球的距離，只有月亮與地球之間距離的 20 倍。有些在卡西尼那個時代的科學家還認為星星離我們只有幾百萬哩遠。但是在巴黎，卡西尼派遣天文學家里希爾（Jean Richer）到位於南美洲東北角的卡宴，兩人同時測量火星與遠方星球的夾角。由於巴黎與卡宴之間的距離是已知的，卡西尼利用簡單的幾何方法，就算出了地球與火星的距離。知道了火星與地球間的距離以後，他利用克卜勒第三定律計算出火星和太陽的距離。有了這兩個資訊，卡西尼算出地球與太陽間的距離為一億四千萬公里，只比真正的平均距離少了百分之七。作家海文（Kendall Haven）說：「卡西尼計算出來的距離意味著，宇宙比過去人們所以為的大上了幾百萬倍。」要知道想直接觀察、測量太陽，肯定會傷害視力。

卡西尼提出了許多著名的發現。例如他發現了四顆土星的衛星，他還發現了土星環裡最大的縫隙，這條縫隙後來被命名為卡西尼環縫來紀念他。有趣的是，他是最早正確地猜測出光速並非無限大的科學家之一，但是他並未發表有關這個理論的證據，因為根據海文所形容：「他是一個虔誠的信徒，而他相信光來自上帝，因此必然是完美且無限的，傳播時的速度不受限制。」

我們現在所知的太陽系已經比卡西尼的時代擴大許多，先後在 1781 年發現天王星、1846 年發現海王星、1930 年發現冥王星以及 2005 年發現鬩神星。

卡西尼先算出地球到火星的距離，再算出地球到太陽的距離。右圖比較了火星和地球的大小。火星的半徑大約是地球的二分之一。

參照條目　測量地球的埃拉托斯特尼（西元前 240 年）、以太陽為中心的宇宙（西元 1543 年）、宇宙的奧祕（西元 1596 年）、克卜勒行星運動定律（西元 1609 年）、發現土星環（西元 1610 年）、波德定律（西元 1766 年）、恆星視差（西元 1838 年）、麥克生莫雷實驗（西元 1887 年）及戴森球（西元 1960 年）

牛頓的稜鏡

牛頓（**Isaac Newton**，西元 **1642** 年～西元 **1727** 年）

教育家麥可杜馬（Michael Douma）說：「近代對光和顏色的了解都始自於牛頓，以及他在 1672 年所發表的一系列實驗結果。牛頓是第一個了解彩虹的人，他讓光線透過稜鏡（Prism）的折射，分解出組成白光的各種顏色：紅、橙、黃、綠、藍、靛、紫。」

當牛頓在 1660 年代後期進行與光和顏色有關的實驗時，有許多人認為顏色是光線與黑暗的混合物，而白光通過稜鏡會產生顏色是因為稜鏡將白光著色的結果。牛頓的看法與當時盛行的想法不同，他認為白光並非如亞里斯多德相信的是單色光，而是由不同顏色的光所組成的。英國物理學家虎克批評了牛頓在光的特性方面的研究，讓牛頓大為光火，而且牛頓的怒氣似乎遠超過虎克對他的評論。牛頓為此一直到 1703 年虎克死後才願意出版他的不朽巨作《光學》（Opticks），以便他能在光這個主題上拍板定論，而不用擔心虎克的搗亂。牛頓的《光學》出版於 1704 年。在這本書裡，牛頓進一步地探討了他對光的顏色和折射的研究。

牛頓利用玻璃製作的三稜鏡來進行他的實驗。光線從稜鏡的某一面進入，然後被玻璃折射成不同的顏色（因為折射的角度和顏色的波長有關）。稜鏡之所以能分光是因為光線從空氣中進入稜鏡的玻璃中時速度會改變。牛頓又使用第二個稜鏡，讓分離開來的各種顏色再度折射組合成白光。這個實驗證明稜鏡並不像許多人相信的那樣，會將白光著色。牛頓也試著讓紅光單獨通過第二個稜鏡，結果發現紅光並未改變。這個結果進一步證明稜鏡並不會產生顏色，它只是讓原本就在白光中的各種顏色分散開來而已。

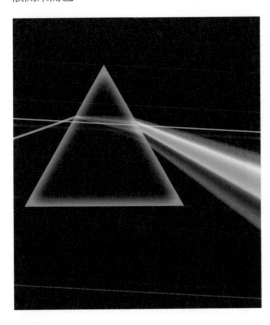

牛頓利用稜鏡證明白光並不是亞里斯多德相信的單色光，而是由許多不同顏色的光線所組成的。

參照 條目 彩虹（西元 1304 年）、司迺耳折射定律（西元 1621 年）、布魯斯特光學（西元 1815 年）、電磁頻譜（西元 1864 年）及超穎材料（西元 1967 年）

等時降落坡道

惠更斯（**Christiaan Huygens**，西元 1629 年～西元 1695 年）

幾年前我寫過一則故事，內容是七個溜滑雪板的人發現了一條神奇的山路。不管他們從這坡道上的哪個位置開始滑，抵達山腳所需的時間都一樣！怎麼會發生這種事？

17 世紀時，數學家和物理學家們想要找出一條特別的坡道。在這條特別的坡道上，不管起點在哪，物體滑降到最底端所需的時間必須相同。假設這條坡道上沒有摩擦力，且物體會因為重力而加速。

荷蘭數學家、天文學家兼物理學家惠更斯在 1673 年發現了這個問題的解答，並且發表在他的論文〈擺鐘〉中。技術上來說，等時滑降線就是一條擺線（cycloid），也就是當圓沿著直線滾動時，圓周界上某一點所形成的軌跡。物體以最快的速度滑降的那條等時滑降線稱為最速降落線（brachistochrone）。惠更斯曾經想利用他的發現，設計一個更精確的擺鐘。他在擺線的軸旁邊裝設了一些倒擺線形的弧狀物，確保從哪一點開始，擺線都能沿著最佳化的曲線擺動（可惜的是，擺線沿著弧狀物彎曲時的摩擦力所造成的誤差更大）。

《白鯨記》（*Moby Dick*）在描述用來把鯨脂提煉成鯨油的煉鍋時，曾經提到等時滑降線這種特殊的性質：「這也是一個可以思考高深數學問題的地方。我就是手裡拿着滑石勤奮地在佩特科號左邊那只煉鍋裡擦來擦去的時候，初次間接體會到這個值得注意的事實，那就是在幾何學上，所有沿著等時滑降線滑落的東西，例如我手上的滑石，不管從哪個點開始滑落到鍋底的時間都一樣。」

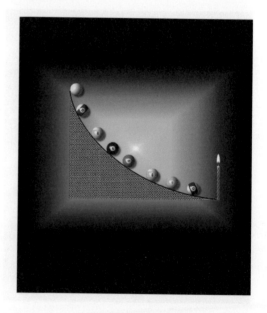

上圖──惠更斯肖像，卡斯帕內切爾（Caspar Netscher）繪。下圖──在重力的影響下，這些從等時降落坡道上不同位置開始滾動的撞球，將會在同一個時間抵達蠟燭。

參照條目 落體加速度（西元 1638 年）及螺旋迴圈（西元 1901 年）

西元 1687 年

牛頓運動定律和萬有引力定律

牛頓（Isaac Newton，西元 1642 年～西元 1727 年）

牛頓說：「上帝以計數、衡重、測量創造了萬物。」牛頓是英國數學家、物理學家及天文學家，他發明了微積分、證明了白光是各種顏色的光所組成解釋了彩虹的成因，打造了第一具反射式望遠鏡，發現了二項式定理（binomial theorem），提出極座標系（polar coordinate），而且證明了使物體掉落的作用力和造成星球運轉及產生潮汐的作用力是同一種。

牛頓運動定律（Newton's Laws of Motion）探討施加在各個物體上的作用力和這些物體的運動彼此有何關係。而萬有引力定律（Newton's Laws of Gravitation）則說明物體間會互相吸引，且引力的大小與物體的質量乘積成正比，與物體間的距離成反比。牛頓第一運動定律（Law of Inertia，慣性定律）說，除非受到外力的影響，否則物體不會改變其原本的運動狀態：靜止的物體保持靜止；運動中的物體除非受到一個淨外力，否則會依原本的方向持續進行等速運動。牛頓第二運動定律則是說，當物體受到外力時，其動量（momentum）變化率與作用力的大小成正比。最後根據牛頓第三運動定律，當第一個物體施加一個作用力於第二個物體時，第二個物體也會施加一個大小相等方向相反的作用力於第一個物體。例如當湯匙掉落在桌子上時，湯匙向下施加於桌子的作用力，與桌子向上施加於湯匙的作用力相等。

牛頓終其一生都深受躁鬱症的困擾。他非常痛恨他的母親和繼父，曾在青少年時期威脅要把他們活生生燒死在房子裡。牛頓也寫過一些與聖經及預言有關的論文。很少人知道牛頓花在研究聖經、神學以及煉金術上的時間比科學還多；而且他在宗教上的著作也多於自然科學。無論如何，這位英國數學家及物理學家仍然是史上最有影響力的科學家。

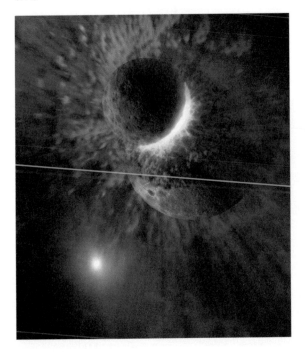

重力（萬有引力）會影響外太空星體的運動。左圖是某次巨大的碰撞（互相碰撞的兩物體大小可能與冥王星相當）產生的塵埃使鄰近的織女星產生光暈的想像圖。

參照條目　克卜勒行星運動定律（西元 1609 年）、落體加速度（西元 1638 年）、動量守恆（西元 1644 年）、牛頓的稜鏡（西元 1672 年）、牛頓——偉大的啟迪者（西元 1687 年）、螺旋迴圈（西元 1901 年）、廣義相對論（西元 1915 年）及牛頓擺（西元 1967 年）

牛頓──偉大的啟迪者

牛頓（**Isaac Newton**，西元 1642 年～西元 1727 年）

化學家克勞普爾（William H. Cropper）在他的書中說：「牛頓是物理史上最偉大且最具創意的天才。即使是其他那些最有資格的大師，比如說愛因斯坦（Einstein）、馬克士威爾（Maxwell）、波茲曼（Boltzmann）或是吉布思（Gibbs），也比不上牛頓集理論、實驗以及數學於一身的成就……如果你進行一趟時空旅行回到十七世紀與牛頓相遇的話，你會發現他就像個表演者，先是激怒在場的每一個人，然後上台，唱出如天籟般的歌聲……。」

大概沒有其他科學家能像牛頓一樣，啟發了如此多的後繼者，相信我們可以用數學來了解這個宇宙。新聞記者格萊克（James Gleick）說：「牛頓生在一個黑暗、無知以及充滿巫術的世界裡……至少一次瀕臨於發狂的邊緣……然而他卻比史上任何一個人發現了更多人類智識中的精髓。他是現代世界的總建築師……他讓知識成為可捉摸的事物：是量化的、精確的。他確立了原理，我們稱其為牛頓定律。」

作家柯克（Richard Koch）和史密斯（Chris Smith）說：「在十三世紀到十五世紀間的某個時刻，歐洲開始在科學與工藝上脫穎而出，往後兩百年更進一步確立了這樣的領先。然後在 1687 年，牛頓──哥白尼、克卜勒和其他的先行者預示了他的出現──提出了偉大的洞見，告訴我們宇宙遵行著少數用物理、力學以及數學的定律。這讓我們得到了無比的信心，相信任何事物都有理可循、每件事物都因果相扣，而且我們可以用科學的力量來改善一切。」

天文物理學家霍金（Stephen Hawking）曾受牛頓的啟發而寫下這段文字：「我不同意那些認為宇宙是個謎團的觀點……這樣的觀點對於四百年前由伽利略開啟，由牛頓繼往開來的科學革命並不公平……我們今天所擁有的數學定律已經足以解釋我們在日常生活中所體驗到的一切事物。」

牛頓的出生地──英格蘭的烏爾索普莊園以及旁邊的古老蘋果樹。牛頓在這裡進行過許多與光線及光學有關的著名實驗。傳說中，牛頓就是在這裡看到從樹上掉落的蘋果而得到靈感，提出了萬有引力定律。

參照條目　牛頓運動定律和萬有引力定律（西元 1687 年）、愛因斯坦──偉大的啟迪者（西元 1921 年）及霍金的星際奇航記（西元 1993 年）

音叉

朔爾（John Shore，約西元 1662 年～西元 1752 年），
霍姆赫茲（Hermann von Helmholtz，西元 1821 年～西元 1894 年），
利薩如（Jules Antoine Lissajous，西元 1822 年～西元 1880 年），
科尼希（Rudolph Koenig，西元 1832 年～西元 1901 年）

　　音叉是敲擊時會發出固定頻率的純音（pure tone）的 Y 型金屬器具，在物理、醫學、藝術甚至是文學上，都扮演了重要的角色。在所有曾提到音叉的小說中，我最喜歡的一段出現在《大亨小傳》（*The Great Gatsby*）裡：「蓋茲比知道一旦他吻了這個女孩……他的心靈就再也無法像上帝的心靈一樣地自由自在了。所以他等待著，多聆聽一會兒從敲擊在一顆星星上的音叉傳來的聲響。然後他吻了她。當他一觸到她的雙唇，她就像一朵花一樣為他綻放開來……。」

　　音叉是英國音樂家朔爾在 1711 所發明的。它產生的純淨正弦音波十分適合用來為樂器調音。音叉的兩個分叉會以相互靠近或遠離的方式震動，握把的部分則是上下震動。握把震動的幅度小，意味著音叉所發出的聲音可以持續很久而不會快速地減弱。但是如果讓把手與共振腔（例如空心的盒子）接觸，就可以把聲音放大。只要知道音叉的材料密度、分叉部分的半徑和長度、以及材料的楊格係數（Young's Modules）等參數，就可以用簡單的公式算出音叉的頻率。

　　1850 年，數學家利薩茹藉由研究音叉與水碰觸所產生的漣漪來探討波動。他還成功地利用震動中的音叉上的鏡子把光線反射到呈 90 度角震動的音叉上的另一面鏡子，然後再反射到牆上，而得到了複雜的利薩茹圖形（Lissajous figures）。1860 年左右，霍姆赫茲與科尼希設計了一個由電磁所驅動的音叉。現今警察使用音叉來校正測速雷達。

　　在醫學上，音叉被用來測試病人的聽力和皮膚對震動的感覺，還被用來尋找骨折的位置。音叉震動所產生的聲音在骨折位置會變小，因此可以藉由聽診器找出受傷的部位。

音叉在物理、音樂、醫學及藝術上，扮演了重要的角色。

參照條目 聽診器（西元 1816 年）、都卜勒效應（西元 1842 年）及軍用大號（西元 1880 年）

脫離速度

牛頓（Isaac Newton，西元 1642 年～西元 1727 年）

把一支箭垂直地射向天空，它早晚會掉下來。把弓弦張得更開再射一次，箭在空中停留的時間會變長。而讓這支箭永遠不會回到地球所需的發射速度，就是脫離速度（Escape Velocity）。脫離速度可以用一個簡單的公式計算出來：$v_e = (2GM/r)^{1/2}$，其中 G 是重力常數（gravitational constant），r 是地球中心到弓箭的距離，M 是地球的質量。如果我們忽略空氣阻力和其他的作用力，斜向上方把箭射出，則脫離所需速度的垂直分量（沿著來自地心輻線的方向）$v_e = 11.2km/s$（每秒 11.2 公里）。這支虛擬的箭速度飛快，因為它射出時的速度達到 34 倍音速！

請注意，發射物的重量並不影響脫離速度的大小（射一支箭或一隻大象都一樣），只會影響使該物體離開地球所需的能量。上面的方程式假設地球是一個均勻的球狀星球，且射出物的質量遠小於地球的質量。此外，相對於地表的脫離速度會受到地球自轉的影響。例如站在地球的赤道上，把箭往東射出的話，相對於地表的脫離速度是。

另外，上面的公式所算出來的脫離速度指的是「一口氣」使物體脫離地球所需速度的垂直分量。事實上火箭並不需要達到如此高的發射初速，因為火箭在飛行中會持續地提供推力。

脫離速度是牛頓在 1728 年出版的《世界體系之論述》（*A Treatise of the System of the World*）所提出。在那本書裡，牛頓計算了以不同的高速發射砲彈時，砲彈相對於地球的軌跡。脫離速度也可以用許多其他的方式算出，包括牛頓在 1687 年所提出的萬有引力定律，該定律說，物體間會彼此吸引，其引力的大小與質量的乘積成正比，與距離成反比。

月神一號（Luna 1）是第一個達到脫離地球速度的人造物體，蘇聯在 1959 年所發射，是史上第一艘抵達月球的航行器。

參照
條目　等時降落坡道（西元 1673 年）、牛頓運動定律和萬有引力定律（西元 1687 年）、黑洞（西元 1783 年）及終端速度（西元 1960 年）

西元 **1738** 年

白努利定律

白努利（**Daniel Bernoulli**，西元 **1700** 年～西元 **1782** 年）

　　想像一下當水穩定地流經水管把建築物屋頂的液體輸送到底下的草皮時，管子裡的液體壓力會隨著位置而改變。數學家及物理學家白努利發現了一條能將壓力、流速以及流經水管的流體高度連結在一起的定律，這就是我們今天所說的白努利定律（Bernoulli's Law of Fluid Dynamics）：$v^2/2 + gz + p/\rho = C$。其中 v 是流體的速度，g 是重力加速度，z 是流體中某一點的高度，p 是壓力，ρ 是流體的密度，C 則是一個常數。在白努利之前，科學家就已經知道，當運動中的物體升高時，其動能會轉換成位能。而白努利則是了解到，當流體的動能改變時，就會造成壓力的變化。

　　這條方程式假設，流體以穩流（非紊流）的方式在封閉的管中流動，且流體必須是不可壓縮的。由於多半的液體的可壓縮性不高，因此白努利定律通常是個很有用的近似。另外，流體也不可具有黏滯性，也就是說流體內並沒有摩擦。雖然事實上沒有流體能滿足所有上述條件，但是白努利定律在描述遠離管壁的自由流體時通常十分精確，而且非常適用於氣體和輕液體。參考上述方程式的部分參數，可以從白努利定律推論出速度上升會伴隨著壓力下降。這個性質被用來設計文式喉（venturi throat），文式喉是化油器進氣管的一個窄小區域，用來降低壓力，以便把燃油氣從燃油室吸到氣流中。流體在通過這個窄小區域時流速變快，壓力降低，是遵循白努利定律的泵。

　　白努利定律在航空動力學上有非常多實際的應用，在研究氣流通過航空翼表面，像是機翼、螺旋槳葉片或是方向舵時，都必須用到白努利定律。

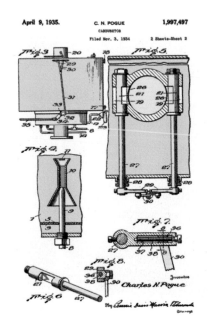

許多引擎的化油器都包含一個含窄小喉部的文式管，它的目的是依據白努利定律增加空氣的流速，以降低壓力來吸出燃油。在這個 1935 年的化油器專利中，編號 10 的部分就是一個文式喉。

参照
條目　虹吸管（西元前 250 年）、普阿日耶定律（西元 1840 年）、史托克定律（西元 1851 年）及卡門渦街（西元 1911 年）

萊頓瓶

穆新布洛克（**Pieter van Musschenbroek**，西元 1692 年～西元 1761 年），
克拉斯特（**Ewald Georg von Kleist**，西元 1700 年～西元 1748 年），
諾萊特（**Jean-Antoine Nollet**，西元 1700 年～西元 1770 年），
富蘭克林（**Benjamin Franklin**，西元 1706 年～西元 1790 年）

　　麥尼可（Tom McNichol）在他的書中提到：「萊頓瓶（Leyden Jar）是個裝了電的瓶子，它利用巧妙的方式將靜電儲存起來，並且在需要時釋放出來。表演性質的實驗在全歐洲掀起了一陣風潮……瓶中電荷傾瀉而出，用來殺死小鳥和小型動物……1746 年，法國教士與物理學家諾萊特在法王路易十五的面前表演了萊頓瓶的放電，他讓一道靜電產生的電流通過由 180 個皇家衛士手牽手所形成的行列……。」諾萊特還曾經讓一串長達七百人的僧侶接受萊頓瓶的電擊。

　　萊頓瓶是把靜電儲存在瓶子的內側和外部電極之間的裝置。最早的萊頓瓶是由普魯士研究者克拉斯特在 1744 年所發明。一年後，荷蘭科學家穆新布洛克在萊頓任教時獨立地發明了相似的裝置。萊頓瓶對許多早期的電學實驗非常重要。今天我們把萊頓瓶視為一種早期的電容器（capacitor）：一種電子元件，由絕緣體隔開的兩個導體所組成。當兩導體間存在電位差（電壓）時，絕緣體裡就會形成電場，將能量儲存在其中。兩導體間的距離越小，可以儲存的電荷就越多。

　　典型的萊頓瓶包括一個內側與外側都包覆著金屬箔的玻璃瓶，一根金屬棒穿過瓶口，透過金屬鍊與內側的金屬箔接觸。利用一些簡單的方式，例如讓金屬棒碰觸絲帛摩擦過的玻璃棒，就可以在金屬棒裡充入靜電。如果有人碰到金屬棒，就會被電擊。把數個萊頓瓶並聯起來，就可以增加儲存的電荷量。

英國發明家威姆斯赫斯（James Wimshurst）發明了威姆斯赫斯起電機（Wimshurst Machine），能產生高電壓的靜電。火花會跳過兩金屬圓球間的空隙。底下的兩個萊頓瓶是用來儲存電荷。

參照條目　馮格里克靜電起電機（西元 1660 年）、富蘭克林的風箏（西元 1752 年）、李契騰柏格圖（西元 1777 年）、電池（西元 1800 年）、特斯拉線圈（西元 1891 年）及雅各的天梯（西元 1931 年）

富蘭克林的風箏

富蘭克林（**Benjamin Franklin**，西元 1706 年～西元 1790 年）

　　富蘭克林是個發明家、政治家、出版家、哲學家及科學家。他雖然多才多藝，但歷史學家辛多（Brooke Hindle）說：「富蘭克林在科學上的興趣主要是閃電以及與電有關的現象。他那個在暴風雨中放風箏的著名實驗，成功地將閃電和電學連結起來，讓科學向前邁進了一大步。美國與歐洲也因此廣泛地使用避雷針來保護建築物。」雖然和本書許多其他在物理上的里程碑比起來，富蘭克林的風箏可能不是那麼重要，但是它已經成為一種科學求真態度的象徵，而且啟發了幾個世代來的小朋友。

　　1750 年，富蘭克林提議可以藉由在很可能會雷電交加的暴風雨中放風箏來驗證閃電究竟是不是電。雖然歷史學家這個故事的細節有些爭論，但根據富蘭克林自己的記錄，他是在 1752 年 6 月 15 日於費城進行了這個嘗試將電能從雲端引下來的實驗。在某些版本的故事裡，他手握著一條絲帶，絲帶的一頭綁著風箏線尾端的鑰匙，以避免自己在電流從風箏線傳遞到鑰匙並進入萊頓瓶（一種將電儲存在兩個電極之間的裝置）時觸電。有些研究者不像他那麼小心，結果在進行類似的實驗時被電死。富蘭克林寫道：「當風箏線被雨沾濕並開始導電時，你可以感覺到電就從你指結附近大量地流經鑰匙，然後……灌進了萊頓瓶……。」

　　歷史學家卓別林（Joyce Chaplin）提到，風箏實驗並不是第一個指出「閃電就是電」的實驗，但風箏實驗驗證了這個發現。富蘭克林「想要知道雲是否帶電，如果雲真的帶電，那是正電還是負電？他想確認自然界中的確存在著電。如果只是把他的發現簡化成避雷針，實在是低估了他所作的努力……」。

英裔美籍畫家班傑明韋斯特（Benjamin West）於 1816 年所繪的《富蘭克林自天空取電》，看似有閃亮電流從鑰匙竄入他手中瓶裡。

參照條目　聖艾爾摩之火（西元 78 年）、萊頓瓶（西元 1744 年）、李契騰柏格圖（西元 1777 年）、特斯拉線圈（西元 1891 年）及雅各的天梯（西元 1931 年）

黑滴現象

柏格曼（Torbern Olof Bergman，西元 1735 年～西元 1784 年），
庫克（James Cook，西元 1728 年～西元 1779 年）

　　愛因斯坦曾經說，世界上最不可理解的事，是這世界是可以理解的。的確，我們似乎活在一個能夠用簡潔的數學式與物理定律來描述或近似的宇宙裡。即使是最奇特的天文物理現象，科學家或科學定律也多半可以提出解釋，即使有時為了得到一致的解釋需要花上許多年。

　　神祕的黑滴現象（Black Drop Effect），指的是從地球上觀察金星凌日（金星從太陽的前方掠過）時，金星所顯現出來的形狀。當金星非常接近太陽邊緣的時候，會呈現黑色的淚滴狀。淚滴逐漸變窄、拉伸的部分，就像一條粗大的臍帶或黑色的橋，使得早期的物理學家無法精確地計算出金星掠過太陽的精確時間。

　　最早關於黑滴現象的描述出現在 1761 年，當時瑞典天文學家柏格曼用「紐帶」來描述連結金星剪影和太陽的黑色邊緣的帶狀區。後來許多科學家也記錄了類似的現象。例如英國探險家庫克在 1769 年也曾觀察到黑滴現象。

　　今天科學家仍在思索黑滴現象的真正成因。天文學家帕沙可夫（Jay M. Pasachoff）、史奈德（Glenn Schneider）與高普魯（Leon Golub）認為，黑滴現象是「綜合了儀器的效應與一部分地球、金星與太陽的大氣效應所形成的」。2004 年的金星凌日，有些人觀察到黑滴效應，有些人則否。記者滋賀（David Shiga）說：「因此黑滴效應在 21 世紀，仍然如同 19 世紀時一樣地神祕。針對黑滴效應真正成因的爭論仍然會持續下去……在下回的金星凌日之前……天文學家是否能夠解釋什麼情況下會出現黑滴效應，仍有待觀察……。」

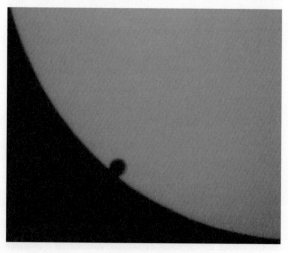

上圖 —— 英國探險家庫克在 1769 年的金星凌日時曾觀察到黑滴效應，如同澳洲天文學家羅素（Henry Chamberlain Russell）所繪製的這張素描。右圖 —— 金星在 2004 年掠過太陽時的照片，照片中可觀察到黑滴效應。

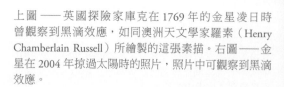

參照
條目　發現土星環（西元 1610 年）、量測太陽系（西元 1672 年）、發現海王星（西元 1846 年）及綠閃光（西元 1882 年）

西元 1766 年

波德定律

波德（**Johann Elert Bode**，西元 1747 年～西元 1826 年），
提丟斯（**Johann Daniel Titius**，西元 1729 年～西元 1796 年）

波德定律，或稱提丟斯－波德定律（Titius-Bode Law），它迷人的原因是，它看起來有點像是偽科學在玩弄數字，幾世紀以來令物理學者和業餘人士都為之著迷。這個定律描述了行星與太陽間平均距離的關係。首先使用下面這個簡單的數列：0, 3, 6, 12, 24,…後一個數字為前一個數字的兩倍。接著把每個數字都加上 4 除以 10，就可以得到另一個數列：0.4, 0.7, 1.0, 1.6, 2.8, 5.2, 10.0, 19.6, 38.8, 77.2,…。神奇的是，波德定律這個數列，很接近許多行星到太陽以天文單位（astronomical units, AU）表示的平均距離。天文單位指的是地球到太陽的平均距離，大約等於 149,604,970 公里。例如水星到太陽的距離是 0.4AU，而冥王星到太陽的距離則是 39AU。

這條定律是德國威騰堡大學的天文學家提丟斯在 1766 年所發現，並且在六年後由波德所發表，但是蘇格蘭數學家格雷戈里（David Gregory）早在 18 世紀初就已經研究過各個行星軌道間的近似關係了。波德定律在當時相當準確地估計出已知行星與太陽間的平均距離，包括水星（0.39）、金星（0.72）、地球（1.0）、火星（1.52）、木星（5.2）與土星（9.55）。1781 年發現的天王星，與太陽的平均距離為 19.2，也符合波德定律的描述。

今天的科學家們大多對波德定律持保留的態度，它和本書裡的其他定律不同，顯然並無法廣泛適用。事實上，這條關係式可能只是純粹的經驗式和巧合。

因為天體間重力互相影響而形成的軌道共振現象，會造成在距太陽一定距離的某些區域無法形成長期穩定的軌道，而這可以用來解釋行星軌道彼此有間隔。軌道共振會發生在兩天體的公轉週期呈簡單的整數比時，兩者間重力互相影響有週期性。

根據波德定律，木星與太陽間的平均距離是 5.2AU，而實際量測到的距離為 5.203AU。

參照條目 宇宙的奧祕（西元 1596 年）、量測太陽系（西元 1672 年）及發現海王星（西元 1846 年）

李契騰柏格圖案

李契騰柏格（**Georg Christoph Lichtenberg**，西元 1742 年～西元 1799 年）

　　三維的李契騰柏格圖案（Lichtenberg figures）是最美麗的自然現象之一，看起來就像閃電被定格在透明的壓克力之中。這種放電所產生的枝狀圖以德國物理學家李契騰柏格來命名，他是最早研究在表面放電時所形成圖形的人。十八世紀時，李契騰柏格讓絕緣體的表面帶電，然後在表面上灑上一些帶電的粉末，就可以形成奇特的捲鬚狀圖案。

　　今天我們可以把三維的圖形製作在壓克力裡，壓克力是一種絕緣體（或稱者叫介電材料，dielectric），絕緣體會留住電荷，但一般情形下電流無法通過絕緣體。做法是先把壓克力暴露在電子加速器所產生的高速電子束下。電子會穿透壓克力並儲存在其中。由於壓克力是種絕緣體，電子會困住（想像一窩大黃蜂想要衝破壓克力所形成的牢獄），但是，當電場超過了壓克力的介電強度（dielectric strength，介電材料所能承受的最大電場）時，某些區域會突然導電。接著只要用一個金屬尖物鑽進壓克力，就可以觸發電子的逃逸。結果會造成某些將壓克力分子結合在一起的化學鍵被打斷。一瞬間，電荷在壓克力內高溫熔出逃逸的通道。電機工程師希克曼（Bert Hickman）推測這些細微裂縫傳遞的速度比音速還快。

　　李契騰柏格圖案是種碎形（fractals），由許多自相似（self-similar）的分岔結構重複多次所形成。事實上，蕨葉狀放電（fernlike discharge）圖形可以一直延伸到分子層次。研究人員已經發展出數學和物理模型來描述形成樹枝狀圖形的過程，物理學家對樹枝狀圖形感興趣的原因是，這些模型可能捕捉到許多物理現象在形成圖案時的重要特性。這些圖形可能也能應用在醫療上。例如德州農工大學的研究人員相信，這些羽毛般的圖形，可能可以被用在人工器官上，作為培養血管細胞的模板。

希克曼的壓克力李契騰柏格圖案，製作方式是先照射電子束後，在進行手動放電。在放電之前，樣品中的電位可能高達兩百萬伏特。

參照
條目　富蘭克林的風箏（西元 1752 年）、特斯拉線圈（西元 1891 年）、雅各的天梯（西元 1931 年）及音爆（西元 1947 年）

黑眼星系

皮戈特（**Edward Pigott**，西元 1753 年～西元 1825 年），
博帝（**Johann Elert Bode**，西元 1747 年～西元 1826 年），
梅西爾（**Charles Messier**，西元 1730 年～西元 1817 年）

　　黑眼星系（Black Eye Galaxy）位於后髮座（Coma Berenices），距離地球約 2400 萬光年。作家與自然學者歐瑪拉（Stephen James O'Meara）以優美的文字描述了這個著名的星系：「如絲般光滑的手臂，優雅地環抱著宛如瓷器的核心……這個星系就像是個帶著黑眼圈的闔起來的人類眼睛。黑色的塵埃雲看起來和翻過的泥土一樣又厚又髒，又有如一個與完美的真空難以區別的大罐子。」

　　黑眼星系最早是在 1779 年由英國天文學家皮戈特所發現，他發現的 12 天後與大約一年後，德國天文學家博帝和法國天文學家梅西爾也分別獨立地發現了黑眼星系。如同我們在〈彩虹〉那一節所提到的，這種幾乎同時的發現在科學與數學的歷史上很常見。例如英國自然學家達爾文（Charles Darwin）和華萊士（Alfred Wallace）幾乎在同時間獨立地發展出演化理論。同樣地，牛頓和德國數學家萊布尼茲（Gottfried Wilhelm Leibniz）也在差不多的時間，獨立地發展出微積分。這種科學上的同時性讓部分哲學家相信，科學的發現必然會發生，因為人類共同的智識之泉，到了某個時刻某個地點，就會水到渠成。

　　有趣的是，最近的發現指出，黑眼星系外緣的星際氣體，其旋轉的方向和星系內側的氣體與星球相反。這種反向的旋轉可能是因為黑眼星系在幾十億年前與另一個星系產生碰撞，並與之合併所造成。

　　根據科學作家大衛達伶（David Darling）的說法，這個星系內部區域的半徑大約有三千光年，「持續地與以每秒 300 公里速度轉動的外環內側產生摩擦，其外環的半徑可達四萬光年。這種摩擦解釋了為何這個星系在黑色塵埃帶上有那麼多藍色新恆星源源誕生」。

黑眼星系外緣的星際氣體，其旋轉的方向和星系內側的氣體與星球相反。這種反向的旋轉可能是因為黑眼星系在幾十億年前與另一個星系碰撞，再與之合併所造成。

參照條目　黑洞（西元 1783 年）、星雲假說（西元 1796 年）、費米悖論（西元 1950 年）、類星體（西元 1963 年）及暗物質（西元 1933 年）

黑洞

密契爾（John Michell，西元 1724 年～西元 1793 年），
史瓦茲（Karl Schwarzschild，西元 1873 年～西元 1916 年），
惠勒（John Archibald Wheeler，西元 1911 年～西元 2008 年），
霍金（Stephen William Hawking，西元 1942 年生）

　　天文學家或許不相信地獄，但是他們多數都相信，在宇宙中那個貪婪、黑暗的區域前，應該擺塊牌子：「捨棄希望吧，汝等由此進入者。」這是義大利詩人但丁在他的《神曲》（Divine Comedy）中所描述的地獄入口警語。而正如天文物理學家史蒂芬霍金所建議的，這段訊息很適合送給那些靠近黑洞的旅行者。

　　這些宇宙地獄真的存在於許多星系的中心。這種星系黑洞是質量比太陽大上幾百萬，甚至數十億倍的天體塌縮後，塞在大小不超過太陽系的空間中所形成。根據古典黑洞理論，這些天體附近的重力場強大到沒有任何東西——包含光，能夠逃離它的掌握。任何跌落黑洞裡的人，都將掉進密度極大、體積極小的黑洞中心……以及時間的終結。若是考慮量子理論，則黑洞將會發射出一種「霍金輻射」。

　　黑洞有各種大小。在愛因斯坦於 1915 年發表廣義相對論幾週後，德國天文學家史瓦茲根據愛因斯坦方程式解出了現在我們所說的史瓦茲半徑，也就是所謂的事象地平面（event horizon）。史瓦茲半徑定義了一個環繞一定質量天體的球面。根據古典黑洞理論，在這個球面以內，重力將強大到任何光、物質或訊號都無法逃離黑洞。對一個質量與太陽相等的星體，其史瓦茲半徑只有幾公里。而一個事象地平面和核桃一樣大小的黑洞，其質量約等同於地球。最早提到天體的質量可能大到連光都無法逃逸的概念，是 1783 年地質學家密契爾。至於「黑洞」這個詞，則是理論物理學家惠勒在 1967 年所提出。

上圖——黑洞和霍金輻射是斯洛維尼亞藝術家許多印象派畫作的靈感來源。右圖——空間在黑洞附近彎曲的示意圖。

參照
條目　脫離速度（西元 1728 年）、廣義相對論（西元 1915 年）、白矮星與錢德拉賽卡極限（西元 1931 年）、中子星（西元 1933 年）、類星體（西元 1963 年）、霍金的星際奇航記（西元 1993 年）及宇宙的終結（一百兆年後）

庫侖定律

庫侖（**Charles-Augustin de Coulomb**，西元 1736 年～西元 1806 年）

「我們把黑色雷雲裡竄出的火花稱為電，但電到底是什麼？電又是由什麼東西組成的？」這是散文作家卡萊爾（Thomas Carlyle）在十九世紀寫下的文字。早期我們對電荷的了解都是來自於法國物理學家庫侖，這位傑出的涉獵的領域包括了電學、磁學以及力學。庫侖定律（Coulomb's Law of Electrostatics）：兩電荷間的引力或斥力大小與電量的乘積成正比，與其距離 r 的平方成反比。如果電荷同號，則兩者相斥，如果電荷異號，則兩者相吸。

今天，實驗已經證明庫侖定律可適用的距離範圍非常地廣泛，其最小可到 10^{-16} 公尺（原子核直徑的十分之一），最大可達 10^6 公尺。庫侖定律只有在帶電粒子靜止時才精確，因為運動的帶電粒子會產生磁場，而磁場會改變作用在電荷上的力量大小。

雖然在庫侖之前也有一些研究者猜測作用力的大小與 $1/r^2$ 成正比，把這條關係式命名為庫侖定律以紀念他的貢獻，他以獨立進行的扭力量測實驗證明了這個關係式。也就是說，庫侖提供了令人信服的量化數據，證明了這條到 1785 年為止都還只是一項猜測的定律。

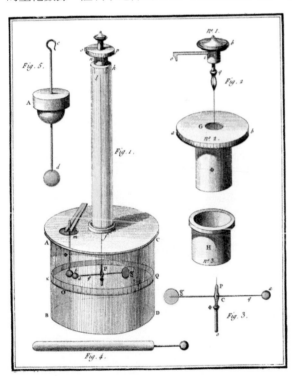

庫侖的扭力天平包含一根兩側分別接有一個金屬球和一個非金屬球的絕緣桿。再以一根不導電的纖維把桿子從中間懸掛起來。為了測量靜電力，先使桿子上的金屬球帶電，再讓一個帶有同號電荷的金屬球靠近原本維持在平衡狀態的金屬球，使它因為斥力而造成纖維的扭轉。只要我們測量出讓纖維扭轉相同角度所需的力量大小，就可以估計出帶電金屬球之間的作用力有多大。換句話說，纖維就像是個非常靈敏的彈簧，提供了一個與扭轉角度成正比的作用力。

庫侖的扭力天平。取自庫侖發表的〈電學與磁學報告〉（Mémoires sur l'électricité et le magnetism）。

參照條目 馬克士威爾方程式（西元 1861 年）、萊頓瓶（西元 1744 年）、重力梯度（西元 1890 年）、電子（西元 1897 年）及密立根油滴實驗（西元 1913 年）

查爾斯氣體定律

查爾斯（**Jacques Alexandre César Charles**，西元 1746 年～西元 1823 年），
給呂薩克（**Joseph Louis Gay-Lussac**，西元 1778 年～西元 1850 年）

　　美國作家伍爾芙（Virginia Woolf）說：「刺穿充氣袋，然後發現真實的種子，那正是我們的該做的事。」但對法國的氣球專家傑克查爾斯來說，他的專長是讓充氣袋飛上天以尋找真實。查爾斯氣體定律（Charles' Gas Law）說，對一定量的氣體，其佔有的體積與絕對溫度（以克氏溫標 Kelvin 為單位時的溫度）成正比。以數學式表示就是 $V = kT$，其中 V 是壓力固定時的體積，T 是溫度，k 是常數。物理學家給呂薩克在 1802 年時首先發表了這條定律，其中引用了查爾斯在 1787 年左右完成的未發表成果。

　　當溫度上升時，氣體分子運動的速度變快，撞擊容器器壁的力量也變大，因此若假設容器是可以膨脹的，則氣體的體積就會增加。舉例來說，若我們加熱氣球裡的氣體，當溫度上升，氣球內的氣體分子運動的速度增加，因此分子撞擊氣球內側的頻率也增加。由於氣球可以伸展，因此汽球會因應更頻繁的分子撞擊而膨脹，使得氣體的體積增加，密度下降。如果我們冷卻氣球裡的空氣，則會得到相反的結果，使氣球的壓力下降，體積收縮。

　　查爾斯在當時因為各種與氣球有關的發明和實驗而享有盛名。他在 1783 年當著幾千名熱情的觀眾前進行了他的第一次氣球之旅。這顆氣球後來上升到大約 914 公尺，然後掉落在巴黎郊外，被一群嚇壞了的農夫砸成碎片。事實上，當時那些農夫以為這顆氣球是某種邪靈或惡魔，因為他們聽見氣球發出嘶嘶的嘆息與呻吟聲，而且還散發惡臭。

查爾斯與同伴在 1783 年進行的第一次氣球之旅，他對著底下的觀眾揮舞著旗子。背景的建築是凡爾賽宮。這幅版畫可能是安東・弗朗索瓦・沙吉—馬梭（Antoine François Sergent-Marceau）在 1783 年左右所製作。

參照條目　波以耳氣體定律（西元 1662 年）、亨利氣體定律（西元 1803 年）、亞佛加厥氣體定律（西元 1811 年）及氣體運動論（西元 1859 年）

星雲假說

康德（**Immanuel Kant**，西元 1724 年～西元 1804 年），
拉普拉斯（**Pierre-Simon Laplace**，西元 1749 年～西元 1827 年）

幾世紀以來，科學家推測太陽以及行星都是誕生自某個由宇宙氣體與塵埃所組成的旋轉圓盤。這個扁平的圓盤使得衍生的行星軌道幾乎在同一個平面上。這個星雲理論（Nebular Hypothesis）是由哲學家康德在 1755 年所發展出來，並由數學家拉普拉斯在 1796 年進一步地修正。

簡而言之，恆星和大量稀疏星際雲氣因重力塌縮形成的圓盤合稱為太陽星雲（solar nebulae）。這些塌縮有時是來自鄰近超新星（supernova），也就是星球爆炸所傳來的震波所引起的。這些原行星盤會在某個方向轉動較快，使得星雲產生淨轉動。

天文學家已經使用**哈伯太空望遠鏡**（Hubble Space Telescope）在獵戶座大星雲（Orion Nebula）中偵測到數個原行星盤。獵戶座大星雲是個離我們約 1600 光年遠的巨大恆星搖籃。在獵戶座發現的原行星盤比我們的太陽系更大，其中包含了充足的雲氣和塵埃，足供形成未來的行星系統之用。

早期的太陽系非常地狂暴，巨大的物質團塊不斷地彼此撞擊。在內太陽系，太陽的熱趕跑了較輕的元素和物質，只留下水星、金星、地球和火星。在較冷的外太陽系，由氣體和塵埃組成的太陽星雲留存了較久的時間，並逐漸地聚集成木星、土星、天王星和海王星。

有趣的是，牛頓對於繞著太陽運轉的天體都位於偏角幾度以內的橢圓盤面上感到不可置信。他認為光靠自然作用不會產生這樣的行為。他主張，這就是仁慈具美感的造物主存在的證據。有一度，他認為宇宙是「上帝的知覺中樞」，宇宙裡的所有天體，包括它們的運動和轉變，都是上帝的思維呈現。

原行星盤的想像圖。其中包括了由氣體和塵埃所組成圓盤環繞著一顆年輕的恆星，如地球般的岩石行星就是從這些氣體和塵埃中誕生。

參照條目　量測太陽系（西元 1672 年）、黑眼星系（西元 1779 年）及哈伯太空望遠鏡（西元 1990 年）

地球的重量

卡文迪西（Henry Cavendish，西元 1731 年～西元 1810 年）

　　卡文迪西大概是十八世紀最偉大的科學家，以及歷史上最偉大的科學家之一。然而他非常地害羞，造成許多科學著作在他死後才發表，使得其中部分重要的發現被冠上後來的研究者的名字。在卡文迪西死後才公開的大量手稿顯示，他研究的領域之廣，遍及了當時所有的物理學分枝。

　　這位天才英國化學家對女性害羞的程度到了他只用紙條和他的管家溝通。他還下令所有的女管家都不能出現在他的視線中，如果無法遵守的話，就會被他開除。有次他不小心看到一個女僕，他羞愧地立刻搭建了第二座樓梯讓僕人使用，以避免再遇到她們。

　　卡文迪西最讓人印象深刻的實驗之一是在他七十歲時「秤量」了世界。他並不是靠著化身為希臘的大力神阿特拉斯（Atlas）來完成這項工作，而是利用一個極為精密的天平測量出地球的密度。更精確地說，他使用了一個懸臂兩端各掛了一顆鉛球的扭力天平。這些可動的鉛球會受到一對較大的靜止鉛球的吸引。為了避免氣流的影響，他把整個裝置放在玻璃櫃裡，然後使用望遠鏡從遠處觀察鉛球的運動。卡文迪西藉由觀察天平的震盪週期計算出球之間的引力大小，然後再從引力的大小計算出地球的密度。他發現地球的密度是水的 5.4 倍，這個值只比我們現今所知的值小了百分之一‧三。卡文迪西是第一個偵測到小型物體間的微小重力的科學家（球之間的引力只有球體重量的五億分之一）。他對牛頓的萬有引力定律的定量實驗，可能是牛頓之後與重力有關最重要的研究。

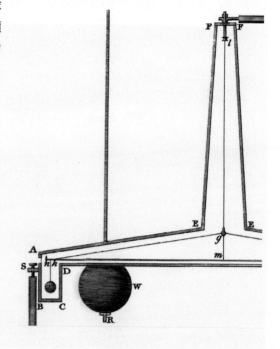

卡文迪西 1798 年論文〈測量地球密度的實驗〉中扭力天平插圖的部分特寫。

參照條目　牛頓運動定律和萬有引力定律（西元 1687 年）、重力梯度（西元 1890 年）及廣義相對論（西元 1915 年）

電池

賈法尼（**Luigi Galvani**，西元 1737 年～西元 1798 年），
伏打（**Alessandro Volta**，西元 1745 年～西元 1827 年），
蒲朗第（**Gaston Planté**，西元 1834 年～西元 1889 年）

　　電池在物理、化學和工業的歷史上扮演了非常重要的角色。電池在功率和設計上進展也促進了與電相關應用的進步，從早期的電報通信系統，到交通工具、相機、電腦、手機都少不了電池。

　　在 1780 年左右，生理學家賈法尼在實驗發現，當青蛙的腿碰到金屬時會產生顫動。科學記者季倫（Michael Guillen）說：「在他有點嚇人的公開演講中，賈法尼會向聽眾展示一大串像是晾衣服一樣，掛在鐵絲上的銅勾的青蛙腿，如何無法控制地抽搐。傳統科學界雖然不支持他的理論，但是那一長串彎曲的青蛙腿仍然讓賈法尼的每場表演座無虛席。」賈法尼認為蛙腿的抽搐是來自於「動物電」。但是賈法尼的朋友，義大利物理學家伏打相信，這個現象和賈法尼使用的不同金屬更為相關，這些金屬都連接到同一個潮濕的導電物上。1800 年，伏打發明傳統上所認為的第一顆電池，他把好幾對以鹽水浸濕的布隔開的銅片和鋅片交錯地疊起來。當這個伏打堆（volta pile）的上面和底部以金屬線連接起來後，就產生的電流。伏打還會用舌頭碰觸伏打堆的兩端，藉由舌尖的刺痛感來確認真的有電流產生。

　　布雷恩（Marshall Brain）和布萊恩（Charles Bryant）說：「電池其實就是個裝滿可以產生電子的化學物質罐子。」只要把正極和負極用條線接起來，化學反應產生的電子就會開始從一端流到另一端。

　　1859 年，物理學家蒲朗第發明了充電電池。他藉著強迫電流逆向流過電池，成功地將鉛酸電池充電。1880 年代，科學家發明了成功地商品化的乾電池，乾電池主要是以糊狀電解質來取代原本的液態電解質（電解質是因含有自由離子而能導電的物質）。

電池的進展促進了與電相關應用的進步，從早期的電報通信系統，到交通工具、相機、電腦、手機都少不了電池。

參照條目　巴格達電池（西元前 250 年）、馮格里克靜電起電機（西元 1660 年）、燃料電池（西元 1839 年）、萊頓瓶（西元 1744 年）、太陽能電池（西元 1954 年）及巴克球（西元 1985 年）

光的波動性

惠更斯（**Christiaan Huygens**，西元 1629 年～西元 1695 年），
牛頓（**Isaac Newton**，西元 1642 年～西元 1727 年），
楊格（**Thomas Young**，西元 1773 年～西元 1829 年）

　　「光是什麼？」是個讓科學家苦思了好幾個世紀的問題。1675 年，著名的英國科學家牛頓提出光是一束微小粒子的看法。他的對手、荷蘭物理學家惠更斯，則認為光是波所組成的。然而牛頓的理論經常在論戰中占上風，部分原因是來自牛頓崇高的聲望。

　　1800 年左右，以解譯了羅賽塔石碑（Rosetta Stone）聞名於世的英國科學家楊格進行了一系列的實驗，為惠更斯的波動說提供了證據。在現代版的楊格實驗中，一束雷射被平均地照射到不透光的兩平行狹縫上。光透過狹縫後所形成的圖案會投射在一段距離外的屏幕上。楊格利用幾何運算證明，通過兩狹縫的光波疊加之後，會因為建設性干涉與破壞性干涉而出現明暗交錯的條紋。你可以把這些光所形成的圖案類想像成你在湖裡丟下兩顆石頭，當兩邊的波碰到時，有時會互相抵消，有時則會形成更深的波。

　　如果我們使用電子束而非雷射來進行這個實驗，一樣會產生類似的干涉條紋。這樣的現象非常有趣，因為電子是粒子，照理說應該只會看到兩個分別對應狹縫的亮點才對。

　　今天我們已經知道光與次原子粒子的行為其實更為奇特。當我們每次只讓一顆電子通過狹縫，其累積而成的干涉圖案和讓波同時通過雙狹縫所得到的圖案是類似的。這種行為會發生在所有的次原子粒子上，而不只是光子（光的粒子）和電子，顯示光和其他的次原子粒子同時會表現出粒子的行為和波的行為的奇妙組合，這種波粒二元性只是量子力學掀起物理革命的一個觀點。

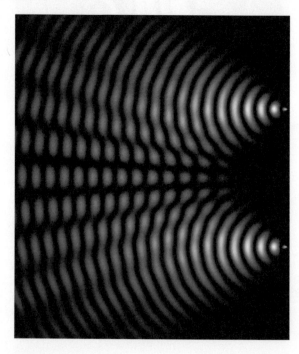

模擬兩個點光源所形成的干涉圖案。楊格證明，通過兩狹縫的光波疊加之後，會因為建設性干涉與破壞性干涉而出現明暗交錯的條紋。

參照條目　馬克士威爾方程式（西元 1861 年）、電磁頻譜（西元 1864 年）、電子（西元 1897 年）、光電效應（西元 1905 年）、布拉格定律（西元 1920 年）、德布羅依關係式（西元 1924 年）、薛丁格方程式（西元 1926 年）及互補原理（西元 1927 年）

亨利氣體定律

威廉・亨利（**William Henry**，西元 1775 年～西元 1836 年）

　　按壓手指把關節弄得喀喀作響裡也包含著有趣的物理。紀念英國化學家威廉・亨利的亨利氣體定律（Henry's Gas Law）說，溶在液體裡的氣體量與溶液上方的氣體壓力成正比。其中包含兩項假設：該系統已經達到平衡狀態，以及氣體與液體間沒有化學反應。今天我們通常用 $P = kC$ 來表示亨利氣體定律，其中 P 是溶液上方某特定氣體的分壓，C 是溶在液體中的氣體濃度，k 是亨利常數。

　　我們可以利用一個情境來了解亨利氣體定律。假設我們讓某種氣體在液體上的分壓變成兩倍，則平均而言，在同樣的時間內應該會有兩倍的氣體分子碰撞到液體表面，使得進入溶液中的氣體成為兩倍。而由於不同氣體的溶解度不同，因此必須透過亨利常數來決定最後進入溶液的氣體有多少。

　　亨利氣體定律幫助科學家了解為何我們在折手指時關節會發出聲音。當關節拉伸時壓力會下降，使得原本溶在關節液裡的氣體逸出。這種低壓氣泡因為機械力量突然產生又破掉所形成的氣穴現象（cavitation）就是折手指時關節會發出喀喀聲的原因。

　　在水肺潛水時，潛水者所吸入的氣體壓力大約與周圍的水壓相當。潛的越深時氣壓越高，使得越多的空氣溶到血液中。當潛水者快速上浮時，原本溶在血液中的氣體可能會太快逸出而形成氣泡。這些氣泡會造成疼痛與其他危險的症狀，這就是所謂的減壓症或潛水夫病、沉箱症。

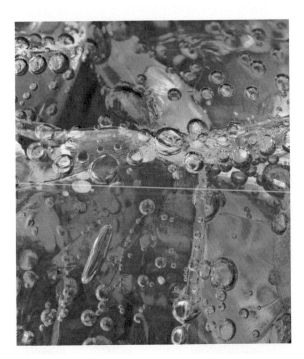

玻璃杯裡的可樂。打開瓶蓋時，根據亨利氣體定律，壓力降低時會使得溶在溶液裡的氣體逸出，也就是汽水裡逸出的二氧化碳形成氣泡。

參照條目　波以耳氣體定律（西元 1662 年）、查爾斯氣體定律（西元 1787 年）、亞佛加厥氣體定律（西元 1811 年）、氣體運動論（西元 1859 年）、聲光效應（西元 1934 年）及喝水鳥（西元 1945 年）

傅立葉分析

傅立葉（**Jean Baptiste Joseph Fourier**，西元 1768 年～西元 1830 年）

　　物理學家哈薩尼（Sadri Hassani）說：「數學物理（Mathematical Physics）中最常出現的主題就是傅立葉分析。它會出現在古典力學……電磁學和頻率分析、雜訊處理和熱物理，以及量子理論。」基本上任何需要進行頻率分析的領域都會用到傅立葉分析（Fourier Analysis）。傅立葉級數幫助科學家分析和了解恆星的化學組成，以及對電子電路中傳遞的訊號進行量化。

　　在法國數學家傅立葉發現這個著名的級數之前，1798 年曾經隨著拿破崙遠征埃及。在那裡他花了幾年的時間研究埃及文物。在 1804 年左右回到法國後，傅立葉開始研究與熱有關的數學理論，並且在 1807 年完成他重要的論文集《熱在固體中的傳遞》（*On the Propagation of Heat in Solid Bodies*）。他的其中一項基礎研究在探討不同形狀的熱擴散。在這些問題裡，表面和邊界在 t ＝ 0 時的溫度通常是給定的。傅立葉使用了一個包含正弦（sine）和餘弦（cosine）函數的數列來求解這類問題。而且他還發現了個更普遍的性質：任何可微分的函數都可以依所需的精確度表示成正弦（sine）和餘弦（cosine）函數的和，無論這些函數的圖形有多麼的奇怪。

　　傳記作家拉維茲（Jerome Ravetz）和葛拉藤（I. Grattan-Guiness）說：「傅立葉的成就在於他為了了解這個方程式所發明的強力數學工具，這個工具衍生出許多新的工具以及新的數學分析問題，而且在接下來的一個多世紀啟發了許多該領域的重要研究。」英國物理學家詹姆士秦斯爵士（Sir James Jeans）說：「傅立葉的理論告訴我們，每條曲線，無論它有什麼特性，或是它到底是如何產生的，都可以藉由疊加足夠數量的簡諧（simple harmonic）曲線精確地再現出來。簡單言之，就是所有的曲線都可以藉由波的疊加創造出來。」

噴射引擎的一部分。傅立葉分析方法可以用來量化並了解各式各樣有可動零件的系統中的不良震動。

參照條目 熱傳導定律（西元 1822 年）、溫室效應（西元 1824 年）及孤立波（西元 1834 年）

原子論

道耳吞（**John Dalton**，西元 1766 年～西元 1844 年）

　　道耳吞生長在一個貧困的家庭，口才不佳，還患有嚴重的色盲，而且實驗技巧拙劣，但他還是克服了這些困難，取得事業上的成功。這些挑戰對那個時代任何一個剛起步的化學家來說，可能都是難以逾越的障礙，但是道耳吞堅持了下來，對原子論的發展作出了卓越的貢獻。根據原子論，所有的物質都是由各種原子量不同的原子組成的，這些原子以簡單的比例結合成化合物。當時的原子論還認為，原子無法再分割，而且同一種元素的所有原子都一樣，而且具有相同的原子重量。

　　道耳吞還提出了倍比定律（Law of Multiple Proportions），這條定律說當兩元素可以形成不同的化合物時，固定其中一種元素的質量時，另一種元素在各個化合物中的質量會是簡單的整數比，比如說 1：2。這些簡單的比例證明了原子是組成化合物的基礎單位。

　　道耳吞提出原子論時曾經受到一些反對。例如英國化學家羅斯柯爵士（Sir Henry Enfield Roscoe）曾經在 1887 年時這樣嘲笑道耳吞：「原子是道耳吞發明的圓形小木球。」羅斯柯指的可能是有些科學家用來表示不同尺寸的原子時所使用的木製模型。但無論如何，在 1850 年時，許多化學家都已經接受了原子論，大多數的反對聲音也都消失了。

　　最早提出物質是由微小、不可見的粒子所組成這個想法的是西元前五世紀的希臘哲學家德模克里特（Democritus），但這個概念一直到道耳吞在 1808 年發表〈化學哲學的新體系〉（A New System of Chemical Philosophy）後才被廣泛地接受。今天，我們已經知道原子可以分割更小的粒子，像是質子（proton）、中子（neutron）和電子，而質子與中子這些次原子粒子，則是由更小的粒子夸克（quark）所組成的。

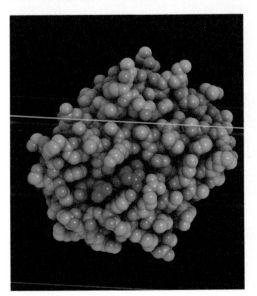

上圖——沃辛頓（William Henry Worthington）所製作的道耳吞版畫。左圖——根據原子論，所有的物質都是由原子所組成的。圖中是一個以圓球來表示原子時的血紅素分子，這是一種存在於紅血球中的蛋白質。

參照條目　氣體運動論（西元 1859 年）、電子（西元 1897 年）、原子核（西元 1911 年）、看見單一原子（西元 1955 年）、微中子（西元 1956 年）及夸克（西元 1964 年）

亞佛加厥氣體定律

亞佛加厥（Amedeo Avogadro，西元 1776 年～西元 1856 年）

亞佛加厥氣體定律（Avogadro's Gas Law）是義大利物理學家亞佛加厥在 1811 年所提出。根據這條定律，在相同的溫度和壓力下，無論分子的組成種類為何，等體積的氣體必定含有相同數量的分子。亞佛加厥氣體定律假設氣體的行為是「理想」的，這個假設適用於幾個大氣壓以下以及室溫左右的溫度時的大多數的氣體。

這個定律的另一種說法（同樣出自亞佛加厥）是，氣體的體積與氣體分子的數量成正比。表示成方程式就是：$V = a \times N$，其中 a 是常數，V 是氣體的體積，N 是氣體分子的數量。當時其他的科學家多相信這樣的比例關係是真的，但亞佛加厥氣體定律比其他競爭理論更進一步地把組成物質的最小特徵粒子定義為分子，一個分子可以由許多原子所組成。例如他認為水分子是由兩個氫原子和一個氧原子所組成的。

亞佛加厥常數：6.0221367×10^{23} 是一莫耳（mole）的元素所含的原子數目。今天我們把亞佛加厥常數定義為 12 克的未鍵結碳 12（carbon-12）所含的原子數量。一莫耳指的是元素的重量與其原子量（atomic weight）相等時所含的原子數量。舉例而言，鎳（Nickel）的原子量是 58.6934，所以一莫耳鎳的重量就是 58.6934 克。

由於原子和分子都非常地小，所以亞佛加厥常數是個大到難以想像的數。這樣說好了，如果有個外星人從外太空撒了一把和亞佛加厥常數一樣多的未爆開玉米粒到地球上，那這些玉米粒足以在美國那麼大的面積上堆到九英哩高。

假設在一個大碗裡放進 24 個金球（從 1 編號到 24）。如果你每次抽一個球，那麼你抽起來的順序正好是 1 到 24 的機率，大約就是 1 除以亞佛加厥常數分。這是個非常小的機率。

參照條目　查爾斯氣體定律（西元 1787 年）、原子論（西元 1808 年）及氣體運動論（西元 1859 年）

西元 **1814** 年

夫朗霍斐線

夫朗霍斐（Joseph von Fraunhofer，西元 1787 年～西元 1826 年）

　　光譜通常會顯示某物體在不同波長下的輻射強度。原子光譜中的亮線會出現在電子從高能階躍遷到低能階時。這些譜線的顏色與能階與能階間的能量差有關，同一種原子具有相同的能階。光譜中的暗吸收譜線則會在原子吸收了光線使得電子躍遷到更高的能階時出現。

　　藉由研究吸收和放射光譜，我們可以決定該光譜是由那些元素所造成的。在十九世紀時就已經有一些科學家注意到太陽的電磁輻射光譜從一個顏色到另一個顏色時，並不是平滑的曲線；而是包含了許多暗線，意味著某些波長的光被吸收掉了。這些暗線被命名為夫朗霍斐線（Fraunhofer Lines）以紀念第一個記錄下這些譜線的約瑟夫・夫朗霍斐。

　　有些讀者或許會覺得，太陽會產生輻射光譜很自然，但是對太陽是如何產生暗線的感到疑惑。太陽要如何把自己發出來的光吸收掉呢？

　　你可以把恆星想像成燃燒中的球狀氣體，其中包含著許多不同的原子放射出不同顏色範圍的光。來自恆星表面（光球層，photosphere）的光具有連續光譜，但是當光經過外氣層（outer atmosphere）後，有些顏色（不同波長的光）就被吸收掉了，這就是為何譜線上會出現暗線的原因。在恆星裡，這些消失掉的顏色，或者說暗吸收譜線，可以告訴我們恆星的外氣層究竟是由那些化學元素所組成。

　　科學家把太陽光譜中消失的波長編成目錄。藉由比較這些暗線與地球上的化學元素所產生的譜線，天文學家已經在太陽中發現超過七十種元素。在夫朗霍斐記錄下夫朗霍斐線的幾十年後，本生（Robert Bunsen）和克希荷夫（Gustav Kirchhoff）藉由研究元素受熱後所產生的放射光譜，而在 1860 年發現了銫（cesium）。

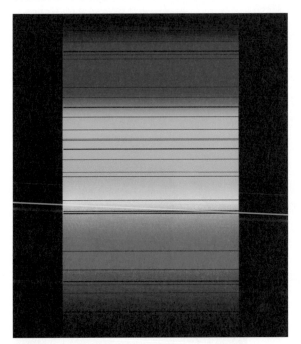

包含夫朗霍斐線的太陽可見光光譜。Y 軸表示光的波長，範圍從上方的 340nm 到底部的 710nm。

參照
條目　牛頓的稜鏡（西元 1672 年）、電磁頻譜（西元 1864 年）、質譜儀（西元 1898 年）、制動輻射（西元 1909 年）及恆星核合成（西元 1946 年）

拉普拉斯惡魔

拉普拉斯（Pierre-Simon Laplace，西元 1749 年～西元 1827 年）

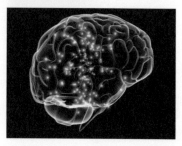

1814 年，法國數學家拉普拉斯提出了一個只要給予宇宙中每顆原子的位置、質量、速度以及已知的所有運動方程式，就可以計算並決定出所有未來事件的「存在」，這個存在後來被稱為「拉普拉斯惡魔」（Laplace's Demon）。科學家馬庫斯（Mario Markus）說：「如果照拉普拉斯的想法，而我們的大腦也是粒子所組成的話，那自由意志就變成了一種空想……事實上，拉普拉斯的上帝只是翻動一本已經寫好的書而已。」

在當時，拉普拉斯的想法看起來似乎十分合理。畢竟如果我們可以預測撞球檯上滾動的撞球的位置，為什麼我們不能預測由原子所組成的存在呢？事實上，在拉斯拉斯的宇宙裡，根本不需要上帝。

拉普拉斯說：「我們可以把宇宙現況視為過去的結果，而且是未來宇宙狀況的成因。如果有個全知者在某個時刻知道所有使自然運轉的作用力，以及組成自然的一切事物的位置，並且能力足以分析這些數據，則從宇宙中最大的天體到最微小的原子都會被納入一條簡單的方程式裡。對這樣一個全知來說，沒有什麼事情是不確定的，未來會像過去一樣地呈現在他的眼前。」

但是隨著**海森堡不確定性原理**（Heisenberg's Uncertainty Principle, HUP）和**混沌理論**等理論的出現，拉普拉斯惡魔變成了不可能的存在。根據混沌理論，即使是一開始時非常微小的測量誤差，都可能造成預測結果和實際結果的巨大差異。這表示拉普拉斯惡魔必須要知道每顆粒子無窮準確的位置和運動狀態，這會使得拉普拉斯惡魔比宇宙本身更為複雜。即使拉普拉斯存在於宇宙之外，不確定性原理也告訴我們，無窮準確的量測是不可能的。

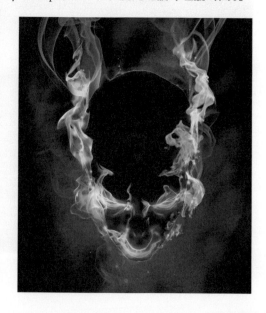

左上圖——費陶（Madame Feytaud）在拉普拉斯死後為他所繪的肖像。左下圖——在拉斯拉斯惡魔存在的宇宙裡，自由意志只是種空想？右圖——在某特定時刻觀察每顆粒子（那些明亮的小點）的位置、質量和速度的拉普拉斯惡魔。

參照條目 馬克士威爾惡魔（西元 1867 年）、海森堡不確定性原理（西元 1927 年）及混沌理論（西元 1963 年）

布魯斯特光學

布魯斯特爵士（**Sir David Brewster**，西元 1781 年～西元 1868 年）

　　光讓科學家著迷了幾個世紀，但是有誰會想到軟軟的烏賊也可以教導我們一些光的特性？光波包含了電場和磁場，兩者相互垂直，且其震盪方向都與光波行進方向垂直。但是藉由使光束平面偏極化，就可以限制電場只在某個平面上震盪。舉例來說，要得到平面偏振光的其中一個方法就是讓光在兩個介質（例如空氣和玻璃）的表面進行反射。由於電場平行於表面的分量反射率最高，因此在某個入射角下，經過反射的光束就會完全由電場向量平行於表面的偏振光所組成，我們把這個角度命名為布魯斯特角，以紀念蘇格蘭物理學家布魯斯特。

　　光散射所造成的偏極化有時會在天空中形成眩光。攝影師可以使用一些特別的材料來減少這種部分偏振光，以防止眩光造成拍出來的天空顏色不飽和。許多動物，例如蜜蜂和烏賊，都可以偵測到偏振光，而且蜜蜂還用偏振光來導引方向，因為陽光的線偏振光和太陽的方向垂直。

　　布魯斯特在線偏振光上的實驗，使他在 1816 年時發明了萬花筒。萬花筒常常吸引了許多物理學的學生和教師嘗試畫出它的射線圖（ray diagram）以了解其中的多重反射。創辦了布魯斯特萬花筒學會的

貝克（Cozy Baker）說：「他的萬花筒創造了前所未見的熱鬧景象……整個世界，每個階級，從最低的到最高的；從最無知的到最富學識的人都為了這個小器具而瘋狂。每個人不只感覺到，而且還將他們的感覺表達出來，萬花筒為他們的生命帶來全新的喜悅。」美國發明家藍德（Edwin H. Land）說：「萬花筒是 1860 年代的電視……。」

上圖——利用偏振光在皮膚上所形成的圖案，烏賊可以產生各種不同的圖案來進行溝通。這些圖案是人類的肉眼可見的。左圖——布魯斯特在線偏振光上的實驗，使他在 1816 年時發明了萬花筒

參照條目 司酒耳折射定律（西元 1621 年）、牛頓的稜鏡（西元 1672 年）、光纖（西元 1841 年）、電磁頻譜（西元 1864 年）、雷射（西元 1960 年）及照不到光的房間（西元 1969 年）

聽診器

雷奈克（René-Théophile-Hyacinthe Laennec，西元 1781 年～西元 1826 年）

　　社會歷史學家波特（Roy Porter）說：「藉由讓醫生聽到身體發出的各種噪音：呼吸聲、心臟附近的血液流動聲，聽診器改變了診斷內科疾病的方法，也改變了醫病關係。至少，活體不再是個黑盒子，也可以進行病理學的分析。」

　　法國醫生雷奈克在 1816 年發明了聽診器，當時的聽診器是一個木製的管子末端連接著一個像喇叭一樣可以放在病人胸口上的開口。這個充滿氣體的空腔能將聲音從病人的身體傳到醫生的耳朵。1950 年代，具有雙面聽頭的聽診器成為標準。聽頭的其中一面是膜面（例如由一片膠膜蓋住開口），當偵測到身體的聲音時，膜面會產生震動，在聽診器的空腔中產生聲音的壓力波。另外一面則是銅鑼型的鐘頭（例如一個中空杯），鐘面可以有效地傳遞低頻音。事實上，膜面濾掉與心臟有關的低頻音，主要是用來聽呼吸系統。使用鐘面時，醫生可以調整鐘接觸皮膚的壓力，以「對準」皮膚的震動頻率，讓心跳聲聽起來更清楚。藉由簡單的物理原理，讓聽診器在聲音放大、降低雜訊和其他特性上得到了改善。

　　在雷奈克的時代，醫生會把他們的耳朵直接貼在病人的胸前或背後。雷奈克曾為此抱怨：「不管對醫生還是病人來說，這種方法實在是太不方便了；如果病人是女性，這種方式不但讓人難堪，而且經常不可行。」後來，還出現了用在窮人身上的超長聽診器，醫生使用這種聽診器來和跳蚤纏身的病人保持距離。除了發明聽診器以外，雷奈克還仔細地記錄了各種聽到的聲音所對應的生理疾病（例如肺炎、肺結核與支氣管炎）與聽到的聲音之間的關係。造化弄人的是，雷奈克本人在 45 歲時死於肺結核，而且是由他的姪子以聽診器診斷出來的。

現代的聽診器。科學家進行了許多實驗來決定聽頭的尺寸和
材料如何影響收集聲音時的效果。

參照
條目　音叉（西元 1711 年）、普阿日耶定律（西元 1840 年）、都卜勒效應（西元 1842 年）及軍用大號（西元 1880 年）

熱傳導定律

傅立葉（**Jean Baptiste Joseph Fourier**，西元 1768 年～西元 1830 年）

中古世紀歐洲詩人但丁說：「我們無法使熱與火焰分離，也無法使美與永恆分開。」熱的性質也吸引了法國數學家傅立葉，他提出了著名的熱傳導方程式，說明熱在固體材料中的傳導。他的熱傳導方程式說，材料中某兩點的熱流動速率與其溫度差成正比，距離成反比。

如果我們把一支全由金屬所製成的刀子一端放進一杯熱可可裡，則另一端的溫度會開始上升。這種熱傳是因為刀子受熱端的分子藉由隨機運動與鄰近的區域交換動能與震動能的結果。我們可以把能量流動的速率想成「熱流」（heat current），熱流與 A、B 兩點間的溫度差成正比，與其距離成反比。這表示當溫差加倍或是刀子的長度縮短為一半時，熱流就會加倍。

如果我們以 U 來表示材料的導熱係數（conductance，用來衡量材料導熱能力的參數），則可以把 U 放進傅立葉的熱傳導定律裡。最佳的熱導體依序排列分別為：鑽石、奈米碳管、銀、銅與金。鑽石的高導熱性有時會藉由簡單的儀器來幫助專家分辨真的鑽石和假的鑽石。不管是什麼尺寸的鑽石摸起來都是涼的，就是因為鑽石高導熱性，也可以解釋為何人們經常用「冰」來稱呼鑽石。

雖然傅立葉推導出熱傳的基礎方程式，但是他卻無法調節他自己身體裡的熱。即使在夏天，他也非常地怕冷，所以總是穿著好幾件厚重的大衣。在他死前幾個月，傅立葉經常待在一個箱子裡，以支撐他屢弱的身體。

上圖——銅石。銅是電和熱的良導體。左圖——藉由各種方式來傳遞熱，對開發電腦晶片的散熱器非常重要。照片中央那個具有方形基座的零件就是用來把熱從電腦晶片導走的散熱器。

參照條目 傅立葉分析（西元 1807 年）、卡諾機（西元 1824 年）、焦耳電熱定律（西元 1840 年）及保溫瓶（西元 1892 年）

奧伯斯悖論

奧伯斯（Heinrich Wilhelm Matthäus Olbers，西元 1758 年～西元 1840 年）

「為何晚上的天空是黑的？」1823 年，德國天文學家奧伯斯在一篇論文中討論了這個問題，這個問題後來被稱為奧伯斯悖論（Olbers' Paradox）。謎題是這樣子的。如果宇宙是無限的，則無論你的視線往哪個方向看過去，遲早都會碰到一顆星星。這樣的特性意味著晚上的天空應該會因為星光而非常地明亮。你的第一個想法可能是，這些星星離我們非常遠，因此他們的光經過漫長旅行後消散掉了。星光在傳遞時的確會隨著與觀察者之間的距離平方而變暗。但是宇宙的體積，以及其中所包含的星星總數，會隨著距離的三次方增加。因此即使星光隨著距離拉長而變暗，也會因為星星的數目增加而被抵消掉。如果我們生活在一個無限遠都看得到的宇宙，那麼夜晚的天空的確應該非常的明亮。

奧伯斯悖論的答案是這樣的。我們並不是活在無限遠都看得到且靜止的宇宙。宇宙年齡是有限的，而且它正在擴張中。由於**大霹靂**以來只經過了大約 137 億年，因此我們只能觀察到某個有限距離之內的恆星。受限於光速，有部分的宇宙我們從未見過，來自非常遙遠星球的光，還沒有足夠的時間抵達地球。這表示我們能觀察到的星星數量是有限的。有趣的是，最早提出奧伯斯悖論解答的人是作家愛倫坡（Edgar Allan Poe）。

另一個因素也要考量：擴張中的宇宙也會使得夜晚的星空變暗，因為星光進到了一個越來越巨大的空間裡。**都卜勒效應**（Doppler effect）會使得快速遠離的恆星所發出的光的波長產生紅移。少了這些因素，生命當初就不會出現而演化到今天的型態，因為夜晚的天空原本會非常地明亮且炙熱。

如果宇宙是無限的，則無論你的視線往哪個方向看過去，遲早都會碰到一顆星星。這樣的特性似乎意味著晚上的天空應該會因為星光而非常地明亮。

參照
條目　大霹靂（西元前一百三十七億年）、都卜勒效應（西元 1842 年）及哈伯定律（西元 1929 年）

西元 1824 年

溫室效應

傅立葉（**Jean Baptiste Joseph Fourier**，西元 1768 年～西元 1830 年），
阿瑞尼斯（**Svante August Arrhenius**，西元 1859 年～西元 1927 年），
丁鐸爾（**John Tyndall**，西元 1820 年～西元 1893 年）

　　岡薩雷茲（Joseph Gonzalez）和薛爾（Thomas Sherer）說：「雖然有那麼多的負面報導，但是溫室效應（Greenhouse Effect）是種非常自然且必要的現象……大氣中包含了一些允許陽光穿透抵達地表，但會阻礙再輻射的熱能逸散的氣體。如果沒有這種自然的溫室效應，地球將會遠比現在寒冷而無法維持生命的存在。」或者照薩根（Carl Sagan）的說法：「有一點溫室效應是件好事。」

　　一般來說，所謂的溫室效應是指大氣中的氣體吸收並放出紅外線或熱能，使得地表溫度上升的效應。有些從氣體再輻射出來的能量逸散到外太空；一部分則回到了地表。1824 年左右，數學家傅立葉好奇為何地球能維持足夠地溫暖來孕育生命，他猜想，雖然有些熱會散失到太空中，但是大氣的作用就像是個透明的圓頂——好像玻璃鍋蓋一樣，吸收了一部分來自太陽的熱，然後再輻射到地表上。

　　1863 年，英國物理學家及登山家丁鐸爾發表的實驗結果顯示，水蒸氣和二氧化碳都會吸收大量的熱。因此他認為水蒸氣和二氧化碳在地表溫度的調節上必定扮演了重要的角色。1896 年，瑞典化學家阿瑞尼斯證明，二氧化碳是非常強力的「集熱器」，如果把大氣中的二氧化碳減半的話，地球就會出現冰河期。今天我們用「人源的全球暖化」（anthropogenic global warming）來表示因為人類活動（例如燃燒化石燃料）所產生的溫室氣體而造成的溫室效應加劇。

　　除了水蒸氣和二氧化碳以外，牛打嗝時所排放的甲烷（methane）也會造成溫室效應。「牛打嗝？」弗里曼（Thomas Friedman）說：「沒錯，驚人的事實是，排放溫室氣體的來源非常地多元。一大群牛打嗝所造成的影響可能比塞滿一整條高速公路的悍馬車更嚴重。」

上圖——黃昏時的煤溪谷。盧泰爾堡（Philip James de Loutherbourg）於 1801 年所繪。畫中位於英國馬德雷的燃木爐是工業革命初期常見的景象。左圖——工業革命以來在製造、採礦以及其他人類活動上的巨大改變，已經增加了空氣中的溫室氣體含量。舉例來說，以燃煤為主的蒸氣引擎，就是工業革命的重要推手。

參照條目　北極光（西元 1621 年）、熱傳導定律（西元 1822 年）及瑞利散射（西元 1871 年）

卡諾機

沙迪卡諾（**Nicolas Léonard Sadi Carnot**，西元 1796 年～西元 1832 年）

早期的熱力學（研究功與熱之間的能量轉換）研究大多集中在發動機如何運轉，以及如何使燃料，例如煤炭，能有效地藉由發動機轉換為有用的功。沙迪・卡諾由於他在 1824 年發表的〈關於火力之思考〉（Réflexions sur la puissance motrice du feu），經常被視為熱力學之父。

卡諾之所以想弄清楚熱在機器中的流動，是因為他對英國蒸氣機為何效率比法國蒸氣機高感到十分疑惑。當時的蒸氣機通常是藉由燃燒木頭或煤，將水轉換成水蒸氣。高壓的蒸氣會推動發動機裡的活塞。當蒸氣由排氣口排出，活塞就會回到原本的位置上。排出的蒸氣在經過一個冷凝器後變回水，就可以再度被加熱成蒸氣以推動活塞。

卡諾想像一種理想的發動機，也就是今天我們所說的卡諾機，其輸出的功正好等於輸入的熱，因此轉換的過程中一點能量都不會損耗。但是經過實驗以後，卡諾了解到如此理想運作的裝置並不存在，一定會有些能量流失到環境中。以熱的形式存在的能量無法完全轉換成機械能。但是卡諾的確協助發動機的設計者改善了發動機的效率，使得發動機能夠在接近其峰值效率下操作。

在卡諾感興趣的「循環式裝置」中，機器會在循環的不同階段吸收或放出熱量，這種效率百分之百的發動機不可能作得出來，其原因與熱力學第二定律有關。可惜的是，卡諾在 1832 年染上了霍亂，在衛生當局的命令下，幾乎他所有的書籍、論文和私人收藏都付之一炬。

上圖──沙迪・卡諾，法國攝影師小皮耶（Pierre Petit）所攝。右圖──蒸氣火車。卡諾努力地想了解機器中的熱流。他的理論到現在仍然非常適用。當時的蒸氣機通常以木頭或煤炭為燃料。

參照條目　永動機（西元 1150 年）、熱傳導定律（西元 1822 年）、熱力學第二定律（西元 1850 年）及喝水鳥（西元 1945 年）

安培定律

安培（**André-Marie Ampère**，西元 1775 年～西元 1836 年），
奧斯特（**Hans Christian Ørsted**，西元 1777 年～西元 1851 年）

　　法國物理學家安培在 1825 年時，就已經為電磁理論打下了基礎。長久以來，科學家一直不知道電與磁之間的關聯，直到 1820 年丹麥物理學家奧斯特發現羅盤的指針會隨著旁邊電線裡的電流切換而轉動為止。雖然當時的了解有限，但是這個簡單的現象說明電與磁之間的關係，而這個發現也帶來了許多電磁學上的應用，最終產生了電報、無線電、電視以及電腦。

　　安培以及其他科學家在 1820 到 1825 年之間所進行的實驗，證實了任何帶有電流 I 的導體都會在四周產生磁場。其中最基礎的發現，以及各種與導線有關的推導就是所謂的安培定律。例如，一條通有電流的導線，會在導線四周產生磁場 **B**（這裡用粗體字來代表向量）。**B** 的大小與 I 成正比，且其方向沿著以長導線為中心的的虛擬圓周（半徑為 r）。安培與其他科學家證明了電流會吸引鐵屑，因此安培認為電流就是磁性的源頭。

　　玩過電磁鐵的讀者應該都親身體驗過安培定律。只要在鐵釘上纏繞絕緣導線，然後把導線的兩端接到電池上，就可以製作出電磁鐵。簡單來說，安培定律就是用來描述磁場以及產生磁場的電流之間的關係。

　　電與磁之間的其他關連，分別由美國科學家約瑟夫‧亨利（Joseph Henry）、英國科學家法拉第（Michael Faraday）以及馬克士威爾（James Clerk Maxwell）所進行的實驗所發現。法國物理學家畢歐（Jean-Baptiste Biot）和薩法爾（Félix Savart）也研究過電線裡的電流與磁性之間的關係。身為一個虔誠的教徒，安培相信他證明了靈魂與上帝的存在。

上圖——安培版畫（A. Tardieu）。左圖——電動馬達裡的轉子和線圈。電磁鐵被廣泛地用於馬達、發電機、音響喇叭、粒子加速器和工業用的起重磁鐵。

參照
條目　法拉第電磁感應定律（西元 1831 年）、馬克士威爾方程式（西元 1861 年）及電流計（西元 1882 年）

瘋狗浪

杜蒙・喬比（Jules Sébastien César Dumont d'Urville，西元 1790 年～西元 1842 年）

　　海洋物理學家蘇珊雷納（Susanne Lehner）說：「自有文明以來，人類一直著迷於與巨浪——這海中怪物——有關的故事……滔天大浪打上一艘無助的船隻。你眼睜睜看到水牆向你而來……但是你逃不開，也無力與之對抗……在未來，我們有能力應付這個夢魘嗎？預測極端的巨浪？控制它們？或是像衝浪者一樣駕馭它們？」

　　你可能會對到了二十一世紀，物理學家對海洋表面的了解仍不完整感到訝異，然而瘋狗浪（Rogue Waves）的成因至今仍未有定論。1826 年，法國探險家及海軍上尉杜蒙・喬比記錄浪高達 30 公尺的巨浪，結果被當時的人們所嘲笑。然而藉由衛星監控以及許多以機率計算波浪分布的模型，我們發現這種高度的浪，比我們所以為的更常出現。想像一下，這種恐怖的水牆會毫無預警地出現在大海中央，有時還萬里無雲，卻出現一個如同在海洋中挖了一個深洞的波谷。

　　有種理論認為，洋流和海床的形狀會像光學透鏡一樣，讓海浪「聚焦」。這些高大的浪或許是來自兩個颱風的浪交錯後疊加而形成的。但是似乎還有一些其他的因素，在促成這種出現在平靜海域，例如水牆般的非線性巨浪效應。在浪碎之前，瘋狗浪的浪高可達鄰近浪高的四倍。有很多論文想藉由非線性的薛丁格方程式來模擬瘋狗浪的形成。許多研究認為，風在形成這種非線性巨浪的過程中扮演了重要的角色。由瘋狗浪會造成船舶和生命的損失，科學家仍在尋求方法希望能預測並避免遭遇這種巨浪。

瘋狗浪非常地可怕。它會毫無預警地出現在大海中央，有時在晴朗的天氣下，出現一個如同在海洋中挖了一個深洞的波谷。瘋狗浪會造成船舶和生命的損失。

參照條目　傅立葉分析（西元 1807 年）、孤立波（西元 1834 年）及最快的龍捲風（西元 1999 年）

歐姆定律

歐姆（Georg Ohm，西元 1789 年～西元 1854 年）

　　雖然德國科學家歐姆發現了電學裡最基礎的定律之一，但他的成果卻被當時的同僚所忽略，而且大半輩子都過著窮途潦倒的生活。惡毒的批評者說他的研究是由「赤裸裸的想像交織而成」。歐姆定律說，電路中的穩態電流 I 和跨過一電阻的電壓 V（電動勢）成正比，且與電阻 R 成反比，即 I = V/R。

　　歐姆藉由實驗在 1827 年發現，這項定律可以適用在若干不同的材料上。如方程式所示，當導線兩端的電位差 V（單位為伏特 Volt）變成兩倍時，通過導線的電流 I（單位為安培 Ampere）也會加倍。若固定電壓，則電阻加倍時，電流變成原本的二分之一。

　　歐姆定律很重要，因為他可判定觸電，也就是電休克（electric shock）對人體的危險性。一般而言，電流越大，休克的危險性就越高。而電流的大小等於施加在身體兩點之間的電壓除以身體的電阻。人體到底能夠承受多大的電壓還能夠存活下來因人而異，與每個人的身體總電阻有關，影響電阻大小的因素包括了體脂肪、流質攝入量、皮膚汗漬的程度以及皮膚觸電的方式和位置。

　　今天我們會利用電阻來監控管線的腐蝕和材料磨損。例如金屬管壁的電阻改變時，可能是金屬的損耗造成的。腐蝕檢測設備可以永久安裝以持續提供資訊，也可以是可攜式的，需要時再收集資訊。如果沒有電阻的話，電熱毯、電熱水壺以及白熾燈泡都沒辦法運作。

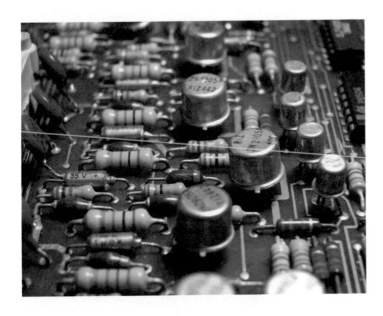

上圖——電熱水壺仰賴電阻來產生熱。
左圖——插有若干電阻（上面有一圈圈色帶的柱狀物）的電路板。根據歐姆定律，電阻上的跨壓和通過的電流成正比。色帶圈圈是用來標示電阻的值。

參照條目　焦耳電熱定律（西元 1840 年）、克希荷夫電路定律（西元 1845 年）及白熾燈泡（西元 1878 年）

布朗運動

布朗（**Robert Brown**，西元 1773 年～西元 1858 年），
佩罕（**Jean-Baptiste Perrin**，西元 1870 年～西元 1942 年），
愛因斯坦（**Albert Einstein**，西元 1879 年～西元 1955 年）

　　1827 年，蘇格蘭植物學者布朗利用顯微鏡研究懸浮在水中，花粉迸出的微粒，發現這些微粒呈現如跳舞般的隨機運動。1905 年，愛因斯坦提出這些微粒的運動是因為不斷地受到水分子的撞擊所造成的。在任何瞬間，微粒的某一側可能會受到較多分子的撞擊，而導致微粒短暫地往某個方向運動。愛因斯坦藉由統計方法證明，布朗運動（Brownian Motion）可以利用這種碰撞的隨機擾動來解釋。而且我們還可以藉由布朗運動，計算出撞擊巨觀粒子的假想分子大小。

　　1908 年，法國物理學家佩罕驗證了愛因斯坦對布朗運動的解釋。由於愛因斯坦和佩罕的成果，物理學家終於接受了原子和分子存在，這是個在二十世紀初期時還爭論不休的事實。佩罕在他 1909 的論文中作了這樣的總結：「我想從此之後，想要以理性的論辯來捍衛反對分子假說的立場，將會變得非常困難。」

　　布朗運動造成了微粒在各種介質中的擴散現象，而且它是一個適用範圍很廣的概念，因此在許多領域上有廣泛地應用，包括從汙染物的傳播到糖漿在舌頭表面上的相對甜度等。擴散的概念幫助我們了解費洛蒙對螞蟻的作用或是麝鼠在 1905 年意外逃脫後在歐洲蔓延繁衍的情形。擴散定律被用來模擬煙囪排放的汙染物濃度，或是新石器時代人類是如何從狩獵和採集轉而開始從事農耕。研究人員也利用擴散定律研究氡（radon）是在受汙染的空氣和土壤中的擴散情形。

科學家利用布朗運動和擴散的概念，研究麝鼠繁衍的情形。1905 年，五隻麝鼠從美國被引進了布拉格。到了 1914 年，牠們後代的繁衍範圍已經達到方圓 90 英哩。1927 年時，數量超過 1 億隻。

參照
條目　永動機熵（西元 1150 年）、原子論（西元 1808 年）、格雷姆定律（西元 1829 年）、氣體運動論（西元 1859 年）、波茲曼方程式（西元 1875 年）及愛因斯坦——偉大的啟迪者（西元 1921 年）

格雷姆定律

格雷姆（**Thomas Graham**，西元 1805 年～西元 1869 年）

每當我思考格雷姆定律（Graham's Law of Effusion）時，總是不由自主地想到死亡和原子武器。這條以蘇格蘭科學家格雷姆來命名的定律說，氣體的逸散（effusion）速率，與其粒子質量的平方根成反比。其公式可以寫成 $R_1/R_2 = (M_2/M_1)^{1/2}$，其中 R_1 是氣體 1 的逸散速率，R_2 是氣體 2 的逸散速率，M_1 是氣體 1 的分子量，M_2 則是氣體 2 的分子量。這條定律同時適用於擴散與逸散，所謂的逸散，指的是個別分子流經一個極小的洞，而不與其他分子產生碰撞的過程。舉例來說，氫氣之類分子量低的氣體，其逸散速率會比其他較重的粒子快，因為較輕的粒子通常移動的速度較快。

格雷姆定律在 1940 年代時有個不祥的應用，當時的核子反應爐利用它來分離放射性氣體，因為當氣體的分子量不同時，其擴散速率也不同。當時的科學家使用一個狹長的擴散腔來分離鈾（uranium）的兩種同位素：U-235 和 U-238。這些同位素先與氟反應成六氟化鈾（uranium hexafluoride）氣體。含有容易核分裂的 U-235 的六氟化鈾分子較輕，會比含有 U-238 較重的六氟化鈾分子早一步到達擴散腔的尾端。

二次世界大戰時，美國就是藉由這種分離方法，純化出可以進行核分裂連鎖反應的 U-235 而製造出原子彈。為了分離 U-235 和 U-238，美國政府在田納西州建造了一座氣體擴散工廠。這座工廠使氣體擴散通過多孔濾網而純化出曼哈頓計畫（Manhattan Project）所需的鈾，最後成為 1945 年在日本所投下的原子彈。為了分離同位素，這座佔地 43 英畝的氣體擴散工廠使用了 4000 個階段的擴散分離系統。

上圖——鈾礦石。左圖——曼哈頓計畫中位於田納西州橡樹嶺的氣體擴散工廠。其主建築超過半英哩長。照片由曼哈頓計畫的官方攝影師威斯特寇特（J. E. Westcott）所攝。

參照條目　布朗運動（西元 1827 年）、波茲曼熵方程式（西元 1875 年）、放射線（西元 1896 年）及小男孩原子彈（西元 1945 年）

法拉第電磁感應定律

法拉第（**Michael Faraday**，西元 **1791** 年～西元 **1867** 年）

古德靈（David Goodling）教授說：「法拉第是在莫札特死去的那一年出生。法拉第的成就不像莫札特那麼容易親近，但是他對現代生活和文化的貢獻和莫札特一樣地偉大……他發現的電磁感應建立了現代電機科技的基礎……而且為電、磁與光提供了一致的場論架構。」

英國科學家法拉第最偉大的發現就是電磁感應。他在 1831 年注意到，當他讓磁鐵通過一個靜止的線圈時，可以讓導線中產生電流，且產生的電動勢大小等於磁通量（magnetic flux）的變化率。其中美國科學家亨利（Joseph Henry）也做過類似的實驗。現今，這種電感現象在發電廠中扮演著關鍵的角色。

法拉第還發現，當他讓線圈靠近靜止的永久磁鐵時，只要線圈一移動，導線中就會產生電流。當法拉第利用電磁鐵來進行實驗，而且讓電磁鐵所產生的磁場改變時，他發現旁邊的另一條獨立導線中也產生了電流。

後來蘇格蘭物理學家馬克士威爾（James Clerk Maxwell）提出，變化磁通量所產生的電場，不只會使鄰近導線中的電子開始流動，而且即使沒有電荷存在，該電場也存在於空間中。馬克士威爾磁通量的變化和感應電動勢（ε 或 emf）之間的關係寫成了今天我們所說的法拉第電磁感應定律。在一個電路中，感應電動勢的大小與該電路感受的磁通量的變化率成正比。

法拉第相信是上帝推動著宇宙的運轉，他只是依照上帝的旨意，藉由仔細的實驗，並透過同行人士來檢驗並擴充心得，以揭露事實真相。他把聖經上的每個字句視為真理，但是在任何主張被接受前，都應該以一絲不苟的實驗來檢驗。

 上圖——法拉第的照片，在 1861 年左右由沃特金斯（John Watkins）所攝。右圖——取自藤澤爾曼（G. W. de Tunzelmann）於 1889 年出版的《現代生活中的電》中的發電機圖片。發電廠中的發電機通常是用轉子，藉由磁場和導體間的相對運動，將機械能轉換為電能。

參照條目 安培定律（西元 1825 年）、馬克士威爾方程式（西元 1861 年）及霍爾效應（西元 1879 年）

孤立波

羅素（John Scott Russell，西元 1808 年～西元 1882 年）

　　孤立波（Soliton）是一種能夠傳播長距離而改不改其形狀的波。孤立波的發現是個有趣的小故事，它告訴我們重要的科學發現可能來自不經意的觀察。1834 年 8 月，蘇格蘭工程師羅素正在觀察運河中一艘由馬拉動的駁船時，船突然因為纜線斷裂而停止，羅素敏銳地觀察到水形成了一道隆起的突起物，他是這樣描述的：「大量的水快速地往前滾動，維持著一道巨大的突起，那是一個圓滑、形狀分明的水峰。它持續地沿著水道前進，顯然速度和形狀都沒有改變。我騎著馬一路跟隨它，超前的時候，它維持著一到一呎半的高度以及 30 呎左右的長度，以 8 到 9 英哩的時速前進。它的高度逐漸地降低，然後在一到兩英哩的追逐後，我在蜿蜒的河道中失去了它的蹤影。」

　　羅素隨後在家裡的波浪水槽裡進行實驗，研究這種神祕的孤立波（他稱之為平移波，wave of translation），發現孤立波的速度和大小有關。大小不同（速度當然也不同）的兩孤立波，可以在交會後再重新出現，並且繼續傳播。其他的系統，例如電漿和流沙，也可以觀察到孤立波的行為。舉例來說，具有弧狀沙脊的新月形沙丘，就可以彼此「交錯通過」。木星上的大紅斑可能也是某種形式的孤立波。

　　今天孤立波被用於探討各式各樣的現象，從神經訊號的傳遞到光纖中的光孤子通訊。2008 年，科學家首次在外太空觀察到的孤立波，它在包圍地球的電離層中，以每秒八公里左右的速度移動。

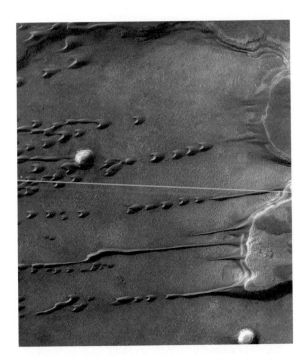

火星上的新月形沙丘。當地球上的兩個新月沙丘相遇時，它們可能會先形成一個複合沙丘，然後再回復到原本的形狀（當一個沙丘「穿過」另一個沙丘時，沙粒並未真的穿過去，但是沙丘的形狀可能維持不變）。

參照條目　瘋狗浪（西元 1826 年）、傅立葉分析（西元 1807 年）及自體排列臨界點（西元 1987 年）

高斯和磁單極子

高斯（**Johann Carl Friedrich Gauss**，西元 1777 年～西元 1855 年），
狄拉克（**Paul Dirac**，西元 1902 年～西元 1984 年）

英國理論物理學家狄拉克說：「從數學的美感來看，人們會認為磁單極子（Magnetic Monopole）應該要存在。」但是至今從未有物理學家發現這種奇異的粒子。以德國數學家高斯來命名的高斯磁定律是電磁學的基本方程式之一，也正式宣示單獨的磁極（例如一個只有北極而沒有南極的磁鐵）並不存在。但是在靜電學裡，卻存在著單獨的電荷，這種電場和磁場間的不對稱，對科學家來說是個難解的謎。在 1910 年代，科學家經常在想，為何可以把正電荷與負電荷隔離開來，卻無法把磁北極和磁南極隔開。

狄拉克率先在 1931 年提出理論預測磁單極子可能存在，之後科學家就一直努力地想偵測磁單極子。可惜到目前為止，仍然沒有磁單極子存在的證據。如果你把一個傳統的磁鐵（具有北極和南極）切成兩半，則這兩片磁鐵都會有各自的北極和南極。

在粒子物理中，某些理論試圖整合電弱作用力（electroweak interaction）和強作用力（strong interaction）預測了磁單極子的存在。然而即使磁單極子真的存在，也很難利用粒子加速器製造出來，因為其質量與能量極為巨大（約 10^{16}GeV）。

高斯對他的研究往往諱莫如深。根據數學歷史學家貝爾（Eric Temple Bell）的說法，如果高斯如果再發現的當下就發表或公開他的研究的話，數學的進展可能會快上五十年。當高斯證明一個理論時，有時會說，其心得「並非來自痛苦的努力，而是源於上帝的恩典」。

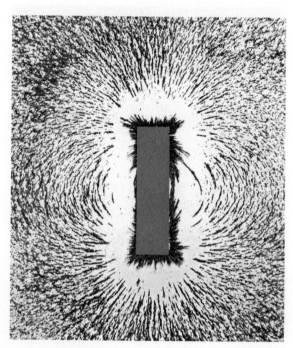

上圖——1955 年發行的德國郵票上的高斯肖像。右圖——兩端分別為北極與南極的條狀磁鐵，周圍鐵屑沿著磁場分佈而排列。有朝一日，科學家會發現磁單極粒子的存在嗎？

 參照條目　奧爾梅克羅盤（西元前 1000 年）、論磁石（西元 1600 年）、馬克士威爾方程式（西元 1861 年）及斯特恩－革拉赫實驗（西元 1922 年）

恆星視差

貝索（**Freidrich Wilhelm Bessel**，西元 1784 年～西元 1846 年）

人類長久以來試著計算出恆星與地球之間距離的歷史悠久。希臘哲學家亞里斯多德和波蘭天文學家哥白尼知道，如果地球繞著太陽公轉，各個恆星的位置應該看起來要每年來回變動才對。然而亞里斯多德和哥白尼從來不曾觀察到一點點微小的視差，而人類則要等到十九世紀，才真正測量到視差。

恆星視差（Stellar Parallax）指的是在兩個不同的點觀察同一顆恆星，恆星彷彿有位置偏移。只要藉由簡單的幾何學就可以從偏移的角度計算出恆星與觀察者之間的距離。其中一種方式是在一年當中的某個時刻記錄下恆星的位置。經過半年，當地球繞著太陽轉了半圈後，再測量一次恆星的位置，這時候比較近的恆星就會相對於遙遠的恆星產生偏移。恆星視差和你閉上其一隻眼睛觀察東西時的效果類似。先用一隻眼睛看著你的手，然後再換另一隻眼睛，你會覺得你的手好像移動了。視差角越大時，該物體離你的眼睛就越近。

1830 年代時，天文學家們爭相想成為第一個精確地計算出恆星間距離的人。但是到了 1838 年，才成功地測量到第一組恆星視差。德國天文學家貝索利用望遠鏡研究天鵝座 61 後，發現它會產生明顯的偏移，並且計算出這顆恆星距離地球 10.4 光年（3.18 秒差距）。早期的科學家竟然能找出一種不需要離開自家後院的方式，來計算星球間廣闊的距離，實在是令人嘆為觀止。

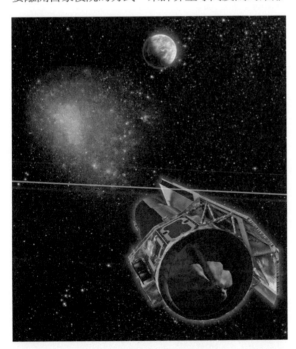

由於恆星的視差角非常小，早期的科學家只能算出一些較靠近地球的恆星到地球的距離。今天，科學家已用歐洲的希巴古斯（Hipparcos）衛星測量了 10 萬多顆恆星到地球的距離。

研究人員利用美國航太總署的史匹哲太空望遠鏡（Spitzer Space Telescope）和地面的望遠鏡的觀測結果，計算小麥哲倫星雲（Small Magellanic Cloud，位於左上）中，某些從恆星前方通過的星體到地球的距離。

參照
條目　測量地球的埃拉托斯特尼（西元前 240 年）、望遠鏡（西元 1608 年）、量測太陽系（西元 1672 年）及黑滴現象（西元 1761 年）

燃料電池

葛羅夫（William Robert Grove，西元 1811 年～西元 1896 年）

　　有些讀者可能還記得高中化學課的時候做過的電解水實驗。當電流通過一對浸泡在液體中的一對電極時之間，會根據這個化學反應產生氫氣和氧氣：$2H_2O$（液態）$\rightarrow 2H_2$（氣態）$+ O_2$（氣態）。（實際上，純水是電的不良導體，因此通常會加入稀硫酸來產生足夠的電流）。讓這些離子分離所需的能量來自於電源供應器。

　　1839 年，律師兼工程師葛羅夫使用燃料槽裡的氫氣和氧氣，進行上述反應式的逆反應而產生了電，這就是最早的燃料電池（Fuel Cell）。有許多種燃料組合可以用來製作燃料電池。在氫燃料電池裡，化學反應會將氫原子的電子拿走，而產生質子。電子通過連接的導線產生有用的電流。然後氧再和氫離子以及經由電路回到燃料電池的電子反應成水。氫燃料電池就像是個傳統電池，但是又跟傳統電池不同，船電池在電力耗盡後必須丟棄或充電，但是只要燃料（來自空氣的氫氣和氧氣）的供應不虞匱乏，燃料電池可以無止盡地運作下去。燃料電池通常會使用白金之類的觸媒來催化反應的發生。

　　有些人希望將來燃料電池能更廣泛地應用在交通工具上，以取代傳統的內燃機。但有重重障礙使它無法普及，包括了成本、耐用性、溫度管理以及氫的製造與輸送。無論如何，燃料電池在備用系統和太空船上都非常地有用；它們在美國人的登月計畫中扮演了重要的角色。燃料電池的優點包括碳的零排放，以及減少對石油的依賴。

　　有時燃料電池的氫是分解碳氫化合物所產生，這和我們減少排放溫室氣體的目標相左（譯註：因為會產生二氧化碳）。

甲醇（methanol）燃料電池，以甲醇和水為燃料，藉由電化學反應來產生電。中間的層狀立方體就是燃料電池的主體。

參照
條目　電池（西元 1800 年）、溫室效應（西元 1824 年）及太陽能電池（西元 1954 年）

西元 1840 年

普阿日耶定律

普阿日耶（**Jean Louis Marie Poiseuille**，西元 1797 年～西元 1869 年）

　　把阻塞的血管擴大是非常有效的治療方法，因為血管的半徑只要增加一點點，就可以大幅改善血液的流動，原因就在於普阿日耶定律。這條以法國內科醫生普阿日耶來命名的定律（Poiseuille's Law of Fluid Flow），以精確的數學式表示了液體在管中的流速、管子的寬度、液體的黏度，以及管內的壓力變化之間的關係，它可以寫成：$Q = [(\pi r^4)/(8\mu)] \times (\Delta P/L)$。其中 Q 是液體在管中的流速，r 是管子的內徑，ΔP 是管子兩端的壓力差，L 是管子的長度，μ 是液體的黏度。其假設為液體保持著穩定的層流（也就是平順而不紊亂的流動狀態）。

　　這條定律在醫療上有非常實際的應用；特別是研究血液的流動時。注意上式的 r^4 已經告訴我們，決定液體流速 Q 最重要的因素是管徑的大小。假設其他參數不變，則當管徑變成兩倍寬時，流速會增加為 16 倍。換句話說，我們需要 16 條原本的管子才足以輸送和那條兩倍寬的管子一樣的水量。從醫學的觀點來看，普阿日耶定律告訴了我們動脈粥狀硬化的危險性：如果冠狀動脈的半徑減為一半，則流經的血液會減少成 1/16。這個定律也可以解釋，為何用粗的吸管喝飲料時比細一點的吸管容易得多。當吸力相同時，用一根兩倍粗的吸管在單位時間內所能喝到的飲料是原本吸管的 16 倍。當腫大的攝護腺使尿道的半徑縮小時，我們可以由普阿日耶定律知道，為何這樣小小的壓迫，對尿液的流量有這麼大的影響。

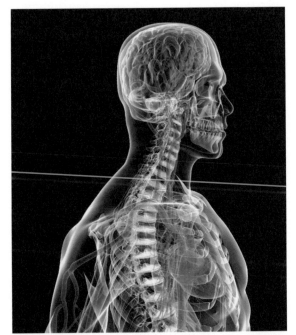

上圖──普阿日耶定律解釋了為何用細的吸管喝飲料比用粗的吸管困難得多。左圖──普阿日耶定律說明動脈粥狀硬化的危險性；舉例來說，如果動脈的半徑減為一半，則流經的血液會減少到約 1/16。

參照條目　虹吸管（西元前 250 年）、白努利定律（西元 1738 年）及史托克定律（西元 1851 年）

焦耳電熱定律

焦耳（**James Prescott Joule**，西元 1818 年～西元 1889 年）

　　外科醫師經常需要倚賴焦耳電熱定律（Joule's Law of Electric Heating）。這個以英國物理學家焦耳來命名的定律指出，一個流經導體的穩定電流所產生的熱 H 可以由 $H = K \cdot R \cdot I^2 \cdot t$ 計算出來。其中 R 是導體的電阻，I 是流經導體的電流，t 是電流通過的時間。

　　當電子通過阻值 R 的導體時，電子所失去的動能會以熱的形式移轉到電阻上。傳統上在解釋熱是如何產生時，會提到導體中原子的晶格排列。當電子與晶格碰撞時，會造成晶格熱震動的震幅增加，而使得導體的溫度上升。這個種過程就叫做焦耳熱（Joule heating）。

　　焦耳電熱定律和焦耳熱在現代的電刀手術中扮演了重要的角色，因為電刀筆所能產生的熱就是依焦耳電熱定律而定。在這類的器械中，電流會經由電刀筆的電極（active electrode）經過生物組織回到中性電極。這生物組織的歐姆電阻大小取決於電刀筆電極所接觸位置的電阻（可能是血管、肌肉或是脂肪組織），以及電刀筆電極與中性電極間路徑的電阻。在電刀手術中，電流輸出的時間長短通常由手指或腳踏板控制的開關來決定。電刀筆電極的形狀可以視用途而定：拿來做切割（為使熱集中，電極通常為針狀）或是使組織凝固（利用面積較大的電極來使熱分散）。

　　今天，我們知道焦耳的貢獻還包括佐證機械能、電能和熱能彼此相關，且能夠互相轉換的基礎。他的實驗舉出許多例子證明**能量守恆定律**（Law of Conservation of Energy）亦即熱力學第一定律（First Law of Thermodynamics）。

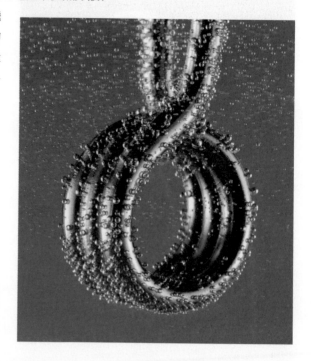

上圖──焦耳的肖像照。右圖──焦耳電熱定律和焦耳熱在現代的液體浸入式加熱器（電熱湯匙）中扮演了重要的角色，加熱器所產生的熱可以由焦耳電熱定律算出。

 參照條目　能量守恆（西元 1843 年）、熱傳導定律（西元 1822 年）、歐姆定律（西元 1827 年）及白熾燈泡（西元 1878 年）

週年紀念鐘

最早的時鐘並沒有分針，分鐘的概念是進入現代工業社會才逐漸重要。工業革命時代，火車開始依照時刻表發車，工廠也依著班表上下工，生活的節奏日益精確。

我最喜歡的鐘是扭擺鐘（torsion pendulum clocks），又稱為 400 天鐘（400-day clocks）或是週年紀念鐘（Anniversary Clock），因為這種鐘的許多款式一年只需要上一次發條。我開始受到這種鐘的吸引是在讀過古怪的億萬富翁霍華・休斯（Howard Hughes）的事蹟後，根據傳記作家哈克（Richard Hack）的說法，霍華休斯最喜愛的房間裡擺設了「一個放在桃花心木架上的地球儀和一個巨大的壁爐，壁爐上方放置了一個來自法國的青銅製 400 天鐘，這個鐘的發條無論如何都不准旋得太緊」。

週年紀念鐘使用了一個懸掛在細線或帶子上的擺盤來做為扭簧（torsion spring）。擺盤會沿著擺線的垂直軸來回地轉動，取代了傳統鐘擺的擺動。一般的擺鐘至少可以回溯到 1656 年，當時惠更斯受到伽利略手稿的啟發，而製作出最早的擺鐘。這些鐘比早期的鐘更精確，因為鐘擺以一來一回近乎等時（擺動的周期幾乎不變，尤其是當擺幅很小時）的方式擺動。

在週年紀念鐘裡，旋轉的擺盤以緩慢而有效率的方式旋緊並放鬆發條，使得發條在第一次旋緊後就可以長時間地提供齒輪動力。早期的週年紀念鐘因為發條的彈力會受到溫度的影響而不太精確。但是後來的版本改用了可以補償溫度變化的發條。美國發明家亞倫克蘭（Aaron Crane）在 1841 年取得了週年紀念鐘的專利。德國鐘錶匠哈德爾（Anton Harder）也在 1880 年獨立地發明了這種鐘。在二次世界大戰結束時，週年紀念鐘變成非常受歡迎的結婚禮物，當時許多美國士兵將這種鐘從歐洲帶回美國。

週年紀念鐘的大部分款式一年只需要上一次發條。這種鐘使用了一個懸掛在細線或帶子上的擺盤來做為扭簧。

參照條目　沙漏（西元 1338 年）、傅科擺（西元 1851 年）及原子鐘（西元 1955 年）

光纖

克拉頓（Jean-Daniel Colladon，西元 1802 年～西元 1893 年），
高錕（Charles Kuen Kao，西元 1933 年生），
霍克漢（George Alfred Hockham，西元 1938 年生）

　　光纖（Fiber Optics）的科學原理具有悠久的歷史，最早可以回溯到瑞士物理學家克拉頓在 1841 年所展示的精采的光噴泉——他讓光線從水槽中沿著弧狀的水柱中傳播。現代的光纖在二十世紀發現後經歷了多次的改良，主要是利用可撓曲的玻璃或塑膠纖維來傳遞光線。1957 年，有人發明了光纖內視鏡（fiberoptic endoscope）取得專利，讓內科醫生可以用來觀察腸胃道的前半部。1966 年，電機工程師高錕和霍克漢提出利用光纖藉由光的脈衝來傳遞訊號以進行通訊。

　　由於光纖核心層材料的折射率比外面薄披覆層的折射率高，因此光會在光纖內產生全反射（total internal reflection，參考〈司迺耳定律〉一節）而侷限於其中。一旦光線進入核心層，它就不斷地在核心層的內壁進行反射。當距離很長時，傳遞的訊號強度可能會產生衰減，這時候就需要利用強波器來增強光的訊號。今天的光纖在通訊上比傳統的銅線多了許多優點。相對之下，光纖的成本低，材質輕，訊號衰減低，而且不會受到電磁干擾。光纖還可以用來照明或傳遞影像，特別是那些狹窄、不易達到的地方。

　　在光纖通訊中，每條光纖可用不同波長的頻段各自獨立傳送資訊。來自發光二極體（light emitting diode）或雷射二極體的微小光源，經過電子位元訊號的調變後，成為可在光纖中傳送的紅外光脈衝訊號。1991 年，技術人員開發出光子晶體波導，這些波導作在圓柱陣列等規則性結構中，藉由繞射來導引光線。

光纖可導引光線。藉由全反射，光線被侷限在光纖中直到抵達另一頭為止。

參照
條目　司迺耳折射定律（西元 1621 年）及布魯斯特光學（西元 1815 年）

都卜勒效應

都卜勒（Christian Andreas Doppler，西元 1803 年～西元 1853 年），
白貝羅（Christophorus Henricus Diedericus Buys Ballot，西元 1817 年～西元 1890 年）

　　記者查爾斯席夫說：「當警察用雷達槍或是雷射瞄準一輛車時，事實上他正在藉由都卜勒效應（Doppler Effect）測量車子的移動對反射波的壓縮程度。從壓縮程度的高低，他可以算出車子開多快，然後送給駕駛者一張 250 美元的罰單。你說，科學神不神奇？」

　　以奧地利物理學家都卜勒來命名的都卜勒定律指的是，當波的源頭相對於觀察者運動時，其頻率變化（對觀察者而言）的情形。舉例來說，如果一輛車在行駛中按喇叭，當這輛車向你開來的時候，你聽到的聲音頻率會較高（相較於喇叭的實際頻率），當它與你錯身而過時，頻率會正好相等，然後等它遠離時，頻率會變低。雖然我們提到都卜勒定律時多半都會想到聲音，但事實上，它適用於所有的波，包括光波。

　　1845 年，荷蘭氣象學家兼物化學家白貝羅最早以實驗證明了都卜勒定律可適用於音波。在這個實驗裡，一群音樂家站在鐵軌旁看著一列載著吹奏固定音高的小號手的火車通過。藉由這些具有絕對音感（perfect pitch）的觀察者，白貝羅證明了都卜勒效應，並隨後推導出方程式。

　　星系的紅移（red shift），是在地球上的觀察者看到的電磁波波長比源頭發出的波長彷彿有增加或頻率降低的現象，我們可以藉這紅移估計出它們以多快的速度遠離我們。這些紅移現象是因為宇宙的膨脹，造成其他星系以高速遠離我們的銀河系。光的波長因為觀察者與光源之間的相對運動而改變，這現象是都卜勒定律的另一個例子。

上圖──都卜勒的肖像，出自他所著的〈論雙星之色光〉抽印本卷首。左圖──想像一個發出球面波的音源或光源。當波源由右往左移時，對位於左邊的觀察者而言，波就像是被壓縮過，因此他將會看到波源藍移的現象（波長變短）。

參照條目　奧伯斯悖論（西元 1823 年）、哈伯定律（西元 1929 年）、類星體（西元 1963 年）及最快的龍捲風（西元 1999 年）

能量守恆

焦耳（James Prescott Joule，西元 1818 年～西元 1889 年）

　　科學記者安吉爾（Natalie Angier）說：「能量守恆定律讓你……在思及死亡與遺忘的那些寂靜可怕的深夜時刻，有所依靠。你個人能量 E 的總和，那些存在於你所有的原子和原子之間鍵結的能量，將不會消失……構成你的那些質量和能量，將改變其形式與位置，但它們將會一直存在，在這個由生命與光所形成的循環，在這場大霹靂之後所展開的永恆派對上。」

　　按正統的講法，能量守恆定理說的是，在一個密閉系統中，相互作用的物體間的能量可能改變形式，但是其總和不變。能量有許多形式，包括動能（kinetic energy）、位能（potential energy）、化學能以及熱能。想像一個弓箭手，他拉飽弓弦再放開時，弓的位能就轉換成箭的動能。理論上，弓與箭合起來的總能量在弓鬆開前後是不變的。同樣地，儲存在電池裡的化學能，也可以被轉換成馬達的動能。而球從高處落下時，則是重力位能轉換成了動能。能量守恆的關鍵歷史時刻是在 1843 年，物理學家焦耳發現重力能（造成水車轉動的東西在轉動過程失去的能量）正好與水與槳片摩擦所得到的熱能相等。熱力學第一定律通常是這樣描述的：一個系統因加熱所增加的內能（internal）等於加熱所提供的能量扣除掉系統對環境所作的功。

　　在弓與箭的例子裡，當箭擊中了靶，動能就轉變成了熱。而熱力學第二定律限制了能將熱轉換為功的方式。

拉飽的弓弦放開時，弓的位能就轉換成箭的動能。當箭擊中了靶，則動能轉變成熱。

參照條目　弩（西元前 341 年）、永動機（西元 1150 年）、動量守恆（西元 1644 年）、焦耳電熱定律（西元 1840 年）、熱力學第二定律（西元 1850 年）、熱力學第三定律（西元 1905 年）及 $E=mc^2$（西元 1905 年）

I 型鋼

透納（**Richard Turner**，約西元 1798 年～西元 1881 年），
伯頓（**Decimus Burton**，西元 1800 年～西元 1881 年）

　　你曾經想過為什麼那麼多建築的鋼樑，其截面的形狀是 I 型嗎？主要的原因是這種形狀的鋼樑，能有效地承受與其軸向垂直的負荷而不致彎曲。舉例來說，想像一支兩端固定的長 I 型鋼，中間吊掛著一隻大象。這時候 I 型鋼的上層會受到壓縮，而下層則因為張力而略微地拉伸。鋼鐵既昂貴又沉重，因此建築師希望能降低材料的使用量，同時又能夠維持結構的強度。而 I 型鋼有效又經濟，因為它把較多的鋼鐵用在上面和底部的凸緣，而這些凸緣是抗彎曲最有效的方式。I 型鋼可以利用滾軋或擠壓的方式製作，或是利用焊接將鋼板焊成板樑。要注意的是，如果作用力是從側邊來的話，其他形狀會比 I 型鋼更好。要防範任何方向彎曲最有效也最經濟的形狀是空心柱狀。

　　保護古蹟人士派特森（Charles Peterson）曾經評論過 I 型鋼的重要性：「在十九世紀中期發展成熟的 I 型鍛鐵是歷史上最偉大的結構發明之一。最早藉由滾軋鍛鐵所製成，很快地就用鋼鐵來製作。當貝賽麥轉爐煉鋼法讓鋼鐵的成本降低後，I 型鋼被廣泛地用在各種用途上。摩天大樓和巨大的橋樑都是用 I 型鋼所建造的。」

　　位於英國皇家植物園的溫室是最早使用 I 型鋼的建築之一，這座建築是透納和伯頓在 1844 年到 1848 年之間所建造。1853 年，紐澤西特輪頓鋼鐵公司（Trenton Iron Company）的巴羅（William Borrow）利用螺栓將兩個部件組合成 I 型。1855 年，特輪頓鋼鐵公司的老闆庫柏（Peter Cooper）從單片鋼板滾軋出 I 型鋼，因此在美國 I 型鋼也被稱為庫柏鋼（Cooper beam）。

曾經是紐約市世貿中心二樓一部分的巨大 I 型鋼。現在是加州紀念廣場 911 紀念碑的一部分。這些沉重的鋼樑是利用火車從紐約運送到加州沙加緬度。

參照條目　衍架（西元前 2500 年）、拱（西元前 1850 年）及張力平衡結構（西元 1948 年）

克希荷夫電路定律

克希荷夫（**Gustav Robert Kirchhoff**，西元 1824 年～西元 1887 年）

在克希荷夫的太太克拉拉過世後，這位聰明的物理學家得獨自帶大四個小孩。這對任何男人來說都不是件容易的工作，對克希荷夫更是一件挑戰，他因為腳傷而必須一輩子仰賴枴杖或是輪椅。在他太太過世前，克希荷夫就已經因為他所提出的電路定律（Kirchhoff's Circuit Laws）而聞名於世，這個定律說明位於節點的電流以及位於迴路上的電壓之間的關係。克希荷夫的電流定律是系統中的電荷守恆的另一種說法，指出進入電路中任一點的電流總和與離開該點的電流總和相等。這條定律經常用來分析多條線路交叉所形成的節點，例如十字型或 T 型節點，電流從某些線路進節點，然後從其他的線路離開。

克希荷夫的電壓定律則是系統中的能量守恆的另一種說法：沿著閉合迴路走一圈的電位差總和為零。假設現在有個包含節點的電路，如果我們從其中一個節點開始，沿著電路上的元件，形成一個回到起點的封閉路徑時，則此一迴路上所有元件兩端的電位差加起來將會是零（元件包括導體、電阻與電池）。舉例來說，在跨過一個電池時，會有一個壓升（voltage rise，沿著電路中的電池符號的「－」端到「＋」端），但是當我們沿著電路繼續往下走時，則會因為電路中的電阻而形成壓降（voltage drop）。

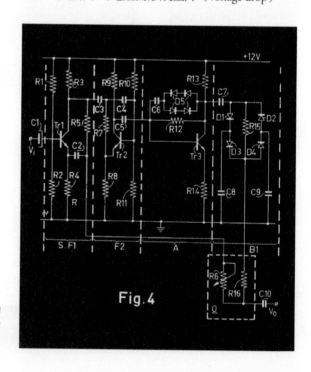

上圖——克希荷夫。右圖——克希荷夫電路定律幫助工程師了解電路中的電流與電壓之間的關係，例如右邊的雜訊去除電路。

**參照
條目** 歐姆定律（西元 1827 年）、焦耳電熱定律（西元 1840 年）、能量守恆（西元 1843 年）及積體電路（西元 1958 年）

發現海王星

亞當斯（**John Couch Adams**，西元 1819 年～西元 1892 年），
勒維耶（**Urbain Jean Joseph Le Verrier**，西元 1811 年～西元 1877 年），
伽勒（**Johann Gottfried Galle**，西元 1812 年～西元 1910 年）

天文學家卡勒（James Kaler）說：「以最高的精準度來追蹤行星是非常非常複雜的工作。當只有兩個天體時，我們有非常簡單漂亮的公式可循。但是當互相拉扯的星體個數增加為三個時，數學上證明不存在這種簡潔的解⋯⋯這門數學科學（稱為微擾理論〔perturbation theory〕）上的成功，同時也是牛頓力學本身成功的最佳例證，就是找到了海王星。」

海王星是太陽系的行星中，唯一一顆被觀測到之前，就已經以數學預測出來的行星。當時的天文學家注意到 1781 年發現的天王星在繞著太陽公轉時有一些不規則。因此他們懷疑不是牛頓力學不適用於遙遠的太陽系邊緣，就是有顆尚未觀測到的巨大天體干擾了天王星的公轉。法國天文學家勒維耶和英國天文學家亞當斯都藉由計算找出新行星可能出現的位置。1846 年，勒維耶告訴德國天文學家伽勒，根據他的計算該把望遠鏡對準哪個方向。然後半個小時後，伽勒就找到了海王星，其位置與勒維耶的計算之間只相差了不到一度。這是牛頓萬有引力定律的偉大成功。伽勒在 9 月 25 寫信給勒維耶說：「先生，您所說的位置上，真的存在那顆行星。」勒維耶回覆他：「謝謝你，我欣然接受我的指示。由於您的發現，毫無疑問地，我們找到了一個新世界。」

當時的英國科學家認為亞當斯也在同樣的時間發現了海王星，兩派人馬對誰最早發現了海王星爭論不休。有趣的是，幾個世紀以來，許多在亞當斯與勒維耶之前的天文學家都曾經觀測到海王星，只不過他們以為它是一顆恆星而非行星。

海王星用肉眼看不到，它繞著太陽公轉一周需要 164.7 年，而且海王星上的風速在太陽系中是最高的。

海王星是太陽系的八顆行星中最遠的，左邊是它的衛星普提斯（Proteus）。海王星已知的衛星有十三顆，它的赤道半徑大約是地球的四倍。

參照條目 望遠鏡（西元 1608 年）、量測太陽系（西元 1672 年）、牛頓運動定律和萬有引力定律（西元 1687 年）、波德定律（西元 1766 年）及哈伯太空望遠鏡（西元 1990 年）

熱力學第二定律

克勞修斯（**Rudolf Clausius**，西元 1822 年～西元 1888 年），
波茲曼（**Ludwig Eduard Boltzmann**，西元 1844 年～西元 1906 年）

每當我看到沙灘上我堆好的沙堡塌掉，就會想起熱力學第二定律（Second Law of Thermodynamics）。早期熱力學第二定律是這樣說的：孤立系統（isolated system）中，熵（entropy）或亂度的總和，會持續增加到趨近某個最大值。對一個封閉的熱力學系統而言，可以把熵視為無法作功的總熱能的度量。德國物理學家克勞修斯是這樣描述熱力學第一定律和第二定律的：「宇宙的能量恆定，而宇宙的熵趨向極大化。」

熱力學研究的對象是熱，更廣泛而言，則是研究能量的轉換。我們有時也間接地參與熱力學第二定律，當房子、身體或是車子疏於保養時，都會隨著時間而劣化。或者，就像作家毛姆（William Somerset Maugham）所說的：「不必為打翻的牛奶哭泣，因為宇宙中的所有力量都傾向把它打翻。」

在早期的生涯中，克勞修斯曾說過：「熱不會由冷的物體自發地轉移到熱的物體。」奧地利物理學家波茲曼擴充了熵的定義與熱力學第二定律，他把熵解釋成一個系統中因為分子的熱運動所造成的亂度的度量。

從另一個角度來看，熱力學第二定律告訴我們，當兩相鄰的系統一旦開始接觸時，會傾向使溫度、壓力與密度都相等。例如把一塊熱金屬片丟進冷水槽裡，金屬片的溫度下降，水的溫度上升，直到兩者的溫度相同為止。當一個孤立系統達到平衡時，若缺乏來自系統外的能量，就無法再作功。這解釋了為何根據熱力學第二定律，我們不可能建造出永動機（Perpetual Motion Machine）。

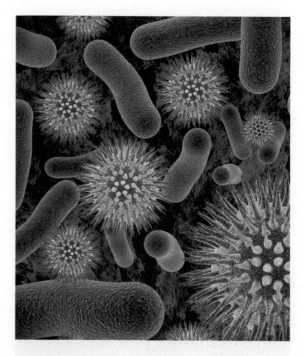

上圖──克勞修斯。右圖──微生物從環境的無序材料中建造自己「不可思議的結構」，它們這樣做的後果是增加了環境中的熵。封閉系統中總體熵會增加，但是其中個別成分的熵可能會減少。

參照條目　永動機（西元 1150 年）、波茲曼熵方程式（西元 1875 年）、馬克士威爾惡魔（西元 1867 年）、卡諾機（西元 1824 年）、能量守恆（西元 1843 年）及熱力學第三定律（西元 1905 年）

滑溜溜的冰

法拉第（**Michael Faraday**，西元 1791 年～西元 1867 年），
索摩加（**Gabor A. Somorjai**，西元 1935 年生）

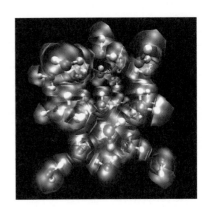

「黑冰」（black ice）通常是指那些在深色路面上結凍的水，
這些冰對駕駛人是很大的威脅，因為他們通常看不到這些冰。有
趣的是，即使沒有雨、雪或是霰，有時也會出現黑冰，因為露水
濕氣或是霧凝結在路面上的水，也可能會結凍。這些由水凍結而
成的黑冰是透明的，因為封在冰裡的氣泡較少。

幾個世紀以來，科學家一直對黑冰，或是任何形式的冰，為
何是滑的感到十分好奇。1850 年 7 月，法拉第向皇家學院指出冰
之所以會滑，是因為表面上有一層看不見的液態水。為了測試他
的假說，他把兩塊冰塊壓在一起，結果它們就黏住了。於是他進
一步主張當這些非常薄的液態水一旦不在表面上時，就會結凍。

為什麼溜冰者可以在冰上溜來溜去呢？有很長一段時間，教科書上的答案是，因為冰刀施加的壓
力降低了冰的溶點，因此形成了一層薄薄的液態水。雖然目前已經沒人認為這是正確的答案，但是冰
刀和冰之間的摩擦可能會產生熱，短暫地產生一些液態的水。另外一個較新的解釋是，位於表面的水

分子，因為上方沒有其他的水分子存在，因此
震動較為激烈，造成即使溫度在冰點以下，表
面仍然會生成一層非常薄的液態水。1996 年，
化學家索摩加利用低能電子繞射法（low-energy
electron diffraction methods）證明，在冰的表面上
的確存在著一層薄薄的液態水。這似乎證明了法
拉第於 1850 年所提出的理論是正確的。今天，
科學家還不是非常地確定，究竟是這層冰本身就
有的液態水，還是摩擦所形成的液態水，對冰面
滑溜溜的影響很大。

上圖——冰的分子結構。左圖——為什麼溜冰者可以
在冰上溜來溜去呢？由於分子震動，即使溫度在冰點
以下，還是會有一層非常薄的液態水存在冰的表面上。

參照
條目　阿蒙頓摩擦力（西元 1669 年）、史托克定律（西元 1851 年）及超流體（西元 1937 年）

傅科擺

傅科（Jean Bernard Léon Foucault，西元 1819 年～西元 1868 年）

戴維斯（Harold T. Davis）說：「擺的運動，不是因為外來超自然或神祕力量，只不過是擺錘下方的地球正在轉動而已。但它又不像看起來的那麼簡單，因為一直到了 1851 年，傅科才第一次以實驗證明了這個解釋。很少有簡單的事實會拖這麼久才被發現……而這也證明了慘遭火刑的布魯諾與受盡折磨的伽利略都是無辜的。地球真的在轉動！」

1851 年，法國物理學家傅柯在萬神殿，一座位於巴黎的新古典圓頂建築中展示了他的實驗。一顆南瓜大小的鐵球懸掛在 67 公尺的鋼纜上。當擺錘擺動時，它的擺盪平面會逐漸地改變，以每小時 11 度的速率順時鐘旋轉，證明了地球確實在轉動。現在讓我們想像把萬神殿搬到北極。此時當擺錘擺動時，其振盪平面不受地球運動的影響，只有地球單純地在擺的下方旋轉。因此在北極時，擺的振盪平面會以順時針方向每 24 小時旋轉 360 度。擺的振盪平面的轉動速率與緯度有關，在赤道上，振盪平面不變。而在巴黎，擺的振盪平面旋轉一圈所需的時間大約是 32.7 小時。

當然，早在 1851 年之前，科學家就已經知道地球會自轉，但是傅科擺（Foucault's Pendulum）提供了一個非常簡單而生動的證明。傅科這樣形容他所設計的擺：「事情就這樣安靜的發生，但它不可抗拒，也無法停止……來到這個擺面前的人，在安靜地停留一會後，都帶著沉思的表情默然離去，然而他已深刻地體會到，我們正在太空中永無止境地移動著。」

傅科早年修習的是醫學，但後來發現自己怕血，於是轉而研究物理。

位於巴黎萬神殿的傅科擺。

參照條目 等時降落坡道（西元 1673 年）、週年紀念鐘（西元 1841 年）、白貝羅氣候定律（西元 1857 年）及牛頓擺（西元 1967 年）

史托克定律

史托克（**George Gabriel Stokes**，西元 1819 年～西元 1903 年）

　　每當我想到史托克定律（Stokes' Law of Viscosity）時，我就會聯想到洗髮精。考慮一個半徑為 r 的實心圓球，在黏度為 μ 的液體中以 v 的速度移動。愛爾蘭物理學家史托克發現，阻礙圓球前進的摩擦力 F 可以表示成：$F = 6\pi r\mu v$。注意其中拖曳力 F 與圓球半徑成正比。這並不是非常的直觀，因為有些研究者認為摩擦力令和截面積成正比，這樣一來就會誤以為 F 和成正比。

　　想像一下液體中有個小顆粒受到重力作用的情形。例如，年紀大一點的讀者可能美國的綠寶（Prell）洗髮精電視廣告裡，有個珍珠掉進裝滿綠色洗髮精的水槽裡的畫面。珍珠一開始速度為零，然後慢慢地開始加速，但是珍珠在移動時很快就會產生與加速度方向相反的摩擦阻力。當重力與摩擦力達到平衡時，珍珠就會達到零加速度的狀態（**終端速度**，Terminal Velocity）。

　　史托克定律在工業上的應用，主要是研究將懸浮於液體中的固體顆粒分離出來的沉降作用。通常在這類應用裡，科學家感興趣的是液體對下沉中的顆粒所施加的阻力。舉例來說，在食品工業中，沉降作用通常被用來將灰塵和沙礫從有用的原料中分離，將懸浮的結晶從液體中分離，或是將粉末從氣流中分離。研究人員利用史托克定律研究氣膠粒子，尋找藥物釋放到肺部的最佳過程。

　　在 20 世紀末，史托克定律被用來解釋為何微米尺寸的鈾顆粒能夠在大氣中停留數個小時，並播散到遙遠的距離——這可能汙染了在波灣戰爭中的士兵。砲彈上經常具有以衰變鈾製成的穿甲彈頭，當這些彈頭撞擊到坦克之類的堅硬目標時，上頭的鈾就會粉碎而成為氣膠。

上圖——史托克。左圖——大致上而言，黏度與液體的「濃稠度」與流動時的阻力有關。例如蜂蜜的黏度就比水來得高。黏度會隨著溫度而變化，因此蜂蜜加熱後會比較容易流動。

參照條目　阿基米德浮力原理（西元前 250 年）、阿蒙頓摩擦力（西元 1669 年）、滑溜溜的冰（西元 1850 年）、普阿日耶定律（西元 1840 年）、超流體（西元 1937 年）及矽膠黏土（西元 1943 年）

陀螺儀

傅科（**Jean Bernard Léon Foucault**，西元 1819 年～西元 1868 年），
波倫伯格（**Johann Gottlieb Friedrich von Bohnenberger**，西元 1765 年～西元 1831 年）

　　1897 年版的《男孩運動休閒指南》（*Every Boy's Book of Sport and Pastime*）裡寫道：「有人說陀螺儀（Gyroscope）是力學上的悖論：當圓盤不轉動時，這個裝置什麼也不是；但一旦圓盤開始快速地轉動，連重力也拿它沒轍；把它拿在手上時，你會有種奇怪的感覺：它總是不照你期望的方向動，彷彿它是有生命的。」

　　傅科在 1852 年第一次使用了「陀螺儀」這個詞，這位法國物理學家曾利用陀螺儀進行過許多實驗，有時候甚至被當成是陀螺儀的發明者。但事實上，德國數學家波倫柏格才是發明了這個含有轉動圓球陀螺儀的人。傳統的機械式陀螺儀是由沉重的轉盤懸掛在支撐的內環架（gimbal）上所組成。當圓盤轉動時，陀螺儀擁有極佳的穩定性，且因為角動量守恆使得轉動軸維持不變（旋轉物體的角動量向量與旋轉軸平行）。例如若陀螺儀在內環架上轉動且指向某個特定的方向時，無論內環架如何改變方向，轉盤軸的空間指向都不會改變。由於這個特性，在磁羅盤無法使用（例如哈柏太空望遠鏡上）或不夠精確的地方（例如洲際彈道飛彈上），就需要以陀螺儀來導航。飛機上的導航系統也使用了許多陀螺儀。陀螺儀對抗外部運動的特性，使得它很適合裝設在太空船上，以維持預定的航向。這種持續指向某特定方向的特性也可見於陀螺、腳踏車的輪子，甚至是地球的自轉。

迪姆勒—佛蒙（Dumoulin-Froment）在 1852 年製作的陀螺儀。攝於巴黎的國立工藝學院博物館。

參照
條目　回力鏢（西元前兩萬年）、動量守恆（西元 1644 年）及哈伯太空望遠鏡（西元 1990 年）

螢光

史托克（**George Gabriel Stokes**，西元 1819 年～西元 1903 年）

　　小時候我收集了很多會讓我想起奧茲國（Land of Oz，《綠野仙蹤》裡虛構的國度）的綠色螢光（Stokes' Fluorescence）礦石。螢光通常是指當物體因為受到電磁輻射的激發而發出的可見光。物理學家史托克在 1852 年發現了後來被稱為史托克螢光定律（Stokes' Law of Fluorescence）的現象，這個定律說，螢光的波長必然大於激發輻射的波長。史托克將這項發現發表在 1852 年的論文〈論光線可折射度之變化〉（On the Change of Refrangibility of Light）中。今天我們有時會把原子吸收了較短波長（較高頻率）後所放出的較長波長（較低頻率）光子稱為史托克螢光。這個現象的詳細過程要視率涉到那些原子而定。通常原子吸收光線大約需要 10^{-15} 秒，吸收光線後，電子會被激發而躍遷到較高的能階。電子在激發態（excited state）會停留約 10^{-8} 秒，然後釋放能量回到基態（ground state）。史托克位移（Stokes' shift）指的就是吸收和放出的光子之間的波長或頻率差值。

　　史托克由會散發螢光的礦石——螢石（fluorite）而將這種現象命名為「螢光」。他是第一個解釋為何有些材料在照射紫外光後會發出螢光的人。今天我們知道有許多電磁輻射，包括可見光、紅外線、X 光以及無線電波，都可以用來產生螢光。

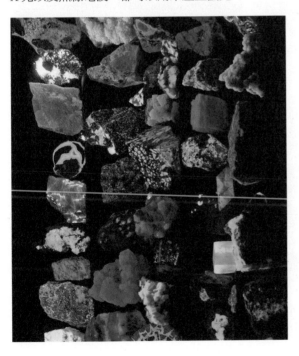

　　螢光的應用多而廣。放電現象會造成日光燈（fluorescent light）裡的水銀原子放出紫外光，激發鍍在燈管上的螢光材料而重新釋放出可見光。在生物學上，螢光染料被用來標記追蹤分子。磷光材料也會將吸收的輻射重新釋放出來，但花費的時間較久。

上圖——省電燈炮。左圖——各種在 UV-A、UV-B 以及 UV-C 照射下會發出螢光的礦石。

參照條目　聖艾爾摩之火（西元 78 年）、黑光燈（西元 1903 年）、霓虹燈（西元 1923 年）、雅各的天梯（西元 1931 年）及原子鐘（西元 1955 年）

白貝羅氣候定律

白貝羅（**Christophorus Henricus Diedericus Buys Ballot**，西元 1817 年～西元 1890 年）

你可以像我一樣，在風大的時候走到外頭，然後神奇的指出低氣壓所在的方位，應該會在你朋友的面前留下深刻的印象。以荷蘭科學家白貝羅來命名的白貝羅氣候定律（Buys-Ballot's Weather Law）告訴我們，在北半球，如果你背對著風，那低氣壓的位置應該會在你的左手邊。也就是說，在北半球，風是環繞著低氣壓沿逆時針的方向吹（在南半球則是沿順時針的方向吹）。白貝羅氣候定律還告訴我們，在離地表夠遠，不受空氣與地表之間摩擦力影響的高度，風的方向會與壓力的梯度垂直。

地球的氣候受到許多地球特性的影響，例如地球接近圓球的形狀、所有在地表或地表上空運動的物體都會受其影響的科氏力（Coriolis Effect），以及會受到地球自轉影響而側向漂移的洋流。通常靠近赤道的空氣，移動的速度會比遠離赤道的空氣快，因為赤道上方的空氣離地球自轉軸的距離較遠。你可以想像一下，同樣都在一天之內轉一圈，離自動軸較遠的空氣，移動的速度一定會比高緯度地區，離自轉軸較近的空氣快。因此，當北方有個低氣壓系統存在時，它將會吸引南邊那些移動速度較快的空氣，因為北邊的地表往東移動的速度比南邊的地表慢。這樣一來，來自南邊的空氣，就會因為速度較快而往東吹送，造成在北半球，空氣在環繞著低氣壓移動時總是呈逆時針方向。

上圖——白貝羅。右圖——卡翠娜颶風，2005 年 8 月 28 日。人們可以在地面上藉由白貝羅氣候定律估計颶風眼的大約方位和移動的方向。

 參照條目　氣壓計（西元 1643 年）、波以耳氣體定律（西元 1662 年）、白努利定律（西元 1738 年）、曲球（西元 1870 年）及最快的龍捲風（西元 1999 年）

氣體運動論

馬克士威爾（**James Clerk Maxwell**，西元 1831 年～西元 1879 年），
波茲曼（**Ludwig Eduard Boltzmann**，西元 1844 年～西元 1906 年）

想像一下有個薄薄的塑膠袋裡裝滿了嗡嗡叫的蜜蜂，這些蜜蜂隨機地與其他蜜蜂或是塑膠袋碰撞。當蜜蜂以較快的速度碰撞到塑膠袋時，就會對塑膠袋產生較大的撞擊力，而使得塑膠袋鼓得更大。這裡的蜜蜂就如同氣體中的分子和原子。而氣體運動論（Kinetic Theory）就是嘗試以這些不停地在運動的微小粒子來解釋壓力、體積以及溫度等巨觀的氣體特性的理論。

根據氣體運動論，溫度與容器內的粒子速度有關，而壓力則是來自於這些粒子與器壁的碰撞。當滿足某些假設條件後，氣體運動論最簡單的版本也最為精確。這些假設包括氣體是由許多微小，往隨機的方向運動且大小相同的粒子所組成；以及這些粒子與其他粒子或器壁碰撞時，必須是彈性碰撞，且沒有涉及其他種類的作用力等。另外，粒子之間的平均距離必須要夠大。

在 1859 年左右，物理學家馬克士威爾利用統計的方法，將氣體粒子在容器的速度分布表示為溫度的函數。當溫度上升時，氣體分子的速度也會增加。馬克士威爾也考慮了分子的運動與氣體的黏滯與擴散特性之間的關係。物理學家波茲曼在 1868 年將馬克士威爾的理論推廣，而得到馬克士威爾－波茲曼分布定律（Maxwell-Boltzmann distribution law），這個定律告訴我們溫度與粒子速度的機率分布之間的關係。有趣的是，當時的科學家還在爭論原子到底存不存在。

我們在日常生活中每天都會碰到氣體運動論。例如我們幫輪胎或是氣球打氣時，當我們持續把氣體分子灌進封閉的空間中，氣體分子與該空間的內側就會產生比外側更多的碰撞，而讓該密閉空間膨脹。

根據氣體運動論，當我們在吹泡泡時，把更多氣體分子注入封閉的空間，使得氣體分子與泡泡的內側就會產生比外側更多的碰撞，而讓泡泡膨脹起來。

參照條目 查爾斯氣體定律（西元 1787 年）、原子論（西元 1808 年）、亞佛加厥氣體定律（西元 1811 年）、布朗運動（西元 1827 年）及波茲曼熵方程式（西元 1875 年）

馬克士威爾方程式

馬克士威爾（**James Clerk Maxwell**，西元 1831 年～西元 1879 年）

費曼（Richard Feynman）說：「把時間拉長，比如說一萬年後來看人類的歷史，整個十九世紀最重要的事件肯定是馬克士威爾所發現的電動力學定律。同一個時代的美國南北戰爭，與這個重要的科學發現相比之下，就相形失色而無關緊要。」

馬克士威爾方程式（Maxwell's Equations）通常是指一組由四條描述電場與磁場行為的著名方程式所組成。這些方程式告訴我們，電荷會產生電場，而磁荷（magnetic charge）並不存在。這些方程式還描述電流如何產生磁場以及磁場的變化如何產生電流。如果我們以 E 表示電場，B 表示磁場，ε_0 表示電常數（electric constant），μ_0 表示磁常數（magnetic constant），J 表示電流密度，則馬克士威爾方程式可以寫為：

$$\nabla \cdot E = \frac{\rho}{\varepsilon_0}$$ 高斯電學定律

$$\nabla \cdot B = 0$$ 高斯磁定律（磁單荷不存在）

$$\nabla \times E = -\frac{\partial B}{\partial t}$$ 法拉第電磁感應定律

$$\nabla \times B = \mu_0 J + \mu_0 \varepsilon_0 \frac{\partial E}{\partial t}$$ 馬克士威爾－安培定律

這些方程式是如此地簡潔，以至於愛因斯坦認為馬克士威爾的成就足以與牛頓比擬。此外，這些方程式還預測了電磁波的存在。

哲學家羅伯克里斯（Robert P. Crease）在提到馬克士威爾方程式的重要性時說：「雖然馬克士威爾方程式並不複雜，但是它成功地重整了我們對自然的認知，將電與磁整合在一起，並且連結了幾何、拓樸和物理，對我們了解周遭的世界至為重要。而且身為第一組場方程式，它不只向物理學家們展示了研究物理學的新方向，也帶領他們走出統合自然界所有基礎作用力的第一步。」

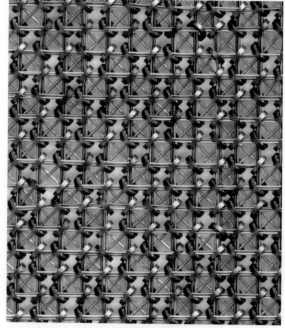

上圖──馬克士威爾夫婦。右圖──1960 年代電腦中的磁芯記憶體（core memory）應用了馬克士威爾方程式中的安培定律，安培定律描述當電流通過導線時，如何在導線的周圍產生磁場，造成甜甜圈狀磁芯改變磁化方向。

參照條目 安培定律（西元 1825 年）、法拉第電磁感應定律（西元 1831 年）、高斯和磁單極子（西元 1835 年）及萬有理論（西元 1984 年）

西元 1864 年

電磁頻譜

赫歇爾（Frederick William Herschel，西元 1738 年～西元 1822 年），
瑞特（Johann Wilhelm Ritter，西元 1776 年～西元 1810 年），
馬克士威爾（James Clerk Maxwell，西元 1831 年～西元 1879 年），
赫茲（Heinrich Rudolf Hertz，西元 1857 年～西元 1894 年）

電磁頻譜（Electromagnetic Spectrum）指的是電磁輻射所有可能的頻率。電磁輻射是能夠在真空中傳遞的能量波，其中包含振盪方向相互垂直的電場與磁場分量。依頻率的不同，可以將頻譜區分成許多不同的譜域，隨著頻率的增加（波長變短）依序為無線電波、微波、紅外線、可見光、紫外線、X光與伽瑪射線。

可見光的波長在 4000 到 7000 埃（angstrom）之間，一埃相當於 10^{-10} 公尺。在發射塔上來回移動的電子可以產生無線電波，其波長的範圍從幾英尺到幾英里。如果我們把電磁頻譜表示成一台可彈 30 個八度音的鋼琴，電磁輻射的波長每經過一個八度音階就加倍，則可見光的範圍還不到一個完整的八度音階。而如果我們要把以現有儀器所偵測到的輻射通通加入頻譜中的話，那麼這台鋼琴至少還要再追加 20 個八度音階。

外星人所能感知的頻譜範圍可能遠超過人類。即使是地球上，也有一些生物的感知範圍比人類廣。例如響尾蛇身上就可以藉由感測紅外線來了解周遭環境熱的分布情形。對我們來說，雄性和雌性的印度月蛾（Indian luna moths）看起來都是淡綠色的沒什麼差別，但是印度月蛾可以感測到紫外線，因此對牠們來說，雌性看起來與雄性不同。當印度月蛾停留在綠色的葉子上時，其他生物可能不容易發現

牠們，但是這些偽裝難不倒牠們，相反地，在牠們自己的眼中看來，對方正閃閃發亮。蜜蜂同樣可以感測到紫外線，事實上，許多花朵具有蜜蜂才看的見的美麗圖案，目的正是為了吸引蜜蜂。這些吸引人的複雜圖案完全地隱藏在人類的感知系統之外。

這一節開頭所列的物理學家，對電磁頻譜的建構都扮演了重要的角色。

對我們來說，雄性和雌性的印度月蛾看起來都是淡綠色的沒什麼差別，但是印度月蛾可以感測到紫外線，對牠們來說，雌雄大不同。

參照條目　牛頓的稜鏡（西元 1672 年）、光的波動性（西元 1801 年）、夫朗霍斐線（西元 1814 年）、布魯斯特光學（西元 1815 年）、螢光（西元 1852 年）、X 光（西元 1895 年）、黑光燈（西元 1903 年）、宇宙微波背景輻射（西元 1965 年）、伽瑪射線爆（西元 1967 年）及最深沉的黑（西元 2008 年）

表面張力

艾厄特沃什（**Lóránd von Eötvös**，西元 1848 年～西元 1919 年）

物理學家艾厄特沃什曾說：「詩人比科學家更能參透祕密的境界。」但是他卻以科學為工具，來了解表面張力這個在自然界中扮演了許多重要角色的複雜現象。在液體的表面上，分子會因為分子間作用力而被往內拉。艾厄特沃什發現液體的表面張力和溫度之間有項有趣的關係：$\Upsilon = k(T_0 - T)/\rho^{3/2}$。這個式子告訴我們液體的表面張力 Υ 與液體的溫度 T，液體的臨界溫度 T_0，以及密度 ρ 有關。其中的常數 k 對許多常見的液體（包括水）來說幾乎一樣。而 T_0 則是表面張力消失，也就是表面張力為 0 時的溫度。

表面張力通常是指在液體表面或是靠近液體表面的地方，由於分子力不平衡而形成的性質。由於這些向內的拉力，液體的表面會傾向收縮，而類似撐開塑膠收縮膜。有趣的是，表面張力可視為分子的表面能，其隨溫度變化的情形與液體本身的特性無關。

艾厄特沃什在進行實驗時，非常小心地避免液體受到任何汙染，因而使用將玻璃融熔的密封玻璃容器。他還利用光學方式來測量表面張力。這些靈敏的方法利用光的反射來決定液體表面的形狀。

水黽（wafer strider）之所以能行走在水的表面，就是因為表面張力讓水的表面具有類似彈性薄膜的特性。2007 年，卡內基美隆大學的研究人員打造出機械水黽，發現鍍上鐵氟龍（Teflon）的機械腳的「最佳」長度大約是 5 公分。而且由十二隻機械腳連結到 1 克重的身體上的水黽，可以支撐 9.3 克的重量。

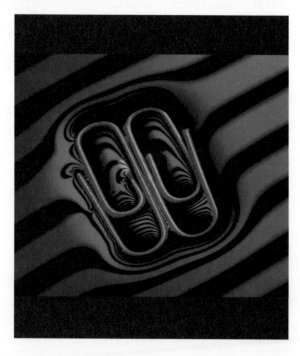

上圖——水黽。右圖——兩根浮在水面上的迴紋針。投射出來的彩色條紋顯示出水面的輪廓。表面張力讓迴紋針得以浮在水面上。

參照條目　史托克定律（西元 1851 年）、超流體（西元 1937 年）及熔岩燈（西元 1963 年）

西元 1866 年

黃色炸藥

諾貝爾（Alfred Bernhard Nobel，西元 1833 年～西元 1896 年）

波恩（Stephen Bown）說：「從文明初始就一直努力想駕馭火的破壞力。雖然火藥的確帶來了社會的變革，推翻了封建社會，形成了新的軍事架構……但是徹底扭轉世界的炸藥，其真正的偉大紀元，乃是始於 1860 年代體弱多病的瑞典化學家諾貝爾的一個非凡直覺。」

硝化甘油（Nitroglycerin）發明於 1846 年左右，這是一種強力爆裂物，很容易就引爆而造成人命的傷亡。事實上，諾貝爾位於瑞典的工廠，就曾經在 1864 年發生爆炸而奪走了五條人命，包括他的弟弟艾米爾（Emil），瑞典政府也因此而禁止諾貝爾重建他的工廠。1866 年，諾貝爾發現把硝化甘油和一種由微細的石粉組成的矽藻土（kieselguhr）混合後，就可以形成遠比硝化甘油穩定的炸藥原料。諾貝爾在一年後以這種配方申請了專利，並且將它命名為黃色炸藥。黃色炸藥主要用在礦業和建築業，但是也被拿來用於戰爭。第一次世界大戰中，許多駐紮在加里波底（Gallipoli）的英國士兵就曾在果醬罐頭（真的裝過果醬的空罐）中填充黃色炸藥和碎鐵片來製作炸彈。這些炸彈都裝設了引爆用的引信。

諾貝爾從來都不想讓這些炸藥用於戰爭中。事實上，他最主要的目的是希望讓硝化甘油變得更安全。身為一個和平主義者，他相信黃色炸藥能夠很快地結束戰爭，或是黃色炸藥的威力能夠阻止戰爭的發生——因為後果太過可怕。

今天，諾貝爾因為以他遺產所設立的諾貝爾獎而聞名於世。研究網站 Bookrags 的員工寫道：「許多人都觀察到一個諷刺的事實，諾貝爾以黃色炸藥的專利、製造以及其他的發明所累積的數百萬美元財富，設立了希望能頒給那些『在未來能夠為全人類帶來最大福祉的人』。」

黃色炸藥有時會用在露天採礦上。用來提供建築材料與石材的露天礦，有時也被稱為採石場。

參照
條目　小男孩原子彈（西元 1945 年）

馬克士威爾惡魔

馬克士威爾（**James Clerk Maxwell**，西元 1831 年～西元 1879 年），
布里安（**Léon Nicolas Brillouin**，西元 1889 年～西元 1969 年）

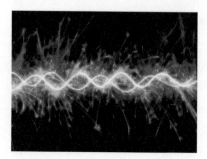

物理學家哈維利夫（Harvey Leff）和安德魯雷克斯（Andrew Rex）說：「馬克士威爾惡魔（Maxwell's Demon）其實只是個簡單的概念，但是它對一些最聰明的科學家提出了挑戰，而與它有關的文獻遍及熱力學、統計物理學、量子力學、資訊理論、模控學、運算極限、生物科學以及科學史與科學哲學。」

馬克士威爾惡魔是個假想的智慧體，最早是由蘇格蘭物理學家馬克士威爾所提出，用來說明違反**熱力學第二定律**的可能性。熱力學第二定律早期的一種版本說，在一個孤立系統中，熵或亂度的總和，會持續增加到趨近某個最大值。而且這種性質會使得熱無法自然地從冷的物體流到熱的物體。

在說明馬克士威爾惡魔時，先想像有兩個容器 A 與 B，中間以一個小洞連接起來，容器中的氣體溫度相同。馬克士威爾的惡魔可以控制讓單獨分子在兩容器間通行。而且，惡魔還可以讓速度較快的分子只能從 A 進到 B，讓速度較慢的分子只能從 B 進到 A。這樣一來惡魔就可以讓 B 容器內含有較高的動能（或熱），這些能量可以可以推動某些裝置，當作動力的來源。這個想法看起來像是熱力學第二定律的一個漏洞。這個小生命，不管是它是活的或是機械，利用了分子運動的隨機與統計特性來減少熵。如果有個瘋狂科學家能夠創造出這種個體，那麼這個世界將擁有取之不竭的能源。

馬克士威爾惡魔的其中一種「解法」，是法國物理學家布里安在 1950 年左右所提出。布里安和其他的科學家證明，惡魔為了隔開快慢分子，必須要進行觀察並執行開關的動作，而這些過程中所產生的熵將會超過它所減少的熵。惡魔同樣需要能量來運作。

上圖──馬克士威爾的惡魔可以把熱的粒子和冷的粒子（分別以紅色和藍色來表示）分隔開來。它能提供我們取之不竭的能源嗎？右圖──馬克士威爾惡魔的想像圖，它讓速度快的分子（橘色）聚集在某個區域，速度慢的分子（藍色）聚集在另一個區域。

參照條目　永動機（西元 1150 年）、拉普拉斯惡魔（西元 1814 年）及熱力學第二定律（西元 1850 年）

發現氦氣

讓森（Pierre Jules César Janssen，西元 1824 年～西元 1907 年），
洛克伊爾（Joseph Norman Lockyer，西元 1836 年～西元 1920 年），
藍塞（William Ramsay，西元 1852 年～西元 1916 年）

大衛和李察葛芬可（David and Richard Garfinkle）說：「現在看來或許會覺得不可思議，畢竟每個小孩的生日派對上都看得到這些氦氣填充的氣球，但是在當時（1868 年）氦氣的神祕，就如同暗物質之於今天的我們。這是一種過去在地球上從未發現過的物質，只在太陽裡，而且是間接地藉由光譜，才看過它。」

發現氦氣確實值得大書一筆，因為它是第一種先在地球之外發現，後來才在地球上發現的化學物質。雖然宇宙中含有大量的氦氣，但是人類歷史很長時間對這種物質都一無所知。

氦氣是惰性、無色、無味且在所有元素中，沸點與溶點最低。它是僅次於氫氣，宇宙中含量第二的元素，佔星系星體大約百分之二十四的質量。氦氣是天文學家讓森和洛克伊爾在 1868 年觀察到一條太陽光中的未知特徵譜線而發現。但是一直到 1895 年，英國化學家藍塞爵士才在一個富含鈾的放射性礦脈中發現地球上也有氦。1903 年，美國的天然氣油田中發現了大量的氦。

由於氦的溶點非常低，因此液態氦在磁振造影（MRI）中，被拿來做超導磁體的標準冷卻劑。在極低溫下，液態氦具有超流體（superfluid）的特殊性質。氦氣對深海潛水員（防止過多的氧氣進入腦部）或是焊接機（降低在高溫下的氧化程度）來說也很重要。氦也被用在火箭發射、雷射、氣象氣球以及測漏等應用上。

宇宙中大多數的氦都是形成於大霹靂的氦 4 同位素，包括了兩個質子、兩個中子和兩個電子。小部分的氦是因為恆星中氫的核融合所生成。氦在大氣中的含量非常低，就如填充了氦氣的氣球會往上飛一樣，大多數的氦氣都會逸散到太空中。

美國海軍的薛藍德號飛船（USS Shenandoah, ZR-1）在 1927 年左右飛過紐約上空。薛藍德號是第一艘填充氦氣而非易燃的氫氣的飛船。

參照條目 大霹靂（西元前一百三十七億年）、保溫瓶（西元 1892 年）、超導（西元 1911 年）、超流體（西元 1937 年）及核磁共振（西元 1938 年）

曲球

戈登史密斯（Fredrick Ernest Goldsmith，西元 1856 年～西元 1939 年），
馬格努斯（Heinrich Gustav Magnus，西元 1802 年～西元 1870 年）

《棒球物理學》（*The Physics of Baseball*）的作者艾達爾（Robert Adair）說：「在投手把球投出去之前的動作是投球藝術的一部分；但是當球離開了投手的手中後……就必須遵守物理定律。」曲球是不是真的會往下掉或只是視覺上的錯覺？

雖然不可能確切地知道曲球到底是哪個球員發明的，但一般同意第一顆有紀錄的曲球，是在 1870 年的 8 月 16 由職業球員戈登史密斯於紐約布魯克林所投出。許多年後，針對曲球的物理研究證明，如果提供球一個上旋力，讓球向著投出的方向旋轉，球就會大幅地偏離其原本的飛行軌跡。尤其是曲球的四周會有一層空氣像漩渦一樣跟著球一起旋轉，而且靠近球下方的空氣層轉動的速度比靠近球上方的空氣層快，因此上方的渦流會形成球前進時的阻力。根據白努利定律，當空氣或液體流動時，會形成一個與流速有關的低壓區。就是這種球上下方的壓力差造成球在接近打擊者時，形成往下掉的軌跡。和不旋轉的球的軌跡相比，曲球往下掉的「落差」可達 20 吋。德國物理學家馬格努斯（Heinrich Magnus）在 1852 年描述了這個效應。

1949 年，工程師勞夫萊福特（Ralph Lightfoot）利用風洞證明了曲球真的會轉彎。但是視覺上的錯覺增強了曲球的效果，因為曲球在靠近本壘板時會轉向打者的視覺死角，而球的轉動也干擾了打者對球軌跡的判斷，讓曲球看起來就像突然往下掉一樣。

曲球的四周會有一層空氣像漩渦一樣跟著球一起旋轉，造成球的上方和下方產生壓力差。這個壓力差會讓球在接近打者時形成往下掉的軌跡。

 參照條目 火炮（西元 1132 年）、白努利定律（西元 1738 年）、高球小酒窩（西元 1905 年）及終端速度（西元 1960 年）

瑞利散射

瑞利（**John William Strutt, 3rd Baron Rayleigh**，西元 1842 年～西元 1919 年）

　　蘇格蘭詩人麥克唐納（George MacDonald）曾經在 1868 年寫道：「當我凝視藍色的天空，它是如此深邃、平靜，神祕而溫柔。我想我可以一直倚著它，直到慈愛的上帝出現在我的眼前。」一直以來，科學家與一般人都對為何天空是藍的，而夕陽又為何如同燃燒般的火紅充滿好奇。直到 1871 年，瑞利爵士發表的一篇論文，終於為這個問題提供了答案。前面提過，太陽的白光事實上是由許多種顏色的光所組成的，我們可以藉由簡單的玻璃稜鏡把這些光分出來。瑞利散射（Rayleigh Scattering）指的是陽光在碰到大氣中的氣體分子以及微觀尺度下的密度不均時所形成的散射現象。且陽光散射的角度與其波長的四次方成反比。這表示藍光的散射角，比其他的顏色，如紅色，都來得大，因為藍光的波長較短。由於藍光在大氣中會受到強烈的散射，因此我們在地球上看到的天空是藍的。有趣的是，天空之所以看起來不是紫色（雖然紫光的波長比藍光更短）的部分原因是陽光的光譜中，藍光佔的比例比紫光高，而且我們的眼睛對於藍光較為敏感。

　　當太陽在靠近地平線的位置時（例如日落時分），陽光抵達觀察者所需穿過的大氣距離比天空更長，因此更多藍光在抵達觀察者之前就散射掉，造成長波長的顏色主宰了日落時的景象。

　　瑞利散射適用於大氣中的氣體分子其半徑小於光線波長十分之一的粒子。當大氣中存在許多更大的粒子時，則必須使用其他的物理定律來解釋。

幾個世紀以來，科學家與一般人都對為何天空是藍的，而夕陽又為何如同燃燒般的火紅充滿好奇。直到 1871 年，瑞利爵士才發表一篇論文，為這個問題提供了解答。

參照條目 彩虹（西元 1304 年）、北極光（西元 1621 年）、牛頓的稜鏡（西元 1672 年）、溫室效應（西元 1824 年）及綠閃光（西元 1882 年）

輻射計

克魯克斯（William Crookes，西元 1832 年～西元 1919 年）

　　小時候，我的窗台上排列著三座光磨坊（light mill），它們的葉片有如被施了魔法一般，不停地轉動。為了解釋這些光磨坊轉動的原因，科學家爭論了幾十年，連傑出的物理學家馬克士威爾，一開始都對磨坊的運作機制感到困惑。

　　又稱為光磨坊的克魯克斯輻射計（Crookes Radiometer），是由英國物理學家克魯克斯在 1873 年所發明。光磨坊包括一個抽走部分空氣的玻璃球泡，球泡內放置四個連接在轉軸上葉片。每個葉片的其中一面都是黑的，另一面則是亮的或白的。照光時，葉片的黑色面因為吸收了光子，溫度變得比白色面高，於是驅動葉片開始轉動，以使黑色面離開光源。當光線越強時，轉動的速度就越快。當球泡內的真空度太高時，葉片就無法轉動，這表示球泡內的氣體分子是光磨坊之所以能夠轉動的主因。除此之外，如果沒有把球泡內的氣體抽掉一些的話，太多的空氣阻力也會阻礙葉片的轉動。

　　起初克魯克斯認為，讓葉片轉動的力量來自於光線照射在葉片上所形成的光壓，而馬克士威爾一開始也同意這樣的假設。但是後來發現，在高真空之下葉片並不會轉動，因此這個理論顯然不太正確。另外，如果是光壓造成轉動的話，那麼應該會促使葉片的亮面，而不是暗面遠離光線才對。事實上，光磨坊之所以會轉動是因葉片兩側的溫度差，造成氣體分子的運動所產生的現象。其中的機制牽涉到一種稱為熱發散的過程：氣體分子從較冷的哪一側沿著葉片的邊緣移動到較熱的那一側時，會造成壓力差。

上圖——克魯克斯像。翻攝自湯姆森（J. Arthur Thomson）所著的《科學概論》（The Outline of Science）。右圖——輻射計，又稱光磨坊。包括一個抽走部分空氣的玻璃球泡，球泡內放置四個連接在轉軸上葉片。當光照射輻射計時，葉片會開始轉動。

 參照條目 永動機（西元 1150 年）及喝水鳥（西元 1945 年）

西元 1875 年

波茲曼熵方程式

波茲曼（**Ludwig Eduard Boltzmann**，西元 1844 年～西元 1906 年）

　　有句諺語說：「一滴墨水可啟發百萬人思考。」奧地利物理學家波茲曼熱愛統計熱力學，這是一門利用數學來處理含有大量粒子的系統（例如水中的墨水分子）的科學。波茲曼在 1875 年提出了一條熵 S（entropy，或系統的亂度）與系統中可能的狀態數目 W 的簡潔關係式：S ＝ k・logW。其中 k 是波茲曼常數（Boltzmann constant）。

　　讓我們考慮一下把一滴墨水滴進水中的例子。根據**氣體運動論**，分子會持續地進行隨機運動，並且不斷地改變排列的方式。假設所有可能的排列方式都具有相同的機率，由於墨水分子排列成一滴聚集在一起的樣子，機率很低，因此通常我們看不到「一滴墨水」。墨水之所以會自發地與水混合，是因為混和後的排列方式遠多於未混合的排列方式。自發過程會發生是因為它會產生最有可能發生的最終狀態。利用這條方程式，我們可以算出熵，而且了解，為何可能存在的狀態越多時，熵的值就越高。機率高的狀態（例如墨水混合後的狀態）具有很高的熵值，而自發過程會產生熵值最高的最終狀態，這就是描述**熱力學第二定律**的另一種方式。以熱力學的術語來說的話，許多微觀狀態 W（microstate）的總數目會形成一個特定的巨觀狀態（macrostate）——在本文的例子，就是墨水與一杯水混合之後的狀態。

　　波茲曼藉由分子在系統中的狀態來推導熱力學的想法，對今天的我們來說顯得非常自然，但是在當時，原子的概念卻受到許多物理學家的質疑。由於他不斷地與其他物理學家爭吵，再加上患有躁鬱症，讓波茲曼在 1906 年與妻女度假的途中選擇了自殺。他所發現的這條著名方程式就刻在位於維也納的墓碑上。

上圖——波茲曼。左圖——想像所有墨水分子與水分子的各種可能排列方式其機率都相等。由於墨水分子排列成一整滴聚在一起的樣子機率很低，因此把墨水滴入水中後，我們將看不到「一整滴墨水」。

參照條目　布朗運動（西元 1827 年）、熱力學第二定律（西元 1850 年）及氣體運動論（西元 1859 年）

白熾燈泡

史旺（Joseph Wilson Swan，西元 1828 年～西元 1914 年），
愛迪生（Thomas Alva Edison，西元 1847 年～西元 1931 年）

以發明燈泡而著名的美國發明家愛迪生曾說過：「發明需要有好的想像力及一堆垃圾。」愛迪生不是唯一一個發明了白熾燈泡（Incandescent Light Bulb，以熱來發射光線的光源）的人。跟他同樣著名的發明者還包括英國的史旺。然而愛迪生之所以最為人所記得是因為他還致力於推廣長效的燈絲、真空度更高的燈泡，以及可讓燈泡實際用於建築物、街道與社區中的輸電系統。

在白熾燈泡中，電流通過燈絲使燈絲變熱而發出光。玻璃的外罩可以防止空氣中的氧氣氧化並破壞高溫的燈絲。而其中最大的挑戰之一就是找到最適合拿來做燈絲的材料。愛迪生使用的竹炭燈絲可以發光超過 1200 小時。今天的燈泡所使用的燈絲多半是以鎢製成，而且燈泡內會充填氬等鈍氣來減少燈絲材料的蒸發。線圈狀的燈絲可以增加效率，標準 60 瓦 120 伏燈泡中的燈絲長度為 58 公分。

如果燈泡在低電壓下操作，它可以撐上非常久的時間。例如加州消防局有個百年燈泡，已經幾乎連續地從 1901 年點亮到現在。一般而言，白熾燈泡的效率很低，大約有百分之九十的能量被轉換成熱而非可見光。雖然今天有些效率較高的燈泡（例如使用螢光的省電燈泡）已經開始取代白熾燈泡，但過去取代了會產生黑煙且較危險的煤油燈與蠟燭的白熾燈泡，的確永遠地改變了世界。

使用竹炭線圈來作為燈絲的愛迪生燈泡。

參照
條目　焦耳電熱定律（西元 1840 年）、螢光（西元 1852 年）、歐姆定律（西元 1827 年）、黑光燈（西元 1903 年）及真空管（西元 1906 年）

電漿

克魯克斯（**William Crookes**，西元 1832 年～西元 1919 年）

電漿（Plasma）是離子化的氣體，因此電漿裡包含了自由電子與離子（失去了電子的原子）。產生電漿需要能量，而能量有許多種提供方式，包括熱、輻射或是電。舉例來說，當氣體被加熱到夠高的溫度時，原子會互相碰撞，並且把電子敲擊出來，而形成電漿。電漿與氣體一樣，除非被限制在密閉的容器中，否則並沒不具有特定的形狀。與一般氣體不同的是，磁場可以讓電漿形成許多特殊的結構，像是燈絲狀、細胞狀、層狀以及其他更複雜的圖案。而且電漿中具有許多在一般氣體中並沒有的波動行為。

英國物理學家克魯克斯在 1879 年以一種稱克魯克斯管（Crookes tube）的部分真空放電管進行實驗時，首次發現了電漿。有趣的是，電漿其實是最常見的物質態，比固體、液體或氣體都還要常見。恆星就是由這種「物質的第四態」所組成。在地球上，會產生電漿的常見例子有日光燈、電漿電視、霓虹燈以及閃電。地球大氣最外圈的電離層（ionosphere）就是因為太陽輻射而產生的電漿，這層電離層非常地重要，因為它會影響地球上的無線通訊。

電漿研究用到各種電漿氣體、溫度以及密度，其應用的領域從天文物理一直到核融合。電漿中的帶電粒子距離很短，因此這些粒子會彼此影響對方的行為。電漿電視中的氙（xenon）與氖（neon）原子受到激發時會釋放出光子。這些光子中有些屬於紫外光（肉眼看不到），紫外光再與螢光粉產生作用而釋放出可見光。電漿顯示器中的每個像素都由更小的像素所組成，其中分別含有可發出綠光、紅光與藍光的螢光粉。

電漿球裡面會形成燈絲狀等複雜的現象。這些美麗的顏色是電子從激發態回到能量較低的能量態時所放出。

參照條目　聖艾爾摩之火（西元 78 年）、霓虹燈（西元 1923 年）、雅各的天梯（西元 1931 年）、聲光效應（西元 1934 年）、環磁機（西元 1956 年）及高頻主動極光研究計畫（西元 2007 年）

霍爾效應

霍爾（**Edwin Herbert Hall**，西元 1855 年～西元 1938 年），
克利青（**Klaus von Klitzing**，西元 1943 年生）

　　1879 年，美國物理學家霍爾把一塊矩形的金箔放置在一個垂直於金箔的強烈磁場中。讓我們假設 x 與 x' 分別是矩形的兩平行邊，y 與 y' 分別是矩形的另外一組平行邊。霍爾將電池的兩端分別接到 x 與 x' 以產生 x 方向的電流。結果他發現，這時候 y 與 y' 之間會產生一個微小的電壓差，而這個電壓差的大小與磁場的強度 B_z 和電流的乘積成正比。有好長一段時間，霍爾效應（Hall Effect）所產生的電壓並沒有什麼實際的應用，因為它的值很小。但在到了二十世紀後半，霍爾效應開始被使用到無數的研發領域上。而在霍爾發現這個微小電壓的十八年後，科學家才發現了電子。

　　霍爾係數 R_H 的定義為 $R_H = E_y / (j_x B_z)$，其中 E_y 是感應電場（induced electric field），j_x 是電流密度。在 y 方向所產生的電壓除以電流就是所謂的霍爾電阻（Hall Resistance）。霍爾係數和霍爾電阻都是材料本身的特性，因此霍爾效應在測量磁場或是載子密度（carrier density）時非常有用。這裡我們用載子（carrier）這個詞而不用電子的原因是，電子以外的帶電粒子也可以傳遞電流，例如我們把帶正電的載子稱呼為電洞（holes）。

　　今天霍爾效應被廣泛地用在各種磁場感應器上，用途從流量計到壓力計與汽車的點火正時系統等。1980 年，德國物理學家克利青發現了量子霍爾效應，他發現在強大的磁場與低溫下，霍爾電阻具離散的數值。

高階的漆彈槍使用了霍爾效應感測器來
提供非常短的扳機觸發距離，以利進行
高速的射擊。

參照
條目　法拉第電磁感應定律（西元 1831 年）、壓電效應（西元 1880 年）及居禮定律（西元 1895 年）

西元 1880 年

壓電效應

雅克・居禮（**Paul-Jacques Curie**，西元 1856 年～西元 1941 年），
皮耶・居禮（**Pierre Curie**，西元 1859 年～西元 1906 年）

　　「每個（科學上的）發現，無論有多麼微小，都會永遠地為人類帶來益處。」這是法國物理學家皮耶居禮，在他們結婚的一年前寫給居禮夫人的信，希望與她一起追求「我們的科學夢想」。皮耶・居禮從年輕時就非常地熱愛數學，特別是空間幾何，這對他後來研究結晶學很有幫助。1880 年，皮耶和他的哥哥雅各證明，某些種類的結晶在受到壓迫時會產生電流，一種今天我們稱為壓電效應（Piezoelectric Effect）。當時他們所使用的材料包括了電氣石、石英與黃玉。1881 年，這對兄弟又證明了逆向：電場會讓某些晶體產生形變。雖然這種形變量很小，但是後來發現我們可以用它來產生與偵測聲音，或是進行光學元件的對焦。壓電效應可以用在唱頭、麥克風以及超音波潛艇探測器。今天的電子打火機，也是壓電晶體所產生的電壓來點燃來自打火機內的氣體。美國軍方曾還曾經試把壓電材料放到士兵的靴子裡，以在戰場上產生電力。在壓電式麥克風裡，聲波傳遞到壓電材料上後，會產生電壓的變化。

　　科學作家麥卡錫（Wil McCarthy）這樣解釋壓電現象中的分子機制：「壓力會使得原本中性的分子或粒子變成部分帶正電部分帶負電，形成偶極（dipole），而增加材料的跨壓。」在古老的唱盤裡，唱針在唱片溝槽間滑動，當以羅氏鹽（Rochelle salt，酒石酸鉀鈉）製成的唱針變形時，就會產生電壓，最後轉換成聲音。

　　有趣的是，構成人體骨骼的材質同樣具有壓電效應，而壓電效應所產生的電壓可能會影響骨骼的形成和發育，以及機械負荷對骨骼的效應。

電子打火機裡也使用了壓電晶體。按下按鈕後，撞槌會敲擊晶體產生電流，通過火花間隙，將瓦斯點燃。

參照條目　摩擦發光（西元 1620 年）及霍爾效應（西元 1879 年）

軍用大號

軍用大號（War Tubas）是聲波定位器（acoustic locator）的別名，這些外表看起來有點滑稽的裝置曾經在戰爭史上扮演了關鍵的角色。在第一次世界大戰中期到第二次世界大戰早期之間，這些裝置的主要用途是標定飛機和火砲。在 1930 年代雷達（使用電磁波的偵測系統）發明後，這些神奇的裝置大多數都遭到淘汰。但是有時仍然會拿它們來誤導敵軍（例如讓德軍誤認為該處沒有雷達）或是在雷達受干擾時使用。到了 1941 年，美軍都還曾經在菲律賓的克里基多島上藉由聲波定位器偵測到日軍的第一波攻擊。

聲波定位器在這段期間內發展出許多型式，小自單人使用有如固定在肩膀上的喇叭的聲向測定儀（topophone），大到裝在板車上由多人操作的巨大喇叭組都有。其中的德軍版（Ringtrichterrichtungshoerer，意為環形號角聲波方向偵測器）曾經在二戰期間用來協助探照燈在夜間對飛機進行初步的瞄準。

1918 年 12 月號的《通俗科學》雜誌曾經報導過聲波定位器如何在一天日內偵測出 63 門德軍火炮的位置。這些隱藏在岩石之下的麥克風透過訊號線集中到同一個位置，由中央偵測站記錄下接收到每個聲響時的精確時刻。在標定火炮時，偵測站會記錄下砲彈飛過上方的聲音、火炮發射的聲音以及砲彈的爆炸聲。還會依照當時的大氣狀況校正音速的變化。最後，在根據偵測站的距離以及不同偵測站紀錄到相同聲音的時間差計算出火炮的位置。英軍和法軍的觀測員會據此指揮轟炸機破壞德軍的火炮陣地。有些偽裝良好的陣地在沒有聲波定位器的情形下幾乎不可能發現。

上圖——位於美國華盛頓特區波林基地的巨大雙喇叭系統（西元 1921 年）。右圖——裕仁天皇正在校閱一列聲波定位器。聲波定位器又稱為軍用大號，在雷達發明之前，這些裝置被用來標定飛機和火炮的位置。

參照條目　音叉（西元 1711 年）及聽診器（西元 1816 年）

電流計

奧斯特（**Hans Christian Orsted**，西元 1777 年～西元 1851 年），
高斯（**Johann Carl Friedrich Gauss**，西元 1777 年～西元 1855 年），
達松瓦爾（**Jacques-Arsène d'Arsonval**，西元 1851 年～西元 1940 年）

電流計（Galvanometer）是一種利用會隨著電流而轉動的指針來測量電流的儀器。十九世紀中期，蘇格蘭科學家威爾森（George Wilson）曾如此讚嘆電流計那跳動的指針和與之相似的羅盤指針：「曾經指引哥倫布抵達新大陸，同時也是電報的先驅。它安靜地帶領探險家越過汪洋抵達新家園；然而當世界開始擠滿了人，而屋子間的距離又遠到無法交換親切的問候時，它……打破了沉默。這些隨著電流計的線圈而顫動的指針有如電報的舌頭，讓工程師們藉由它彼此交談。」

最早期的電流是從奧斯特在 1820 的發現演變而來，當時他發現流經導線的電流會在四周產生磁場，使磁化的指針產生偏移。1832 年，高斯利用會使磁針產生偏移的訊號設計了一台電報機。這種舊型電流計裡用的是會動的磁鐵，這種方式的缺點是會受到鄰近磁鐵或是鐵塊的影響，而且指針的偏移量與電流之間的關係並非線性。1882 年，達松瓦爾開發出使用靜止磁鐵的電流計。這種電流計在磁鐵的兩極間裝置了一個線圈，當電流通過時，線圈會產生磁場並隨之轉動，該線圈連接到一個指針，指針的偏移角度與電流成正比。在沒有電流時，線圈與指針會藉由一個扭力彈簧歸零。

今天大多數的電流計都已經用數位讀表來取代指針。但是類似的機制仍有許多的應用，類比式帶狀圖表紀錄器的指針筆或硬碟的讀寫頭定位，都需要用到這樣的機制。

上圖——奧斯特。左圖——一具含有接線柱與毫安培指示刻度的古董電表（現存於紐約州立大學布洛克托克學院，是該校原始物理實驗室的設備）。達松瓦爾電流計中使用的是可動線圈。

參照
條目　安培定律（西元 1825 年）及法拉第電磁感應定律（西元 1831 年）

綠閃光

凡爾納（**Jules Gabriel Verne**，西元 1828 年～西元 1905 年），
歐康諾（**Daniel Joseph Kelly O'Connell**，西元 1896 年～西元 1982 年）

在美國西部的日出或日落時，太陽的上方有時會出現一抹神祕的綠閃光（Green Flash），而人們對這種綠閃光的興趣最早出現在凡爾納 1882 年的浪漫小說《綠光》（*The Green Ray*）中。這部小說中敘述了對這種怪異綠光的追尋：「一種連藝術家的色盤都無法調出，多彩的植物與最清澈的海洋都顯現不出的綠。如果天堂裡有一種綠，那只能是這樣的綠，真正的希望之綠……他曾經幸運地見過這樣的綠光一次，因而被賦予了直視自己內心與了解他人想法的能力。」

綠閃光是許多種光學現象的集成，通常在無障礙物的海平面上較容易看到。讓我們以日落為例。密度會隨高度變化的地球大氣層就像個稜鏡，會讓不同顏色的光線產生角度不同的偏折。頻率較高的光線，像是藍光或綠光，偏折的角度比頻率較低的紅光或橘光更大。當太陽落到地平線以下時，低頻的紅色太陽因為地球的阻擋而消失，但此時仍然可以短暫地看到高頻綠光。綠閃光會因為海市蜃樓現象（mirage effect）而凸顯，海市蜃樓現象是因為空氣密度的變化使遠方物體的影像產生扭曲（包括使影像放大）而產生。例如冷空氣的密度就比溫暖的空氣高，因此其折射率也較高。而當綠閃光發生時之所以看不到藍色是因為藍光在抵達我們的眼睛之前就已經被散射掉了（參考〈瑞利散射〉）。

有一段時間，科學家認為綠閃光只是直視夕陽過久所產生的錯覺。但是在 1954 年，一位梵諦岡的神父歐康諾拍到了太陽落入地中海時所發生的綠閃光，而「證實」了這種不尋常的現象的確存在。

2006 年在舊金山攝得的綠閃光。

參照
條目　北極光（西元 1621 年）、司迺耳折射定律（西元 1621 年）、黑滴現象（西元 1761 年）、瑞利散射（西元 1871 年）及高頻主動極光研究計畫（西元 2007 年）

麥克生—莫雷實驗

麥克生（**Albert Abraham Michelson**，西元 1852 年～西元 1931 年），
莫雷（**Edward Williams Morley**，西元 1838 年～西元 1923 年）

物理學家特菲（James Trefil）說：「想像『空無一物』是件困難的事。人類思維似乎喜歡在空曠的太空中填入某些東西，而在歷史上，大多數的時間我們把這種東西稱為乙太。這個想法認為，星體之間的空間，到處都充滿了這種像果凍般軟綿綿的物質。」

1887 年，物理學家麥克生和莫雷為了證明宇宙中的確到處都有乙太而率先進行了實驗。有乙太這樣的想法其實並不奇怪，畢竟水波是藉由水來傳遞，而聲波則是藉由空氣來傳遞，則光線難道不應該也藉由某些介質（即使是在真空中）來傳遞嗎？為了偵測乙太，麥克生和莫雷把一道光束分成兩道彼此垂直的光束，讓兩束光經過反射後再合在一起，當光在不同方向上傳播所花的時間不同時，就會產生干涉條紋。如果地球真的從乙太中通過，應該可以偵測到干涉條紋應該可以判斷出來，因為其中的一道光束必須通過「乙太風」，因此速度會比另一道光束慢。麥克生向她的女兒解釋說：「兩束光像游泳選手一樣，比賽誰比較快，其中一個必須要逆流而上再回來，另一個則是直接穿過河流再回來，當距離相同時，只要河流的速度不為零，第二個選手一定會先回到起點。」

為了進行精確的測量，所有的儀器都浮置在水銀上以減少震動，這些儀器可以對地球運動的方向來旋轉。結果他們發現，干涉條紋的變化不大，也就是說，地球並未通過所謂的「乙太風」，讓這個實驗成為物理學上最著名的「失敗」實驗。而這項發現，也說服了更多的物理學家接受愛因斯坦的**狹義相對論**（Special Theory of Relativity）。

麥克生—莫雷實驗證明地球並未通過乙太風。十九世紀末時，科學家曾經認為乙太是傳遞光線的媒介。

參照
條目　電磁頻譜（西元 1864 年）、勞倫茲變換（西元 1620 年）及狹義相對論（西元 1905 年）

公斤的誕生

勒費貝－紀諾（**Louis Lefèvre-Gineau**，西元 1751 年～西元 1829 年）

　　自 1889 年艾菲爾鐵塔開放以來，公斤（kilogram）就一直是由一個鹽罐大小的鉑銥（Platinum-Iridium）圓柱體所定義。這個圓柱被小心翼翼地收藏在巴黎近郊的國際度量衡標準局地下室的櫃子裡，櫃子的溫度和濕度都受到控制，而且圓柱的外面還套了三層瓶子。這個櫃子必須要用三把鑰匙才能打開。好幾個國家都以這個圓柱的官方複製品來當作國家標準。物理學家史坦納（Richard Steiner）曾經半開玩笑地說：「萬一有人在這個公斤基準原器上打了個噴嚏，那全世界的重量在一瞬間通通出錯。」

　　公斤是今天唯一一個仍藉由實物來定義的測量基本單位。例如公尺現在是以光在 1/299,792,458 秒之內所移動的距離，而不是以一支實體尺來定義。公斤是質量的單位，用來度量物體中含有多少的物質。根據牛頓運動定律 $F = ma$（其中 F 是作用力，m 是質量，a 是加速度），作用力已知時，物體的質量越大時，在給定的作用力下，加速度越小。

　　研究人員非常擔心巴黎的圓柱受到刮傷或汙染，這個公斤原器只有在 1889，1946 和 1989 年曾經被移動過。科學家發現，全世界的複製品都已經悄悄地與巴黎的公斤原器產生偏差。這些複製品可能因為吸收了空氣分子而變重，或是巴黎的公斤原器因為不明原因而變輕。這些偏差讓物理學家開始尋找利用不變的物理常數而非一塊金屬來定義公斤的方法。1799 年，法國化學家曾以 1000cc 的水所具有的質量來定義公斤。但是當時對質量和體積的測量都並不精確。

工業界經常使用砝碼來當作標準。當砝碼被刮到或遭受其他的損傷時，就會變得不精確。圖中砝碼標示的 dkg 指的是公制裡的質量單位 10 克。

參照條目 落體加速度（西元 1638 年）及公尺的誕生（西元 1889 年）

公尺的誕生

在 1889 年時，長度的基本單位公尺（meter），是由一根鉑銥合金金屬棒在冰點下兩端刻痕的距離來定義。物理學家暨歷史學家葛里森（Peter Galison）說：「當戴著手套的工作人員把這根公尺原器放進巴黎的收藏櫃時，法國名符其實的掌握了一個通用的重量與長度系統的關鍵。外交與科學，民族主義與國際主義，特殊性與普遍性，都凝聚在那個不朽而神聖的保險櫃裡。」

標準化的長度可能是人類為了建造居所與進行交易所發明的最早的「工具組」之一。公尺 meter 這個字源自於希臘文中的 métron，意為「度量」，以及法文中的 mètre。1791 年，法國科學院提議將公尺定義為從赤道到北極之間距離的一千萬分之一。事實上，法國曾經進行了為期數年的探險來決定這段距離的長度。

公尺的歷史長遠而引人入勝。1799 年，法國人先是製作了一根以鉑為材料的公尺原器。然後在 1889 年，更可靠的鉑銥合金所製成的金屬棒成為了國際標準。1960 年，公尺的定義再度改為氪 86（krypton-86）原子在其 2p10 和 5d5 能階間躍遷時發出的光波長的 1,650,763.73 倍。至此公尺的定義和地球的尺寸不再有直接的關係。最後，在 1983 年公尺被重新定義為光在真空下前進 299,792,458 之 1 秒的距離。

有趣的是，最早的公尺原器比現在的定義短少了 1/5 公釐，因為法國人當時並未把地球不是正圓，而是在靠近極點的地方較為扁平的因素考慮進去。雖然有這樣的誤差，但實際上的長度並未改變，改變公尺的定義只是希望儘可能地增加度量時的精確度。

幾世紀以來，工程師不斷地致力於提升長度測量時的精準度。例如圖中的游標卡尺可以用來測量與比較物體上兩點間的距離。

參照
條目　恆星視差（西元 1838 年）及公斤的誕生（西元 1889 年）

重力梯度

厄特沃夫（**Loránd von Eötvös**，西元 1848 年～西元 1919 年）

匈牙利物理學家，同時也是世界知名的登山家厄特沃夫並不是第一個使用扭力天平（利用扭力來測量極微小的作用力的儀器）來研究物體間重力的人，但是厄特沃夫改良了他的天平來增加其靈敏度。事實上，厄特沃夫所設計的天平成為測量利器，地表上用來測量重力場以及預測地表下存在的某些構造最好的儀器之一。雖然厄特沃夫主要致力於基礎理論和研究，但後來證明他的儀器在石油和天然氣的探勘上非常重要。

這種儀器也是第一個真正能夠用來測量重力梯度的儀器，重力梯度指的是地球上局部重力特性的分布。例如厄特沃夫早期曾利用他的儀器測量他辦公室（後來擴展到整座建築）重力場的變化情形。房間裡的物體都會影響他所測得的數值。厄特沃夫天平也可以用來研究物體或液體緩慢移動時所造成的重力變化。物理學家彼得奇拉里（Péter Király）說：「據說一百公尺外的地窖內，都可以測出多瑙河的水位變化，精準度在一公分以內。但那次量測並未被好好地記錄下來。」

厄特沃夫的測量結果也證明了重力質量（gravitational mass，在牛頓的萬有引力定律 $F = Gm_1m_2/r^2$ 中的 m）和慣性質量（inertial mass，在牛頓第二運動定律 $F = ma$ 中的 m）是相同的，或精確度起碼相差在 $5/10^9$ 以內。換句話說，厄特沃夫證明了慣性質量（物體抗拒加速度的能力）和重力質量（決定物體重量的特性），在這樣高的精準度之內是相等的。這個資訊對愛因斯坦後來推導廣義相對論非常有用。在愛因斯坦 1916 年發表的論文〈**廣義相對論基礎**〉（The Foundation of the General Theory of Relativity）中，就引用了厄特沃夫的測量結果。

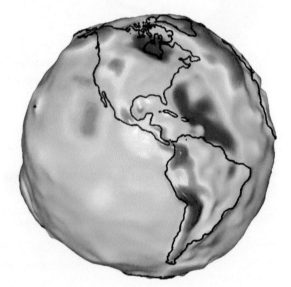

上圖——厄特沃夫。右圖——美國航太總署的「重力場重現與氣候實驗」衛星所測繪的重力分布。圖中可以看到美洲的重力變化情形。紅色代表重力較強的區域。

參照條目　牛頓運動定律和萬有引力定律（西元 1687 年）、地球的重量（西元 1798 年）及廣義相對論（西元 1915 年）

特斯拉線圈

特斯拉（**Nikola Tesla**，西元 1856 年～西元 1943 年）

　　特斯拉線圈（Tesla Coil）經常被用來激發學生對於科學和電學的奇妙產生興趣。另一方面，有時候在恐怖電影裡，瘋狂科學家也會拿特斯拉線圈來製造閃電的效果，而偏激的研究者還很有創意的宣稱，藉由特斯拉線圈時可以產生超自然現象。

　　由發明家特斯拉在 1891 年發明的特斯拉線圈可以用來產生高電壓、低電流、高頻的交流電。特斯拉曾經使用特斯拉線圈來進行不藉由導線來輸送電能的實驗，拓展了我們對電學現象的了解。美國的公共電視台（PBS, public broadcasting service）說：「當時的人們並不了解電路的各種基本元件，但是特斯拉線圈的設計和操作方式卻產生了非常獨特的效果，這都是因為特斯拉在製作其中的重要元件時的巧思，特別是一種由線圈組成的特殊變壓器，這種變壓器是特斯拉線圈之所以能產生那些效果的關鍵。」

　　一般而言，變壓器是透過其內部線圈在不同的電路中傳送電能。第一組線圈的電流變化會造成線圈中心的磁通量產生變化，而使得第二組線圈因為磁場的變化而產生電壓。而在特斯拉線圈裡，一個高壓電容器和放電器被用來週期性的激發第一組線圈產生電流脈衝。第二組線圈也由於共振感應耦合而被激發。當第二組線圈的匝數比第一組線圈的匝數多越多時，產生的電壓就越高。這種方式可以產生數百萬伏特的電壓。

　　通常特斯拉線圈上端會有一個巨大的金屬球（或其他的形狀），然後電流從金屬球上亂竄而出。特斯拉曾利用特斯拉線圈實際建造了一座強大的無線電發射器，也曾經利用這種裝置來研究磷光（phosphorescene，一種物體吸收能量後以光的方式釋放出來的現象）以及 X 光。

特斯拉線圈放電到一小根銅線上時所產生的高壓電弧（arc）。其中的電壓大約是十萬伏特。

參照
條目　馮格里克靜電起電機（西元 1660 年）、萊頓瓶（西元 1744 年）、富蘭克林的風箏（西元 1752 年）、李契騰柏格圖（西元 1777 年）及雅各的天梯（西元 1931 年）

保溫瓶

杜瓦（**James Dewar**，西元 1842 年～西元 1923 年），
柏格（**Reinhold Burger**，西元 1866 年～西元 1954 年）

　　蘇格蘭物理學家杜瓦在 1892 年發明的保溫瓶（Thermos，也稱為杜瓦瓶或真空瓶）是一種雙層容器，這種容器藉由兩層器壁間的真空，讓瓶子裡盛裝的液體能夠維持在比室溫高或低的溫度下很長的一段時間。在德國玻璃製造商柏格將這種容器商品化後，保溫瓶「在全球熱賣，迅速地成為成功的商品」。利維（Joel Levy）說：「而這一部分要感謝當時的頂尖探險先趨為它所做的免費宣傳。真空保溫瓶曾經被沙克爾頓（Ernest Shackleton）帶到南極，被帕里（William Parry）帶到北極，被羅斯福（Colonel Roosevelt）和戴維斯（Richard Harding Davis）帶到剛果，被希拉蕊（Sir Edmund Hillary）帶到聖母峰，被萊特兄弟（Wright brothers）和齊柏林伯爵（Count von Zeppelin）帶上天空。」

　　這種瓶子的設計可以減少物體藉由三種基本的熱傳方式與環境交換熱：熱傳導（例如熱從鐵棒的熱端傳到冷端）、熱輻射（例如在爐火熄滅後，我們仍然會感覺到壁爐的磚塊藉由輻射傳來的熱）以及熱對流（從底部加熱時，湯在鍋子裡所產生的對流）。把保溫瓶內外壁之間的狹窄空間裡的空氣抽掉以後，可以減少熱對流與熱傳導所造成的損失，而玻璃上的反射鍍膜則可以減少因紅外線輻射而產生的損耗。

　　保溫瓶的重要性不只是幫飲料保溫或保冷，它的隔熱特性讓我們可以用來運送疫苗、血漿、胰島素以及稀有的熱帶魚等。在二戰期間，英國軍方製作了大約一萬個保溫瓶，讓轟炸機飛行員在進行對歐陸的夜間空襲任務時使用。今天，在全世界各地的實驗室裡，都需要使用保溫瓶來存放液態氮或液態氧等極低溫的液體。

　　2009 年，史丹福大學的研究人員證明，在真空中擺放層狀的光子晶體（photonic crystals，週期性結構體可以阻擋某些窄頻段的光），會比單純的真空更能有效抑制熱輻射。

除了幫飲料保溫或保冷，保溫瓶還可以用來運送疫苗、血漿、以及稀有的熱帶魚等。實驗室裡，則使用真空瓶來存放液態氮或液態氧等極低溫的液體。

參照條目 熱傳導定律（西元 1822 年）及發現氦氣（西元 1868 年）

X 光

倫琴（**Wilhelm Conrad Röntgen**，西元 1845 年～西元 1923 年），
勞厄（**Max von Laue**，西元 1879 年～西元 1960 年）

　　倫琴太太在看到她先生為她的手拍攝的 X 光照片後，她「嚇得尖叫一聲，認為這些光線一定是邪惡的死亡徵兆」。坎達・哈門（Kendall Haven）說：「一個月內，倫琴就成了全世界最熱門的話題。懷疑者稱呼這種光線是死光，會毀掉整個人類種族。熱切的夢想者則把這種光線稱為奇蹟之光，認為它可以讓盲者復明，還可以直接把圖表送到學生的腦袋裡。」而對醫生來說，X 光則標示了一個在治療傷患上的重要的轉折點。

　　1895 年 11 月 8 日，德國物理學家倫琴在以陰極射線館進行實驗時發現，當他在啟動陰極射線管，雖然射線管包著厚厚的紙板，但一公尺外有具棄置不用的螢光幕卻亮了起來。倫琴很快地意識到，陰極射線管一定產生了某種看不到的射線，隨後他發現這種射線可以穿透各種材料，包括木頭、玻璃和橡膠。當他把自己的手放在這種射線的路徑上時，他發現影像出現了骨頭的陰影。因為在當時人們對這種神祕的射線還一無所知，因此倫琴把這種射線命名為 X 光。同時他持續祕密地進行實驗，以便在與其他的專家進行討論前更了解這種現象。由於對 X 光的系統性研究，倫琴後來獲得了首屆的諾貝爾物理學獎。

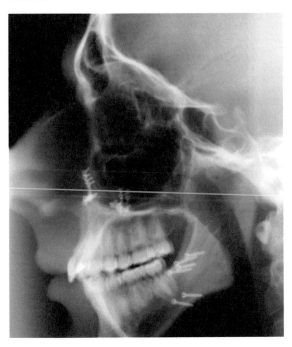

　　醫界很快地就開始利用 X 光來進行診斷，但是科學家到了 1912 年左右，才真正的了解 X 光的特性。勞厄在當時利用 X 光產生了晶體的繞射圖形，證明了 X 光像光線一樣是一種電磁波，但是其能量更高，波長更短，其波長與分子中原子與原子之間的距離相當。今天，X 光被用在無數的領域上，從 X 光晶體繞射學（X-ray crystallography，用來研究分子的結構）一直到 X 光天文學（X-ray astronomy，例如用衛星上的 X 光感測器來研究外太空的 X 光射線源）。

人類頭部的側面 X 光照片，照片中可以看到用來重建顎骨的螺絲釘。

參照條目　望遠鏡（西元 1608 年）、摩擦發光（西元 1620 年）、放射線（西元 1896 年）、電磁頻譜（西元 1864 年）、制動輻射（西元 1909 年）、布拉格定律（西元 1920 年）及康普頓效應（西元 1923 年）

居禮定律

皮耶・居禮（**Pierre Curie**，西元 1859 年～西元 1906 年）

　　法國物化學家皮耶・居禮認為自己是個心智軟弱的人，而且從未上過小學。但誰也沒想到，他後來卻因為放射性方面的研究，與他的太太居禮夫人（Marie Curie）一起獲得了諾貝爾獎。他在 1895 年提出了一條材料的磁化量（magnetization）與外加磁場及溫度 T 之間的關係式：$M = C \times (B_{ext}/T)$。其中 M 是最終的磁化量，B_{ext} 是外加磁場的磁通量密度。而 C 則是居禮點（Curie point），一個與材料有關的常數。根據居禮定律（Curie's Magnetism Law），如果我們增加外加磁場，才在該磁場下，材料的磁化量也會增加。而若是保持磁場大小不變但提高溫度的話，磁化量將會減少。

　　居禮定律適用於鋁或銅等順磁性（paramagnetic）材料，這些材料原子中的磁偶極矩會在有外加磁場時進行排列。這些材料可以轉成非常微弱的磁鐵。特別是在磁場下時，順磁材料會突然像標準磁鐵一樣互相吸引或排斥。沒有外加磁場時，順磁性材料裡的磁矩是隨機排列的，因此並不會表現出磁鐵的行為。這些磁矩在磁場下時通常會順著磁場的方向排列，但是同時間熱的擾動也會使這些磁矩傾向隨機排列，而抵消一些磁場的影響。

　　當溫度大於它們的居禮溫度 T_c（Curie temperature）時，鐵或鎳等鐵磁性（ferromagnetic）材料中也會出現順磁性的行為。居禮溫度是材料失去鐵磁特性時的溫度，鐵磁性是指在無外加磁場時，材料仍有淨自發磁。吸附在冰箱門上面的磁鐵，或是和小朋友玩耍時用的馬蹄鐵等，大部分都是鐵磁性材料。

上圖──居禮先生與居禮夫人合影。兩人共同獲得了諾貝爾獎。右圖──白金在室溫下就是一種順磁性材料。圖中的白金產自俄羅斯的雅庫蒂亞的康得礦坑。

參照條目　論磁石（西元 1600 年）、霍爾效應（西元 1879 年）及壓電效應（西元 1880 年）

放射線

涅普斯（**Abel Niépce de Saint-Victor**，西元 **1805** 年～西元 **1870** 年），
貝克勒（**Antoine Henri Becquerel**，西元 **1852** 年～西元 **1908** 年），
皮耶‧居禮（居禮先生，**Pierre Curie**，西元 **1859** 年～西元 **1906** 年）；
瑪莉‧居禮（居禮夫人，**Marie Sk odowska Curie**，西元 **1867** 年～西元 **1934** 年），
拉塞福（**Ernest Rutherford**，西元 **1871** 年～西元 **1937** 年），
索迪（**Frederick Soddy**，西元 **1877** 年～西元 **1956** 年）

　　要了解放射性原子核（原子的中央區域）的行為，可以想像一下在你的爐子上爆米花的情形。玉米粒會在幾分鐘內不斷地隨機爆開，但是有些玉米粒似乎根本不會爆。同樣地，大多數我們所熟知的原子核都十分穩定，而且基本上和幾世紀前沒什麼兩樣。但是有些原子核並不穩定，而且會在原子核分裂時放出一些碎片。放射線就是此時所放出的粒子。

　　放射線是法國科學家貝克勒在 1896 年觀察到鈾鹽的螢光而發現。在貝克勒發現放射線的一年前，德國物理學家倫琴在利用陰極射線管進行實驗時發現了 X 光，因此貝克勒十分好奇會發出螢光的物質（因為太陽或其他輻射線的激發而放出可見光的物質）是否也能產生 X 光。於是貝克勒把鈾硫酸鉀鹽（uranium potassium sulfate）放在以黑紙包起來的感光板上，他想知道這種物質是否會發出螢光，並且因為光線的激發而產生 X 光。

　　讓貝克勒感到驚訝的是，即使把這種含鈾物質放在抽屜裡，都能讓感光板感光。也就是說，鈾似乎會放出一些具穿透性的「射線」。1898 年，物理學家居禮夫人和居禮先生發現了兩種新的放射性物質，釙（polonium）和鐳（radium）。不幸的是，科學家並沒有立即意識到放射性的危險，而且有些醫生開始使用以鐳灌腸等危險的治療方法。後來拉塞福和索迪發現，這些物質在放射性衰變的過程中會轉變成其他的物質。

　　當時的科學家一共發現了三種常見的放射線：阿法粒子（alpha particle，氦原子核）、貝塔射線（beta rays，高能電子）和伽瑪射線（gamma rays，高能電磁波）。史蒂芬約翰特斯比指出，今天，放射線被用於醫學造影，殺死腫瘤細胞，為古文物定年以及保存食物等用途上。

美國在 1950 年代末期建造了許多輻射塵避難所，這些避難所的目的是避免人們受到核爆後產生的輻射塵的傷害。理論上，人們應該要在避難所內待到外面的放射性已經衰退到安全的範圍時才能出來。

參照條目 史前的核子反應爐（西元前二十億年）、X 光（西元 1895 年）、格雷姆定律（西元 1829 年）、$E=mc^2$（西元 1905 年）、蓋革計數器（西元 1908 年）、量子穿隧效應（西元 1928 年）、迴旋加速器（西元 1929 年）、中子（西元 1932 年）、核能（西元 1942 年）、小男孩原子彈（西元 1945 年）、放射性碳定年法（西元 1949 年）及 CP 對稱性破壞（西元 1964 年）

電子

湯姆森（Joseph John "J. J." Thomson，西元 1856 年～西元 1940 年）

「物理學家湯姆森很愛笑，」喬瑟法薛曼（Josepha Sherman）說：「但是他也同樣地笨手笨腳。實驗用的管子經常被他打破而導致實驗無法進行。」然而幸好湯姆森並沒有放棄，並且證明了富蘭克林和其他物理學家過去的猜測——電的效應是由許多微小的電荷所產生的。1897 年，湯姆森發現電子（Electron）是一種質量遠小於原子的粒子。他的實驗使用了陰極射線管（cathode ray tube），這是一種抽真空使得能量束能在正極與負極間行進的管子。雖然當時沒人知道陰極射線到底是什麼，但湯姆森成功地以磁場讓陰極射線產生偏折，然後藉由觀察陰極射線在電場和磁場下移動的行為，他確認了陰極射線是由相同的粒子所構成，且和電極使用什麼金屬無關。同時，這些粒子的電荷除以質量比都一樣。雖然還有其他人也得到同樣的觀察。但是湯姆森是第一個提出這些「微粒」（corpuscles）是所有形式的電的載子，同時也是組成物質的基本成分。

在這本書的許多小節裡介紹了電子的各種特性。今天我們已經知道電子是一種帶負電的次原子粒子，其質量只有質子的 1,836 分之 1。電子的運動會產生磁場。帶負電的電子與帶正電的質子間的庫侖吸引力使得電子被束縛在原子中。原子間的化學鍵（chemical bond）通常是兩個原子共用兩個或更多個電子而形成的。

根據美國物理協會的說明：「現代的電視和電腦等科技產品都源自於與電子有關的理論和科技，這些科技在發展時克服了許多的困難。湯姆森小心翼翼的實驗和冒險般的假說，以及隨後的許多關鍵實驗和理論研究，為我們開啟了新的視野——從原子的內部來觀察世界。」

閃電發生時牽涉到許多的電子。閃電光團前端的速度可以達到每秒六萬公尺，而且溫度可達攝氏三萬度。

參照條目 原子論（西元 1808 年）、密立根油滴實驗（西元 1913 年）、光電效應（西元 1905 年）、德布羅依關係式（西元 1924 年）、波耳原子模型（西元 1913 年）、斯特恩－革拉赫實驗（西元 1922 年）、包立不相容原理（西元 1925 年）、薛丁格方程式（西元 1926 年）、狄拉克方程式（西元 1928 年）、光的波動性（西元 1801 年）及量子電動力學（西元 1948 年）

質譜儀

維恩（**Wilhelm Wien**，西元 1864 年～西元 1928 年），
湯姆森（**Joseph John "J. J." Thomson**，西元 1856 年～西元 1940 年）

　　賽門·戴維斯（Simon Davies）說：「質譜儀（Mass Spectrometer）無疑地是二十世紀對增進我們的科學知識最有貢獻的儀器之一。」質譜儀是用來量測樣品中的原子和分子的質量與相對濃度的儀器。質譜儀的基本原理是把化合物變成離子，然後根據這些離子的質荷比（mass-to-charge ratio, m/z）將其分離，最後偵測樣品中具有不同質荷比和濃度的離子的相對濃度。有許多方法可以將樣品離子化，其中一種方法是以加速電子來轟擊樣品。產生的離子中包含了帶電的原子、分子或分子碎片。例如當樣品受到電子束的轟擊後，加速電子可能會把分子內的電子擊出，而形成帶正電的離子。有時候分子鍵會因此而斷裂，形成帶電的碎片。在質譜儀中，帶電的粒子在通過電場時會改變其速度，通過磁場時則會改變其方向。離子偏離量的大小與其質荷比（m/z）有關（例如較輕的離子因磁場而偏離的程度會比較重的離子大）。而偵測器會將這些不同離子的數量記錄下來。

　　在辨認樣品中所偵測到的碎片時，通常會將得到的質譜與已知化合物的質譜進行比較。質譜儀的應用廣泛，它可以用來偵測出同位素（isotope，中子的數目不同的元素），也可以分析蛋白質（例如使用一種稱為電灑法〔electrospray ionization〕的離子化方法）以及探索外太空。例如太空探測器（space probe）通常會配備質譜儀以分析其他行星或衛星中的大氣成分。

　　物理學家維恩在 1898 年建立了質譜儀的基礎，他發現帶電的粒子束受電場和磁場偏折的程度與其質荷比有關。湯姆森與其他科學家則隨後改良了質譜儀的設計。

卡西尼惠更斯號太空船（Cassini–Huygens spacecraft）上的質譜儀被用來分析土星、土衛以及土星環的大氣組成。這艘在 1997 年發射的太空船是美國航太總署、歐洲太空總署以及義大利太空總署合作進行的太空任務。

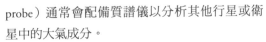

參照
條目　夫朗霍斐線（西元 1814 年）、電子（西元 1897 年）、迴旋加速器（西元 1929 年）及放射性碳定年法（西元 1949 年）

黑體輻射定律

蒲朗克（**Max Karl Ernst Ludwig Planck**，西元 1858 年～西元 1947 年），
克希荷夫（**Gustav Robert Kirchhoff**，西元 1824 年～西元 1887 年）

量子物理學家格林伯格（Daniel Greenberger）說：「量子力學就像是魔術。」量子理論說，物質和能量都同時具有粒子與波動的特性，而這個理論開始的契機則來自於探討高溫物體如何產生輻射的前瞻性研究。舉例來說，電熱器上的線圈剛開始時發出的是褐色的光，當溫度變高時，就成為紅色的光。黑體輻射定律（Blackbody Radiation Law）是德國物理學家蒲朗克在 1900 年時所提出，這個定律定量了黑體在特定波長下所發射出的能量大小。黑體是在任何波長或任何溫度下，能發射和吸收所有可能輻射的物體。

黑體所發出的熱輻射的量會隨著頻率和溫度而變，有許多在我們日常生活中會碰到的物體都會發出大量的紅外線或遠紅外線輻射（我們的眼睛看不見這部分的光譜）。然而當物體的溫度上升時，熱輻射光譜的主要部分往可見光移，因此我們才能看到物體開始發光。

在實驗室裡，可以用一個開有一個小洞的巨大的空心腔體（例如圓球）來模擬黑體。進入這個小洞的輻射會在腔體的內部反射，反射時能量會因腔壁吸收了輻射而散失，從洞口出來時，強度已微乎其微。這樣一來，這個小洞就有如一個黑體。蒲朗克利用許多微小的電磁振盪子來模擬這個黑體的腔壁。他假設振盪子的能量不是連續的，只允許某些特定的值存在。這些振盪子可以把能量發射到腔體裡，也可以藉由不連續的躍遷（或是一包稱為量子 quanta 的能量）來吸收腔體內的能量。蒲朗克因為使用不連續振盪子能量（量子化）來推導他的輻射定律而獲得 1918 年的諾貝爾獎。今天，我們已經知道宇宙在**大霹靂**剛發生後不久曾經是個近乎完美的黑體。而黑體（blackbody）這個詞，則是由德國物理學家克希荷夫在 1860 年所提出。

上圖——蒲朗克，攝於 1878 年。右圖——發光的熔岩非常近似於理想的黑體輻射，熔岩的溫度可以由顏色估算出來。

參照條目　大霹靂（西元前一百三十七億年）及光電效應（西元 1905 年）

螺旋迴圈

普萊斯考特（**Edwin C. Prescott**，西元 1841 年～西元 1931 年）

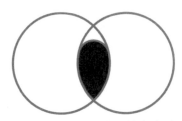

　　下次你看到雲霄飛車軌道所形成的垂直迴圈時，除了懷疑誰會想讓自己傾斜地倒掛飆過那瘋狂的曲線外，注意，它的形狀並不是圓的，而是一個倒過來的淚滴形。在數學上，我們把這種曲線稱為螺旋迴圈（Clothoid Loop），它是羊角螺線（cornu spiral）的一部分。雲霄飛車之所以使用這種形狀的迴圈是基於安全的理由。

　　在傳統的雲霄飛車中，其重力位能通常是由開始時的那一長段爬升所提供，這些重力位能會在雲霄飛車往下掉落時轉換成動能。圓形迴圈要求車子在進入迴圈時的速度必須大於車子位於迴圈中的速度，如此才能順利地繞完整個迴圈。圓形迴圈所需的較大進入速度會讓乘客在迴圈的下半部時感受到較大的向心加速度以及危險的 G 力（g-force，位於地球表面上的靜止物體所感受到的 G 力為 1g）。

　　舉例來說，如果你把螺旋迴圈和圓交疊在一起（見上圖），螺旋迴圈的頂端比圓形的頂端低。由於雲霄飛車在經過迴圈的頂端後會把它的動能轉換成位能，因此只要較低的速度與較小的 G 力，就能抵達螺旋迴圈較低的頂端。同時其頂端部分較短的弧線，也能讓車子在這個頭下腳上且移動緩慢的位置停留較短的時間。

　　這種淚滴形的軌道最早出現在 1901 年，當時的發明者普萊斯考特在紐約的康尼島建造了一座名為連環圈（Loop-the-Loop）的雲霄飛車。普萊斯考特的力學知識大都是自學而來。他在 1898 年曾經建造過一座使用圓形迴圈的「離心軌道」（centrifugal railway），但是車子在高速下環繞軌道時突然產生的向心加速度對乘客的身體產生太大的負擔。普萊斯考特在 1901 年得到淚滴狀軌道的設計專利。

雲霄飛車裡的迴圈通常都不是圓形的，而是倒過來的淚滴狀。使用這種螺旋迴圈的部分理由是為了安全。

參照條目 落體加速度（西元 1638 年）、等時降落坡道（西元 1673 年）及牛頓運動定律和萬有引力定律（西元 1687 年）

黑光燈

羅伯・伍德（**Robert Williams Wood**，西元 1868 年～西元 1955 年）

　　經歷過迷幻的六〇年代四處可見的黑光燈（Black Light）海報的讀者，應該會同意艾德華・雷利（Edword J. Rielly）的回想：「吸食 LSD 的人都喜歡黑光燈，黑光燈和螢光漆在菸具店都可以買得到。在黑光燈照射之下的螢光布料和海報營造出一種類似吸食 LSD 之後的氛圍。」連餐廳有時都會裝上黑光燈，以提供神祕的氣氛。史多芬（Laren Stover）說：「當時在一個吉普賽/迷幻的波西米亞風格的住家裡，最常看到的裝飾就是吉米・亨德里克斯（Jimi Hendrix）的黑光海報以及角落的熔岩燈。」

　　黑光燈又稱伍德氏燈，會發出主要位於近紫外光波段的電磁輻射（參考〈螢光〉一節）。為了產生能引發螢光的黑光燈，技師通常會使用伍氏玻璃，這是一種含有氧化鎳的紫色玻璃，這種玻璃可以隔離掉大多數的可見光，但允許紫外光通過。燈泡裡的磷在波長小於 400nm 的地方有個發射峰。雖然最早的黑光燈是白熾燈泡搭配伍氏玻璃製成的，但是這種黑光燈的效率差且溫度高。今天我們在室外使用的捕蟲燈也是一種黑光燈，但是為了降低成本，捕蟲燈並未使用伍氏玻璃，因此它會產生一些可見光。

　　人類的眼睛看不見紫外光，但是我們可以看到這些光照射在迷幻效果的海報上時所發出的螢光和磷光。黑光燈有許多應用，例如犯罪調查時，黑光燈可以用來顯示微量的血跡和精液；在皮膚科的診療中，黑光燈被用來偵測各種皮膚的狀況和感染。

　　雖然黑光燈是化學家威廉・拜勒（William H. Byler）發明的，但是人們在提到黑光燈時通常會想到美國物理學家羅伯・伍德，他是「紫外光攝影術之父」，並且在 1903 年時發明了伍氏玻璃。

美國西南部的家庭，會使用黑光燈來尋找侵入住宅的夜行性蠍子。蠍子的身體在照射到黑光燈時會發出明亮的螢光。

參照條目　螢光（西元 1852 年）、電磁頻譜（西元 1864 年）、白熾燈泡（西元 1878 年）、霓虹燈（西元 1923 年）及熔岩燈（西元 1963 年）

火箭方程式

齊奧爾科夫斯基（**Konstantin Eduardovich Tsiolkovsky**，西元 1857 年～西元 1935 年）

　　道格拉斯‧基斯頓（Douglas Kitson）說：「太空梭的發射大概是人們對現代前往月球太空旅行最鮮明的印象，但是從煙火到太空船並非一蹴可及，而如果少了齊奧爾科夫斯基，這一切將不會發生。」俄羅斯的中學教師齊奧爾科夫斯基曾經讀過一些以鳥或大砲作為推進力的故事，但是他藉由求解火箭的運動方程式證明，從物理學的觀點，真正的太空旅行是有可能的。由於火箭可以藉由往反方向高速噴出自己質量的一部分來加速，因此齊奧爾科夫斯基的火箭方程式描述火箭的速度變化量 Δv，和初始總質量 m_0（包含推進劑的質量），最終總質量 m_1（當所有的推進劑都燒完後）以及推進劑的等效噴射速度 v_e 之間的關係：$\Delta v = v_e \cdot \ln(m_0 / m_1)$。

　　齊奧爾科夫斯基藉由這條在 1898 年推導出來並發表於 1903 年的火箭方程式，還得到另一個重要的結論：即使是單節火箭都有可能將人類帶到外太空，因為燃料的重量可以是火箭本身加上乘員及儀器設備重量總和的好幾倍。他更進一步地分析了如何藉由多節火箭讓太空旅行更可行。多節火箭是由許多節火箭所組成，當第一節火箭的燃料燒完後，就脫落拋棄，點燃第二節火箭。

　　齊奧爾科夫斯基在 1911 年曾說：「人類不會永遠待在地球上，但是在追尋光與太空的過程中，人類先小心翼翼地突破穿過大氣層的束縛，然後再征服圍繞著太陽的空間。地球是人類的搖籃，但是人類不會永遠待在搖籃裡。」

位於哈薩克斯坦的拜科努爾發射站上的聯合號太空船（Soyuz spacecraft）與其發射載具。拜科努爾是全世界最大的太空任務中心。這次發射是美國和前蘇聯在 1975 年的一次聯合太空任務。

參照條目 希羅的噴射引擎（西元 50 年）、火炮（西元 1132 年）、動量守恆（西元 1644 年）、牛頓運動定律和萬有引力定律（西元 1687 年）、能量守恆（西元 1843 年）、黃色炸藥（西元 1866 年）及費米悖論（西元 1950 年）

勞倫茲變換

勞倫茲（**Hendrik Antoon Lorentz**，西元 **1853** 年～西元 **1928** 年），
考夫曼（**Walter Kaufmann**，西元 **1871** 年～西元 **1947** 年），
愛因斯坦（**Albert Einstein**，西元 **1879** 年～西元 **1955** 年）

讓我們把兩個鞋盒想像成空間中的兩個參考座標系。第一個座標系靜止的放在實驗室中。另一個座標系則正以等速度沿著第一個座標系的 x 軸移動，我們可以把它想像成一個鞋盒正滑進另一個鞋盒。以下我們把移動座標系的變數右上角都加上一撇（角分符號）。接下來我們這兩個座標系的原點都擺上一個時鐘。當兩座標系的原點重合時，兩個時鐘的時間都設為零，亦即 $t = t' = 0$。現在我們可以寫下四個方程式來描述含有角分符號的座標系統的運動情形：$y' = y$；$z' = z$；$x' = (x - \nu t)/(1 - (\frac{\nu}{c})^2)^{1/2}$；$t' = (t - \frac{\nu x}{c^2})/(1 - (\frac{\nu}{c})^2)^{1/2}$。其中 c 是光在真空下的速度。

你可以玩玩看這些方程式，你會發現當第三個式子中的速度增加時，x' 會變小。事實上，如果有人以光速的 0.999 倍移動時，x' 會縮小為 22 分之 1，而且相對於實驗室的觀察者來說，慢了 22 倍。這表示如果我們把原本 46 公尺高的自由女神像以光速的 0.999 倍發射出去，則在它的前進方向上，它將會縮小成只有 2 公尺高。待在自由女神像裡的人也會以相同的比例被壓縮，同時對待在實驗室的你來說，自由女神像裡的人老化的速度將會只有你的 1/22。為了紀念在 1904 年推導出這些方程式的物理學家勞倫茲，這些方程式被命名為勞倫茲變換（Lorentz Transformation）。另一個類似的方程式描述運動中物體的質量也和其速度有關：$m = m_0/(1 - (\frac{\nu}{c})^2)^{1/2}$，其中 m_0 是速度 ν 為 0 時的質量。物理學家考夫曼在 1901 年時首次以實驗觀察到電子的質量會隨著速度而改變。注意到這條方程式告訴我們要將太空船的速度加速到接近光速有多麼的困難，從實驗室座標系來看，其質量將會趨近於無限大。1887 年以後許多科學家就已經開始探討這些方程式背後所代表的物理。但愛因斯坦重新詮釋了勞倫茲變換，將它連結到時間與空間的基本特性。

根據勞倫茲變換自由女神像所會受到的壓縮。圖中的蠟燭分別表示自由女神像在靜止時（第一根蠟燭）、0.9 倍光速時（第二根蠟燭）、0.99 倍光速時（第三根蠟燭）以及 0.999 倍光速時（第四根蠟燭）的約略高度。

參照條目　麥克生莫雷實驗（西元 1887 年）、狹義相對論（西元 1905 年）及快子（西元 1967 年）

狹義相對論

愛因斯坦（**Albert Einstein**，西元 1879 年～西元 1955 年）

　　愛因斯坦的狹義相對論（Special Theory of Relativity）堪稱人類智慧最偉大的結晶之一。當時的愛因斯坦只有 26 歲，他使用了一個狹義相對論中最重要的假設：真空中的光速不會隨著光源的運動而改變，而且無論觀察者以什麼方式運動，觀察到的光速都一樣。這和音速不同，音速會隨著觀察者與音源的相對運動而改變。光的這種特性讓愛因斯坦得以推導出「同時的相對性」（relativity of simultaneity）：對某個坐在實驗室座標系裡的人來說同時發生的兩個事件，對另一個正在相對於該座標系運動的人來說是在不同的時間發生的。

　　由於時間是相對於觀察者的運動速度而定，因此宇宙中不會有個放諸宇宙皆準的標準時鐘。你的一生對於某個以接近光速的速度遠離地球的外星人來說只是一瞬間，當它們在一小時後回到地球時，會發現你已經死亡好幾個世紀（之所以使用「相對性」這個字的原因是，事實上這個世界所顯現出來的樣子與我們的相對運動狀態有關——所有的表象都是相對的）。

　　雖然人們已經了解狹義相對論推導出來的怪異結果超過一個世紀，學生仍然時常在學習狹義相對論時感到恐懼而疑惑。然而事實證明，狹義相對論的確精確地描述了從次原子粒子到星系的宇宙特性。

　　為了瞭解狹義相對論的另一個論點，想像你坐在一架等速度相對於地表移動的飛機上。我們可以把這架飛機稱為一個移動座標系。相對論讓我們了解到，如果不往窗外看，你將無法判斷自己的移動速度。因為當你看不到從窗外閃過的風景時，你可能會以為自己正在一架靜止的停留在地表上的飛機。

宇宙中不會有放諸四海皆準的標準時鐘。你的一生對於某個以高速遠離地球之後再返回的外星人來說，只是一瞬間。

參照條目　麥克生莫雷實驗（西元 1887 年）、廣義相對論（西元 1915 年）、時光旅行（西元 1949 年）、勞倫茲變換（西元 1620 年）、$E=mc^2$（西元 1905 年）、愛因斯坦——偉大的啟迪者（西元 1921 年）、狄拉克方程式（西元 1928 年）及快子（西元 1967 年）

$E = mc^2$

愛因斯坦（**Albert Einstein**，西元 1879 年～西元 1955 年）

柏丹尼斯（David Bodanis）說：「幾個世代以來大家從小就都知道這條方程式 E = mc² 改變了世界的樣貌。它主宰著從原子彈到電視的陰極射線管到史前繪畫的碳元素定年法。」當然，這條方程式之所以如此著名的原因，除了它所代表的意義外，還有它的簡潔。物理學家法美洛（Graham Farmelo）說：「偉大的方程式和最美的詩歌一樣擁有神奇的魔力——詩歌是語言中最簡潔又意涵最豐富的形式，就像科學上那些偉大的方程式一樣，是了解它們所描述的物理實體時所能得到最精練的形式。」

愛因斯坦在一篇發表於 1905 年的簡短論文中，由**狹義相對論**推導出 E = mc² 這條又稱為質量能量等價定理的著名方程式。這條方程式從本質上指出，物體的質量就是其所擁有能量的「度量」，其中 c 是光在真空中的速度，其大小約為每秒 299,792,468 公尺。

放射性物質時時刻刻依據將其部分質量轉換為能量，在開發原子彈的過程中，也曾用它探討牽制原子核的核子束縛能（nuclear binding energy），以計算核子反應中所放出的能量大小。

E = mc² 解釋了為何太陽會發光。在太陽內，四個氫原子核（四個質子）會被融合成一個氦原子核，而氦原子核的質量小於四個氫原子核加總的質量。因此核融合反應會將這些少掉的質量轉換成能量，使得太陽能夠為地球提供熱，並孕育生命的誕生。在融合過程中損失的質量 m 都會根據轉換成能量 E。融合反應每秒大約會在太陽的核心中將七億公噸的氫轉換為氦，而釋放出巨大的能量。

前蘇聯在 1979 年紀念愛因斯坦與所發行的郵票。

參照條目 放射線（西元 1896 年）、狹義相對論（西元 1905 年）、原子核（西元 1911 年）、核能（西元 1942 年）、能量守恆（西元 1843 年）、恆星核合成（西元 1946 年）及環磁機（西元 1956 年）

光電效應

愛因斯坦（**Albert Einstein**，西元 1879 年～西元 1955 年）

　　愛因斯坦提出了**狹義相對論**與**廣義相對論**等偉大的理論，但是讓他拿到諾貝爾獎的卻是他對光電效應（Photoelectric Effect）的解釋。光電效應是指當某些頻率的光照射銅片的表面時，銅片的表面會發射出電子的現象。愛因斯坦主要是以光的封包（現在稱為光子）來解釋光電效應。舉例來說，當時的科學家注意到頻率高的藍光或紫外光都可以使金屬射出電子，但是頻率低的紅光就辦不到。而且讓人驚訝的是，無論紅光的強度再強都無法讓電子射出。事實上，射出的電子能量隨著照射光的頻率還有顏色而提高。

　　為何光的頻率會是光電效應的關鍵？愛因斯坦認為，光並不是以古典的波動形式，而是以「封包」或量子的形式來傳遞能量，而這個能量的大小就等於光的頻率乘上一個常數，後來被稱為蒲朗克常數（Planck's constant）。如果光子的頻率低於臨界值，則其能量根本不足以將電子擊出。如果用粗淺的比喻類比低能量的紅光量子，可以把它想像成豌豆，不管你往保齡球上丟多少豌豆，都不可能敲下保齡球的一點碎片。愛因斯坦對光子能量的解釋可以說明許多實驗觀察的結果，例如每種金屬都有一個產生光電效應的臨界頻率。今天有許多如太陽能電池之類的裝置，是藉由將光轉換為電流來發電。

　　曾經有美國物理學家在 1969 年提出不需藉由光子就能說明光電效應的理論，因此光電效應就無法為光子的存在提供明確的證據。然而在 1970 年代對光子特性的統計研究，為電磁場的量子（非古典）特性提供了實驗上的證據。

以夜視設備所拍攝的照片。美國陸軍的空降部隊在伊拉克的拉曼迪基地以紅外線雷射和夜視鏡進行訓練。夜視鏡是利用光電效應所產生的光電子來放大個別光子所產生的訊號。

參照條目 原子論（西元 1808 年）、光的波動性（西元 1801 年）、電子（西元 1897 年）、狹義相對論（西元 1905 年）、廣義相對論（西元 1915 年）、康普頓效應（西元 1923 年）、太陽能電池（西元 1954 年）及量子電動力學（西元 1948 年）

高球小酒窩

派特森（**Robert Adams Paterson**，西元 **1829** 年～西元 **1904** 年）

　　一個高爾夫球選手最可怕的夢靨可能是沙坑，但是他們最好的朋友是高爾夫球表面上那些可以把球送上球道的小酒窩（Golf Ball Dimples）。1848 年，派特森利用人心果樹（sapodilla tree）的乾燥樹液發明了以杜仲橡膠（gutta-percha）所製成的高爾夫球。高爾夫球選手開始注意到球上面的小刮傷或小刻痕可以幫助球飛得更遠，很快地高爾夫球製造商就開始以利用擊錘在球上製造缺陷。到了 1905 年，幾乎所有高爾夫球出廠時都有凹陷。

　　今天我們知道具有小酒窩的球比光滑的球飛得更遠，是結合了好幾個因素所造成的。首先，這些小酒窩可以延後球在飛行時，邊界空氣層與球表面分離的時間。由於這層空氣貼附在球上的時間較長，因此球後方所產生的低壓航跡（受到擾動的空氣）較窄，所產生的光滑的球相較之下較小。第二，當高爾夫球桿擊中球的時候，通常會使球產生下旋，這時因為流經球體上方的空氣速度較快，使得球上方的壓力較底部低而產生升力，這也就是所謂的馬格努斯效應（Magnus effect）。而小酒窩的存在可以增強這種馬格努斯效應。

　　今天多數的高爾夫球上面都有 250-500 個不等的小酒窩，這些小酒窩可以減少一半左右的拖曳力。研究顯示具有銳利邊緣的多邊形小酒窩，如六邊形，在減少拖曳力的效果上比圓滑形的小酒窩好。目前還有許多研究利用超級電腦來模擬氣流，希望能找出最完美的小酒窩形狀和排列方式。

　　在 1970 年代，波拉拉（Polara）牌高爾夫球利用非對稱的小酒窩排列方式來降低會造成左曲球（hook）和右曲球（slice）的側旋。但是美國高球協會禁止在比賽中使用這種球，認為它會「降低打高爾夫球所需的技巧」。這個協會還加了一條規則，規定球必須是對稱的，無論哪一面被擊中表現出來的行為都要一樣。波拉拉對美國高球協會提出訴訟，最後接受了 140 萬美元的和解金，條件是把這種球下市。

今天多數的高爾夫球上面都有 250-500 個不等的小酒窩，這些小酒窩可以減少一半左右的拖曳力。

參照條目　火炮（西元 1132 年）、曲球（西元 1870 年）及卡門渦街（西元 1911 年）

熱力學第三定律

能斯特（**Walther Nernst**，西元 1864 年～西元 1941 年）

　　幽默大師馬克・吐溫（Mark Twain）曾經說過一個瘋狂的故事，他說有個水手因為天氣太冷結果影子被凍在甲板上。到底環境可以變得有多冷呢？

　　從古典物理學的觀點來看，熱力學第三定律（Third Law of Thermodynamics）是說，當一個系統的溫度接近絕對零度（0 K，− 459.67 °F，或 − 273.15 °C）時，所有運動都將停止，且系統的熵會趨向某最小值。這條由德國化學家能斯特在 1905 年所提出的定律，可以描述如下：當系統的溫度接近絕對零度時，熵，或說亂度 S，會趨近一個常數 S_0。以古典的方式來說，如果真的能夠把溫度降到絕對零度，則純淨且完美的結晶物質的熵就會是零。

　　在古典分析的架構下，所有運動在絕對零度時都會停止。但是量子力學裡的零點運動（zero-point motion）允許系統在其可能的最低能量態（也就是基態 ground state）下，在很大的空間中仍有找到它的機率。因此兩個鍵結在一起的原子間並不是一個固定不變的距離，而是相對彼此不斷地進行快速的震動，即使在絕對零度下也一樣。因此我們不會說原子是不動的，而是說原子處於無法再移除任何能量的狀態；而在這樣的狀態下剩餘的能量就稱為零點能量（zero-point energy）。

　　零點運動是物理學家用來描述固體中的原子：即使是處於極低溫之下，也不會待在固定的晶格位置不動，相反地，其位置與動量都具有一個機率分布。不可思議的是，科學家已經成功地將一片銠

（rhodium, Rh）金屬冷卻到 100 個兆分之一，$Kp^{ico} = 10^{-12}$（只比絕對零度高 0.000,000,000,1 度）。

　　任何有限的程序都不可能將物體的溫度冷卻到絕對零度。物理學家特菲爾（James Trefil）說：「熱力學第三定律告訴我們，無論我們有多聰明，永遠無法跨過我們和絕對零度中間那道最後的障礙。」

從回力鏢星雲（Boomerang Nebula）中央一個老化的恆星所噴發出來的氣體，因為快速地膨脹，使得星雲裡的氣體分子被冷卻到只比絕對零度高一度左右的溫度，這裡是浩瀚宇宙中已知最寒冷的區域。

參照條目　海森堡不確定性原理（西元 1927 年）、熱力學第二定律（西元 1850 年）、能量守恆（西元 1843 年）及卡西米爾效應（西元 1948 年）

真空管

德佛瑞斯特（**Lee De Forest**，西元 1873 年～西元 1961 年）

　　美國工程師基爾比（Jack Kilby）在 2000 年 12 月 8 日的諾貝爾獎獲獎演說上說：「真空管的發明開啟了電子產業……這些裝置控制電子在真空中的流動，一開始是用來放大音響等設備裡的訊號，這也讓廣播收音機在 1920 年代普及到一般大眾。而後真空管持續地被用到其他的儀器裡，在 1939 年，第一個作為開關使用的真空管被用在計算機裡。」

　　1883 年，發明家愛迪生在一個實驗性的白熾燈泡（Incandescent Light Bulb）中注意到電流會從炙熱的燈絲「跳」到一個金屬板上。美國發明家德佛瑞斯特後來就在 1906 年從這種真空管的原型製作出三極真空管（triode），這種三極管不只可以讓電流沿著單一方向流動，還可以用來放大音響或廣播的訊號。藉由擺放在真空管裡的金屬柵以及一個能改變金屬柵的電壓的微小電流，使得德佛瑞斯特能夠控制另一個較大的電流在真空管中的流動。貝爾實驗室就利用這個特性，鋪設了全美的電話網，而且這種真空管很快地就被用到收音機等其他的設備上。真空管也可以將交流電轉換成直流電，並且產生雷達所需的振盪射頻電源（oscillating radio-frequency power）。德佛瑞斯特最初的元件並未抽真空，但是後來證明高真空度以製作出有用的放大元件。

　　電晶體（Transistors）發明於 1947 年，並且以其較低的成本與較高的可靠性，在隨後的幾十年取代了大多數真空管在放大器上的應用。早期的電腦使用的是真空管。例如 1946 年發表的第一台電子式可重複編程數位電腦 ENIAC 裡，就含有超過 17,000 個真空管。由於真空管最常在暖機的階段損壞，因此這台電腦很少關機，如此一來，可以把真空管的損壞率降低到每兩天一個。

RCA808 功率真空管。真空管的發明開啟了電子產業，而且讓廣播收音機在 1920 年代普及到一般大眾。

參照條目　白熾燈泡（西元 1878 年）及電晶體（西元 1947 年）

西元 1908 年

蓋革計數器

蓋革（**Johannes〔Hans〕Wilhelm〔Gengar〕Geiger**，西元 1882 年～西元 1945 年），
米勒（**Walther Müller**，西元 1905 年～西元 1979 年）

在 1950 年代的冷戰時期，美國承包商曾販售一種可以放置在後院的豪華輻射塵避難所，裡面配備了雙層床、電話以及一具用來偵測輻射的蓋革計數器。那個年代的科幻電影裡經常會出現因為輻射而突變產生的巨大怪獸——還有響個不停的蓋革計數器（Geiger Counter）。

科學家從 1900 年代早期就開始尋找一種可以偵測放射線的技術，**放射線**（Radioactivity）是一些穩定的**原子核**（Atomic Nuclei）放射出來的粒子。其中最重要的一種偵測儀器就是蓋革在 1908 年發明，隨後在 1928 年與米勒一起進行了改良的蓋革計數器。蓋革計數器包含一根位於金屬圓管中的導線，圓管的兩端密封起來，其中一端是雲母或玻璃製成的窗口。導線和金屬管接到圓管外的高壓電源。當輻射穿過窗口時，其經過路線上的氣體會形成一長串離子對（帶電的粒子）。其中帶正電的離子受到帶負電的圓管（陰極）吸引帶負電的電子會被吸引到中央的導線（或陽極）上，使得陽極與陰極間產生一個可測得的微小電位差。大半的偵測器都會將這些電流脈衝轉換成咯咯聲。可惜的是，蓋革計數器並無法提供偵測到的粒子是哪一類的輻射以及其能量大小為何等資訊。

經過這些年的改良，現在的游離計數器（ionization counters）與比例計數器（proportional counters）等已經可以辨識出進入偵測器的輻射種類。如果在管子裡填充三氟化硼氣體的話，蓋革計數器也可以用來偵測中子等非游離輻射。中子與硼原子核反應會產生阿法粒子（帶正電的氦原子核），因此其偵測方式和其他帶正電的粒子類似。

蓋革計數器的價格便宜，可攜性高又耐用。它常被用於地球物理學（geophysics）、核子物理（nuclear physics）以及醫學治療上，或是被裝設在一些有輻射外洩風險的地方。

蓋革計數器可以產生咯咯的噪音來告知輻射，而且還包含一個顯示盤指出有多少輻射存在。地球物理學家有時會利用蓋革計數器來尋找放射性礦物。

參照條目 放射線（西元 1896 年）、雲霧室（西元 1911 年）、原子核（西元 1911 年）及薛丁格的貓（西元 1911 年）

制動輻射

倫琴（**Wilhelm Conrad Röntgen**，西元 1845 年～西元 1923 年），
特斯拉（**Nikola Tesla**，西元 1856 年～西元 1943 年），
索莫菲（**Arnold Johannes Wilhelm Sommerfeld**，西元 1868 年～西元 1951 年）

制動輻射（Bremsstrahlung），又稱「剎車輻射」是指當一個帶電粒子，例如電子，因為原子核（Atomic Nuclei）的強大電場而突然減速時所發出的 X 光或其他電磁輻射。制動輻射在從材料科學到天文物理等許多物理學領域中都可以觀察到。

讓我們以 X 光管裡，高能電子（high energy electrons, HEEs）轟擊金屬靶而產生的 X 光為例。當高能電子撞擊到金屬靶時，靶原子裡的內層電子會被擊出，其他的電子可能會掉進這空缺裡，而放出 X 光的光子，其波長相當於靶原子各個能階間的能量差相當的 X 光光子。這種輻射稱為特徵 X 光（characteristic X-ray）。

另一種從金屬靶發出的 X 光就是當電子與靶撞擊而突然減速時所放出的制動輻射。事實上，所有加速或減速的帶電粒子都會放出制動輻射。由於減速的幅度有時非常大，因此有可能會放出位於 X 光光譜的短波輻射。和特徵 X 光不同的是，制動輻射的波長範圍是連續的，因為可能造成減速的原因很多，從幾乎與原子核正面對撞，到因為受帶正電的原子核的影響而產生多次偏折都有可能。

雖然倫琴在 1895 年就已經發現了 X 光，而特斯拉甚至在更早之前就已經觀察到，但是一直到許多年後才有人把 X 光的特徵光譜和制動輻射的連續光譜分開來研究。制動輻射這個詞就是物理學家索莫菲在 1909 年所命名的。

宇宙中到處都充斥著制動輻射。宇宙線在地球的大氣層中與原子核碰撞、減速、放出制動輻射而失去部分能量。除此之外，當貝塔衰變（beta decay，一種放出電子或正子的放射性衰變，放出的粒子被稱為貝塔粒子）發生時，貝塔粒子可能會受到本身原子核的偏折而產生內部制動輻射（internal bremsstrahlung）。

巨大的太陽閃焰會產生 X 光或伽瑪射線連續光譜的部分原因就是制動輻射。圖中所示的是 NASA 在 2002 年所發射的拉瑪第高能太陽光譜探測器（RHESSI），它的任務是觀測太陽所發出的 X 光和伽瑪射線。

參照
條目　夫朗霍斐線（西元 1814 年）、X 光（西元 1895 年）、宇宙射線（西元 1910 年）、原子核（西元 1911 年）、康普頓效應（西元 1923 年）及契忍可夫輻射（西元 1934 年）

西元 1910 年

宇宙射線

沃爾夫（**Theodor Wulf**，西元 1868 年～西元 1946 年），
赫斯（**Victor Francis Hess**，西元 1883 年～西元 1964 年）

皮耶歐傑宇宙射線觀測站（Pierre Auger Cosmic Ray Observatory）的科學家說：「研究宇宙射線的歷史就是一部科學探險記，近一個世紀以來，宇宙射線研究者爬上了山巔，搭上熱氣球，還前進到地球最遙遠的角落，都是為了嘗試了解這些來自外太空的高速粒子。」

這些轟擊地球的宇宙射線粒子中大約有九成是質子，其他的部分則包含了氦原子核（阿法粒子）、電子以及少數更重的原子核。由這些粒子的能量分布廣，可以知道宇宙射線的來源除了太陽閃焰以外，還有來自太陽系以外的銀河宇宙射線（galactic cosmic ray）。來自宇宙射線的粒子進入地球的大氣層時，會與氧分子與氮分子碰撞，產生含大量較輕粒子所組成的射叢（shower）。

宇宙射線是德國物理學者兼耶穌會教士沃爾夫在 1910 年所發現，他使用了靜電計（electrometer，一種可偵測高速帶電粒子的儀器）來偵測艾菲爾鐵塔頂端和底部的輻射。如果輻射來自地面，則當高度艾菲爾鐵塔上升時，偵測到的輻射量應該會逐漸變少。他預期這些輻射線主要來自地球本身的放射線，然而令他驚訝的是，他在塔頂所測得的輻射量比地面上高。1912 年，奧地利裔的美國物理學家赫斯帶著偵測器搭上熱氣球上升到海拔 5,300 公尺的高度，發現在那個高度下，輻射線強度比地面足足高了四倍。

有人很有創意地指稱宇宙射線是「來自外太空的殺人射線」，因為每年因癌症死亡的人數中有超過 10 萬人是宇宙射線所造成。宇宙射線的能量也足以破壞積體電路，而且可能會篡改儲存在電腦記憶體中的資料。科學家對能量最高的那些宇宙射線從何而來感到非常好奇，因為它們來的方向看不出是某一特定的源頭。但是超新星（supernovae，爆炸的恆星）與巨大恆星所產生的恆星風（stellar wind），可能是這些宇宙射線粒子的加速器。

宇宙射線可能會損害積體電路的元件。例如根據 1990 年代的研究，隨機存取記憶體（RAM）平均每月每 256 百萬位元組（Mbytes）中，就有一次宇宙射線造成的失誤。

參照條目　制動輻射（西元 1909 年）、積體電路（西元 1958 年）、伽瑪射線爆（西元 1967 年）及快子（西元 1967 年）

超導

昂內斯（Heike Kamerlingh Onnes，西元 1853 年～西元 1926 年），
巴丁（John Bardeen，西元 1908 年～西元 1991 年），
穆勒（Karl Alexander Müller，西元 1927 年生），
古柏（Leon N. Cooper，西元 1930 年生），
施里弗（John Robert Schrieffer，西元 1931 年生），
貝諾茲（Johannes Georg Bednorz，西元 1950 年生）

科學記者瓊安・貝克（Joanne Baker）說：「在非常低的溫度下，有些金屬和合金可以在沒有任何電阻的情況下導電。在這些超導體裡的電流可以留上幾十億年而不損失一點能量。當所有的電子都成對在一起前進時，就可以避免會產生電阻的碰撞而趨近於永恆運動狀態。」

事實上，當溫度低於某個臨界溫度時，許多金屬的電阻都會趨近於零。這種現象就稱為超導（Superconductivity），由荷蘭物理學家昂內斯在 1911 年所發現。當時他觀察到當水銀的樣品被冷卻到 4.2K 時（攝氏零下 269 度），電阻竟然變成了零。這表示理論上，不需要任電源，電流就可以在一圈超導體導線上永遠地流下去。1957 年，美國物理學家巴丁、古柏和施里弗推導出電子如何在低溫下形成電子對，並忽略周圍金屬的影響：假設我們用一個金屬窗紗來類比金屬的晶格中，帶正電的原子核的排列方式，當一個帶負電的電子在這些晶格間移動時，會吸引鄰近格點上的正電荷而導致晶格的局部形變，這種局部畸變再吸引另一個電子，與原本的電子配對一起移動，而降低整體的電阻。

1986 年，貝諾茲和穆勒發現了一種材料可以在較高溫度操作（35K 或攝氏零下 238 度）的超導，1987 年又發現了另一種可以在 90K（或攝氏零下 183 度）操作的材料。如果我們可以找到一種可以在室溫下的超導體操作，則將能夠打造出高性能的電力傳輸系統並省下大量的能源。超導體還會排斥所有的外加磁場，讓工程師得以製造出磁浮列車。超導體也被用來製造醫院的磁振造影儀裡的強力電磁鐵。

2008 年，美國能源部的布魯克海文國家實驗室的物理學家在由兩種銅酸鹽材料所形成的雙層膜中發現了介面高溫超導體。這種材料可能可以用來製造更高效率的電子元件。圖中的薄膜是一層一層堆疊而成的。

參照
條目　發現氦氣（西元 1868 年）、熱力學第三定律（西元 1905 年）、超流體（西元 1937 年）及核磁共振（西元 1938 年）

西元 1911 年

原子核

拉塞福（**Ernest Rutherford**，西元 1871 年～西元 1937 年）

今天我們知道由質子與中子組成的原子核，是位於原子中央非常緻密的區域。但是在二十世紀的前十年，科學家並不知道原子核的存在，他們以為原子就像一張帶正電的物質所組成的薄薄網子，而帶負電的電子就像是蛋糕上的櫻桃一樣點綴在其中。這個模型在拉塞福和他的同事對著一片薄薄的金箔發射了一束阿法粒子，結果發現了原子核之後完全被拋棄。拉塞福他們發現，大多數的阿法粒子（今天我們知道那是氦的原子核）都穿過了金箔，但是有少數的粒子竟然直接彈了回來。拉塞福後來說：「這簡直是我看過最不可思議的事……那就好像你對著一張衛生紙發射了一顆十五吋的砲彈，結果砲彈竟然彈回來打到你。」

把整張金箔的密度比喻成幾乎是均勻分布的櫻桃蛋糕模型無論如何都無法解釋這種現象。如果這樣的模型正確的話，科學家應該會觀察到阿法粒子在穿過金箔後變慢，就像是子彈穿過水一樣。他們當時並未預料到桃子般堅硬核心的存在。1911 年，拉塞福提出了一個今天我們都很熟悉的模型：原子包含一個帶正電的核心，以及包圍著這個核心的電子。藉由阿法粒子與原子核的碰撞頻率，拉塞福可以估算出原子核相對於原子大小的近似值。葛瑞賓（John Gribbin）說，原子核「的直徑是整個原子的十萬分之一，相當於針頭之於倫敦聖保羅大教堂（St. Paul's cathedral in London）的圓頂……而既然地球

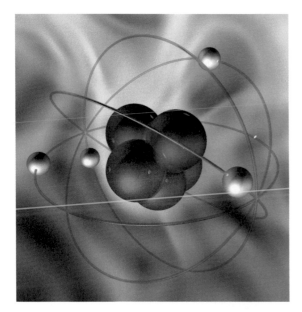

上所有的東西都是原子所組成的，那表示不管是你的身體或你坐的那張椅子，都是比實心物質大一千兆倍的空無一物的空間所組成的」。

古典原子模型中心的原子核示意圖。圖中只畫出一部分的核子（包含質子與中子）與電子。在真實的原子中，原子核的直徑遠小於原子的直徑。現代的原子模型中，通常把電子畫成雲狀，用以表示機率密度。

參照條目　原子論（西元 1808 年）、電子（西元 1897 年）、$E=mc^2$（西元 1905 年）、波耳原子模型（西元 1913 年）、迴旋加速器（西元 1929 年）、中子（西元 1932 年）、核磁共振（西元 1938 年）、核能（西元 1942 年）及恆星核合成（西元 1946 年）

卡門渦街

貝爾納（**Henri Bénard**，西元 1874 年～西元 1939 年），
卡門（**Theodore von Kármán**，西元 1881 年～西元 1963 年）

　　物理學最美麗的現象，可能也是最危險的現象。卡門渦街（Kármán Vortex Street）是流體流經「阻流體」（bluff bodies）後，要離開「阻流體」時，因邊界層的流體不穩定而形成的一連串漩渦。這裡所說的阻流體包括圓柱體、大攻角（angle of attack）的機翼以及某些重返大氣載具（reentry vehicle）的形狀等鈍角物體。作家張純如（Iris Chang）描述這個匈牙利物理學家卡門所研究的現象，包括他「在1911 年藉由數學分析，探討空氣動力學上的阻力的來源，這種阻力發生在氣流沿著機翼分開，並且在後方形成兩道平行的漩渦時。這種稱為卡門渦街的現象，在過去幾十年來被用來解釋潛艇、無線電塔以及電線杆為何會產生共振」。

　　有許多方法可以用來減少發生在工廠煙囪、汽車天線以及潛艇的潛望鏡等圓柱形物體上的振動。其中一種方法是利用螺旋狀（像螺絲釘一樣）的突起來減少交錯出現的漩渦。這種漩渦可能會造成塔樓倒塌，而且會對車子和飛機造成極大的風阻。

　　卡門渦街有時可以在河流流經橋柱時，或是車子駛過街道時，葉子在地面上劃出的小幅圓周軌跡上觀察到。而其中最美麗的景象，是在雲層通過地球表面障礙物，例如高聳的火山島時所形成。類似的渦流也可以幫助科學家研究其他星球上的氣象。

　　卡門在提到這個理論時表示：「很榮幸以我的名字來命名的理論。」因為根據伊斯萬哈吉泰（István Hargittai）的說法：「他認為發現本身，比發現者更為重要。大約二十年後，有位法國科學家貝爾納宣稱是他先發現了這種渦街，而卡門並未抗議。相反地，他以他特有的幽默提議，或許可以在倫敦使用卡門渦街這個詞，而在巴黎，則使用貝爾納大道（Boulevard d'Henri Bénard）。」

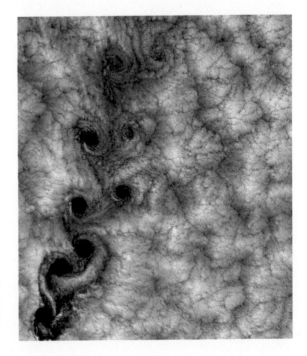

美國的大地衛星 Landsat-7 在智利外海的胡安費南德斯群島（Juan Fernández Islands）附近海岸，拍攝到雲層形成卡門渦街的樣子。研究這些圖案有助於我們了解機翼行為及地球氣候等現象中的氣流。

參照條目　白努利定律（西元 1738 年）、曲球（西元 1870 年）、高球小酒窩（西元 1905 年）及最快的龍捲風（西元 1999 年）

雲霧室

威爾森（**Charles Thomson Rees Wilson**，西元 1869 年～西元 1959 年），
蘭斯朵夫（**Alexander Langsdorf**，西元 1912 年～西元 1996 年），
格拉澤（**Donald Arthur Glaser**，西元 1926 年生）

在 1927 年的諾貝爾頒獎晚宴上，物理學家威爾森描述了他對多雲的蘇格蘭丘陵的熱愛：「每個早晨，我看見太陽從雲海上升起，山頭投射在雲上的陰影，被絢麗的七彩光圈圍繞著。那美麗的景色讓我愛上了雲彩……。」誰會想得到威爾森對雲霧的熱情竟然可以讓我們發現**反物質**（Antimatter）——正子（positron），以及其他許多種類的粒子，而且徹底改變了粒子物理的世界？

威爾森在 1911 年完成了他的第一個雲霧室（Wilson Cloud Chamber）。首先他讓雲霧室裡充滿飽和的水蒸氣，然後他移動隔膜來降低容器裡的壓力，使裡面的空氣膨脹，此時空氣的溫度會下降，並形成有利於水蒸氣凝結的條件。當能使空氣離子化的粒子穿過雲霧室時，水蒸氣會與產生的離子（帶電粒子）形成小水滴，而顯示出粒子的軌跡。例如阿法粒子（帶正電的氦原子核）在穿過雲霧室時，會扯走空氣原子中的電子而成為帶電的離子。由於水氣喜歡附著在這些離子上，因此阿法粒子通過的地方會形成一條像飛機凝結尾那樣的軌跡。如果在雲霧室中再加上一個均勻磁場的話，帶正電的粒子和帶負電的粒子就會偏向相反的方向。而其軌跡的曲率半徑就可以拿來計算粒子的動量。

雲霧室只是個開始。1936 年物理學家蘭斯朵夫開發出擴散式雲霧室（diffusion cloud chamber），這種雲霧室使用了更低的溫度，比傳統雲霧室更加靈敏，且能持續更久的時間。1952 年，物理學家格拉澤發明了氣泡室。氣泡室使用的是液體，可以比傳統氣體雲霧室觀察到能量更強的粒子的軌跡。更後來的火花室（spark chamber）則使用金屬線所形成的網格，藉由帶電粒子通過時所產生的火花來偵測其軌跡。

這座位於布魯克海文國家實驗室的雲霧室，在 1936 年時是全世界最大的粒子偵測器。這座雲霧室最著名的發現是 Ω－粒子。

參照條目　蓋革計數器（西元 1908 年）、反物質（西元 1932 年）及中子（西元 1932 年）

造父變星一度量宇宙

勒維特（**Henrietta Swan Leavitt**，西元 1868 年～西元 1921 年）

詩人濟慈（John Keats）有首詩說：「燦爛的星啊，我願如你般穩固堅定。」然而濟慈並不知道，有些星星的亮度會週期性（數天到數週不等的）地產生變化。造父變星（Cepheid Variables）的光變週期（由亮變暗再變亮所需的時間）與其視星等（luminosity）成正比。只需要一條簡單的方程式，就可以藉由造父變星的亮度變化估算出恆星之間與星系之間的距離。美國天文學家勒維特發現了造父變星的週期與亮度之間的關係，使她成為第一個知道如何計算地球與銀河系以外的星系的距離的人。勒維特在 1902 年成為哈佛天文台的全職員工，負責研究麥哲倫星雲（Magellanic Clouds）中的變星。1904 年，她利用一種稱為疊加的耗時方法，在麥哲倫星雲中發現了幾百顆變星。這些發現讓普林斯頓大學的查爾斯楊（Charles Young）教授都說：「勒維特小姐實在可以算是個『變星狂』，人們幾乎跟不上她發現變星的速度。」

勒維特最大的成就，是在她計算出 25 顆造父變星的確切週期，她在 1912 年發表了著名的周光關係（period-luminosity relation）：在兩組分別對應最大值與最小值的點之間可以很容易地畫出一條直線，這表示變星的亮度與它們的週期之間有個簡單的關係。勒維特還發現：「既然這些變星與地球之間的距離都差不多，它們的週期很明顯地與實際上發出的光（取決於其質量、密度與表面亮度）有關。」可惜的是，在研究完成之前勒維特就因為癌症而英年早逝。

1925 年，瑞典科學院的米塔列夫特（Mittag-Leffler）教授在完全不知道勒維特已過世的情況下寄了一封信給她，希望提名她為諾貝爾物理學獎候選人。然而由於諾貝爾獎從未頒給已過世的人，因此勒維特無緣於這項榮譽。

上圖──勒維特。右圖──哈伯太空望遠鏡（Hubble Space Telescope）所拍攝的螺旋星系 NGC1309。科學家可以藉由該星系中造父變星所發出的光，精確算出地球與這個星系之間的距離（1 億光年，也就是 30 百萬秒差距）。

參照條目　測量地球的埃拉托斯特尼（西元前 240 年）、量測太陽系（西元 1672 年）、恆星視差（西元 1838 年）及哈伯太空望遠鏡（西元 1990 年）

布拉格定律

威廉・亨利・布拉格（**William Henry Bragg**，西元 1862 年～西元 1942 年），
威廉・勞倫斯・布拉格（**William Lawrence Bragg**，西元 1890 年～西元 1971 年）

「我一生都奉獻給了化學和結晶。」X 光晶體學家哈金（Dorothy Crowfoot Hodgkin）說。而哈金的研究歸功於布拉格定律（Bragg's Law of Crystal Diffraction）。英國物理學家威廉・亨利・布拉格和他的兒子威廉・勞倫斯・布拉格在 1920 年所發現的布拉格定律解釋了電磁波在晶體表面產生繞射時所得到的實驗結果。布拉格定律是研究晶體結構時非常有用的工具。例如當我們以 X 光照射晶體表面時，X 光會與晶體中的原子產生交互作用，使原子重新輻射而產生干涉。根據布拉格定律，$n\lambda = 2d\sin(\theta)$，當 n 是整數時就會產生建設性干涉。其中 λ 是入射的電磁波波長（例如 X 光）；d 是晶格中各晶面之間的距離；而 θ 則是入射光與散射平面之間的夾角。

舉例來說，當 X 光穿過結晶形成反射後，會再移動同樣的距離回到結晶表面。移動的距離取決於結晶層之間的距離與 X 光的入射角。要得到強度最大的反射波，這些波必須位於同一個相位以產生建設性干涉。當 n 為整數時，則兩個波在反射後就會維持同樣的相位。例如當 n = 1 時，我們可以得到一級反射（first order reflection），n = 2 時我們可以得到二級反射。如果繞射時只牽涉到兩排原子，則

當值改變時，建設性干涉和破壞性干涉之間的差異並不大。但是當許多排原子參與干涉時，建設性干涉所產生的波峰就會十分明顯，波峰之間的幾乎都是破壞性干涉。

布拉格定律可以用來計算晶面之間的距離，也可以用來測量輻射的波長。X 光在晶體中所觀察到的干涉圖案，也就是所謂的 X 光繞射圖形，直接證明了結晶是由規則排列的原子所組成的、這個長達幾個世紀的假設。

上圖——硫酸銅晶體。1912 年物理學家勞厄（Max von Laue）以 X 光照射硫酸銅晶體時發現由許多規則排列的小點組成的繞射圖形。在 X 光實驗出現以前，科學家並不知道晶體中晶面之間的確切距離。左圖——布拉格定律讓我們終於能夠藉由 X 光繞射，研究由 DNA 等大型分子所形成的結晶構造。

參照條目 光的波動性（西元 1801 年）、X 光（西元 1895 年）、全像片（西元 1947 年）、看見單一原子（西元 1955 年）及準晶體（西元 1982 年）

波耳原子模型

波耳（**Niels Henrik David Bohr**，西元 1885 年～西元 1962 年）

「在談論希臘文時，有人曾說過，希臘文字飛翔在荷馬（Homer）的著作之間。」物理學家哥斯凡尼（Amit Goswami）說：「而量子力學開始飛翔，則是始於丹麥物理學家波耳在 1913 年所發表的論文。」波耳知道帶負電的電子可以很容易地從原子上移除，且帶正電的原子核位於原子的中央。因此在波耳的原子模型裡，原子核就像我們的太陽一樣位於原子的中央，而電子則像行星一樣繞著原子核旋轉。

這樣簡單的模型遲早會碰上問題。首先，一個繞著原子核轉動的電子，應該會放出電磁波。而當電子因此而失去能量後，它應該會往原子核掉落才對。為了防止原子崩壞，並解釋氫原子放射光譜的特性，波耳假設這些電子的軌道與原子核之間的距離並不是任意的值。相反地，電子會被限制在特定的軌道或殼層上。就像沿著梯子往上爬或往下降，當電子獲得能量時，它可以躍遷到能量較高的軌道或殼層上；它也可以落到能量較低的殼層，如果該殼層存在的話。電子在殼層之間的跳躍，只有當它吸收或放出特定能量的光子時才會發生。今天我們知道這個模型有許多缺點，而且無法用在較大的原子上，同時它還違反了**海森堡不確定性原理**（Heisenberg Uncertainty Principle），因此這個模型裡的電子不但有確定的質量和速度，還有確定的軌道。

物理學家特菲爾（James Trefil）說：「今天我們不再認為原子像微觀的行星一樣繞行著原子核轉，而是遵守**薛丁格方程式**，如同位於某種環狀潮汐池裡的水一樣，以機率波的方式沿著軌道附近上下起伏……然而現代量子力學所描繪的原子圖像，都源自於 1913 年波耳所提出的偉大洞見。」量子力學的第一種完整定義 —— 矩陣力學（Matrix mechanics），後來取代了波耳模型，為原子的能態間轉換提出了更好的敘述。

這些位於馬其頓奧赫里德圓形劇場的座位，可以比喻成波耳的原子模型。根據波耳模型，電子只能在特定殼層軌道上運轉，這些軌道有各自對應的能量，彼此不連續。

參照條目　電子（西元 1897 年）、原子核（西元 1911 年）、包立不相容原理（西元 1925 年）、薛丁格方程式（西元 1926 年）及海森堡不確定性原理（西元 1927 年）

密立根油滴實驗

密立根（**Robert A. Millikan**，西元 1868 年～西元 1953 年）

美國物理學家密立根在 1923 年諾貝爾獲獎演說上向世界保證，他已經偵測到單獨的電子，「看過這個實驗的人，事實上就已經『看到』了電子」。密立根指的是他的油滴實驗（Oil Drop Experiment）。在二十世紀初，密立根為了測量單一電子所帶的電荷，將油滴所形成的細小油霧噴灑到一個上下分別裝有金屬片，且金屬片之間施加了電壓的腔體中。由於部分油滴與噴霧器的噴嘴摩擦時會得到電子，因此這些油滴會受到正極金屬板的吸引。帶正電的單一油滴的質量可以藉由觀察其掉落的速度計算出來。事實上，如果密立根調整金屬板之間的電壓，可以讓帶電的油滴靜止地懸浮在兩金屬板間。藉由使油滴保持懸浮狀態所需的電壓以及油滴的質量，就可以計算出油滴所帶的總電荷。經過重複的驗證，密立根發現這些油滴的總帶電量並不是連續的，而是某個最低電荷值的整數倍。密立根認為這個值就是單一電子的帶電量（約為 1.592×10^{-19} 庫侖〔coulomb〕）。密立根的實驗要求非常嚴格，他所得到的數值略低於今天已知的電子帶電量 1.602×10^{-19}，因為當時他用的空氣黏度是錯誤的值。

蒂普勒（Paul Tipler）與盧埃林（Ralph Llewellyn）在他們的書中提到：「密立根測量電子電荷的實驗是物理學上少數真正非常關鍵的實驗之一……所有的電荷在比較時都是以此為標準……而且，雖然我們已經可以量測出量子化的電荷值，但即使到今天，我們還是不知道為何它會是這個值。」

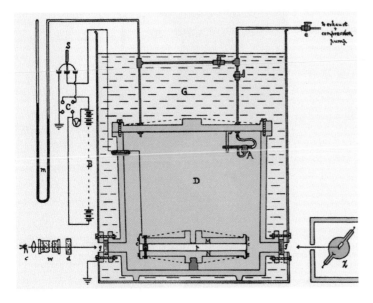

密立根在 1913 年發表的論文中用來描述其實驗的圖。霧化器（A）將油滴噴灑進腔體（D）中。在兩平行金屬板（M 與 N）間維持某電壓，然後觀察油滴在 M 與 N 之間的行為。

參照條目 庫侖定律（西元 1785 年）及電子（西元 1897 年）

廣義相對論

愛因斯坦（Albert Einstein，西元 1879 年～西元 1955 年）

　　愛因斯坦曾說：「想對物理學的基礎有更深認識的嘗試，在我看來似乎註定會失敗。除非，所有基礎的概念從一開始就是基於廣義相對性。」1915 年，在他發表狹義相對論（狹義相對論指出，距離與時間都不是絕對的。時鐘走的速度和我們相對於時鐘的運動狀態有關）的十年後，愛因斯坦提出了廣義相對論（General Theory of Relativity）的早期形式，以全新的觀點來解釋重力。愛因斯坦說，重力事實上並不是像其他作用力那樣的力，而是因為存在於時空（space-time）中的物質使時空發生彎曲而造成的。雖然我們知道廣義相對論在描述高重力場下的運動（例如水星的公轉軌道）時，遠比牛頓力學更為準確，但是牛頓力學在描述我們平常所體驗到世界時仍然非常有用。

　　根據廣義相對論，只要物質存在於空間中，就會使空間產生彎曲。讓我們以一個陷在橡膠墊上的保齡球為例，來想像星球對宇宙會產生什麼樣的影響。如果你把一個彈珠放在因為保齡球而凹陷的橡膠墊上，並且將彈珠往側邊推，你會發現就像行星繞著太陽轉動一樣，彈珠也沿著保齡球繞了幾圈。因為保齡球而彎曲的橡膠墊，就可以比喻成因星球而彎曲的空間。

　　廣義相對論可以幫助我們了解重力如何使時間產生彎曲而變慢。在許多情況下，廣義相對論似乎也允許時光旅行的發生。

　　另外，愛因斯坦還認為重力效應是以光速傳遞。因此如果突然把太陽從太陽系中移走，地球要等到大約 8 分鐘（光從太陽到地球所需的時間）後才會脫離現在的軌道。今天有許多物理學家相信，如同光以光子（電磁波的微小能量封包）的形式存在一樣，重力必然也具有量子的特性，而且以重力子（graviton）的形式存在。

愛因斯坦認為重力，是存在於時空中的物質，使時空發生彎曲而產生的。重力會同時干擾時間與空間。

參照條目　牛頓運動定律和萬有引力定律（西元 1687 年）、黑洞（西元 1783 年）、時光旅行（西元 1949 年）、重力梯度（西元 1890 年）、狹義相對論（西元 1905 年）及蘭德爾—桑卓姆膜（西元 1999 年）

弦論

卡魯札（**Theodor Franz Eduard Kaluza**，西元 1885 年～西元 1954 年），
席瓦茲（**John Henry Schwarz**，西元 1941 年生），
葛林（**Michael Boris Green**，西元 1946 年生）

數學家阿蒂亞（Michael Atiyah）說：「弦論（String Theory）裡所用到的數學，不管在細緻度和複雜度上，都遠遠地超過了過去物理理論中所使用的數學。在似乎跟物理毫不相干的領域，弦論在其數學上導出驚人成果。對許多人來說，這表示著弦論的方向是正確的⋯⋯」物理學家維頓（Edward Witten）說：「弦論是意外出現在二十世紀的二十一世紀物理學。」

許多現代的「超空間」（hyperspace）理論認為除了目前我們所知的空間和時間以外，宇宙還存在著其他的維度。例如 1919 年的卡魯札—克萊茵理論（Kaluza-Klein theory）就利用更高的空間維度來解釋電磁波和重力。這類概念中最新的數學呈現是超弦理論（superstring theory），超弦理論預測宇宙是由十或十一個維度所組成的，包括已知的三度空間，時間，以及六或七個額外的空間維度。在許多超空間理論裡，藉由這些額外的空間維度，可以將自然定律變得更簡單而優美。

在弦論裡，大多數的基本粒子，像是夸克（quark）或費米子（fermion，電子、質子與中子都屬於費米子），都可以用一些極微小的一維線段（弦）來模擬。雖然這些數學所推導出來的弦很抽象，但別忘了，在我們直接觀察到原子之前，它也曾一度被視為是「虛幻」的抽象數學觀念。然而由於弦太過微小，因此目前仍沒有方法能直接地觀察到弦。

在某些弦論裡，弦所形成的迴圈會在一般的三度空間中移動，同時在更高的空間維度中振動。我們可以用振動的吉他弦來做一個簡單的類比：吉他弦所發出的「音」（notes）就分別對應了電子、夸克與假想的重力子（傳遞重力的粒子）等不同粒子。

弦理論學家宣稱較高的空間維度會「緊緻化」（compatified），也就是緊密的捲成卡拉比—丘流形（Calabi-Yau spaces），因此這些額外維度基本上是看不到的。1984 年，葛林和席瓦茲在弦論上取得了更多的突破。

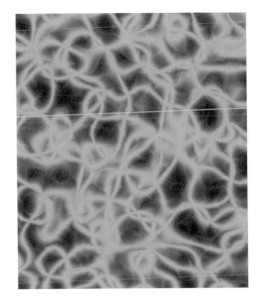

在弦論中，弦的振動模式決定了弦會成為什麼樣的粒子。以小提琴來比喻的話，就是當你彈一下 A 弦，電子就出現了；再彈一下 D 弦，就產生了夸克。

 參照條目 標準模型（西元 1961 年）、萬有理論（西元 1984 年）、蘭德爾-桑卓姆膜（西元 1999 年）及大強子對撞機（西元 2009 年）

愛因斯坦——偉大的啟迪者

愛因斯坦（**Albert Einstein**，西元 1879 年～西元 1955 年）

諾貝爾獎得主愛因斯坦被認為是人類有史以來最偉大的物理學家之一，同時也是二十世紀最重要的科學家。他提出的**狹義相對論**和**廣義相對論**徹底改變了我們對空間和時間的了解。他還對量子力學、統計力學和宇宙學做出了重要的貢獻。

「物理學已經距離我們的日常經驗如此遙遠。」《愛因斯坦在柏林》（*Einstein in Berlin*）的作者李維森（Thomas Levenson）說：「因此很難說如果今天出現了一項能和愛因斯坦比擬的成就，大多數的人是否還能夠瞭解其價值。當愛因斯坦在 1921 年第一次來到紐約時，好幾千人聚集在街道兩旁，等待車隊通過……想像一下今天有沒有哪個理論物理學家能得到這樣的待遇，答案是不可能。在愛因斯坦之後，物理學家的現實和大眾的想像之間再也沒有如此大的情感連結。」

綜合我訪談過的許多學者的看法，未來再也不會出現第二個愛因斯坦。李維森說：「未來科學似乎不太可能再有另一個像愛因斯坦這樣家喻戶曉的天才象徵。今天我們所探討的模型的複雜度，幾乎讓所有的科學家都只能侷限在部分的領域上。」和今天的科學家不同，愛因斯坦幾乎不需要與別人合作。愛因斯坦的狹義相對論論文裡，連一篇文獻也沒有引用。

應用心靈（Applied Minds）公司的共同董事長和創意長費倫（Bran Ferron）也說：「愛因斯坦這個『概念』可能比愛因斯坦本人更重要。」不只因為愛因斯坦是當代最偉大的物理學家，還因為他是一個「鼓舞人心的榜樣。他的一生和成就啟發了其他無數的偉大思想家。這些思想家對社會貢獻的總和，以及他們對後代將帶來的更多啟發，遠超過愛因斯坦本人的貢獻」。

愛因斯坦啟動了一個停不住的「智慧連鎖反應」，就像一大群排山倒海的神經元（neuron）和瀰母（meme，一種像情緒一樣能在心靈間傳播的理念）啁啾不停，它們將會永遠的響下去。

愛因斯坦於 1921 年在維也納發表演說時的照片，時年 42 歲。

參照條目 牛頓——偉大的啟迪者（西元 1687 年）、狹義相對論（西元 1905 年）、光電效應（西元 1905 年）、廣義相對論（西元 1915 年）、布朗運動（西元 1827 年）及霍金的星際奇航記（西元 1993 年）

斯特恩—革拉赫實驗

斯特恩（**Otto Stern**，西元 1888 年～西元 1969 年），
革拉赫（**Walter Gerlach**，西元 1889 年～西元 1979 年）

露易莎·基爾德（Louisa Gilder）說：「沒有人預料到斯特恩和革拉赫所發現的結果。當他們在 1922 年發表斯特恩—革拉赫實驗的結果後，物理學家之間起了一陣騷動。從這個實驗所得到的結論是如此地明確，以至於許多原本對量子理論抱著懷疑態度的人都改變了立場。」

想像一下，當你小心地把很多紅色小磁鐵棒從一個掛在牆前面的大磁鐵的南北極之間丟過去時，大磁鐵產生的磁場會讓小磁鐵棒產生偏轉，而使得小磁鐵棒撞到牆上時形成一片散亂的痕跡。1922 年，斯特恩和革拉赫利用電中性的銀原子進行了一個實驗，銀原子的外側軌域（orbital）含有一個未成對的電子。當這個電子旋轉時會產生一個小磁矩，就像是我們的思考實驗裡的那個小磁鐵。事實上，未成對電子的自旋會使得原子像一個羅盤的指針一樣具有南極與北極。這些銀原子在抵達偵測器之前會通過一個非均勻磁場。如果銀原子上的磁矩各個方向都有的話，我們預期偵測器上應該會看到整片因為撞擊而產生的痕跡。由於外加磁場會使得這些小磁鐵的某一端所受到的作用力略大於另一端所受的力。如果把時間拉長，電子磁場的指向如果是隨機的，所承受的力應該是在某個連續範圍內才對。然而，斯特恩和革拉赫卻發現，偵測器上只有在原本銀原子束的上方與下方出現兩個撞擊區域，這表示電子的自旋也是量子化的，而且只有兩種特定的方向。

請注意粒子的自旋，和古典理論中具有角動量的旋轉球體的概念不同；事實上自旋是個有點神祕的量子力學現象。不管是電子、質子或中子，都具兩個自旋態。但是較重的中子與質子上的磁矩遠小於電子，因為磁偶極的強度與質量成反比。

紀念斯特恩和革拉赫的牌匾，放置於他們當初進行實驗的建築物入口處。這棟建築位於德國的法蘭克福。

參照條目　論磁石（西元 1600 年）、高斯和磁單極子（西元 1835 年）、電子（西元 1897 年）、包立不相容原理（西元 1925 年）及 EPR 悖論（西元 1935 年）

霓虹燈

克洛德（**Georges Claude**，西元 1870 年～西元 1960 年）

　　如果不追憶一下我所謂的「物理往日情懷」（physics of nostalgia）的話，霓虹燈（Neon Signs）的討論是不完整的。法國化學家及工程師克洛德發明了霓虹燈管，並且為戶外廣告招牌的商業應用申請專利。1923 年，克洛德將霓虹燈引進美國。「很快地，1920 與 1930 年代的美國高速公路兩旁，就出現了許多這種刺破黑夜的霓虹燈。」卡辛斯基（William Kaszynski）在他的書裡說：「霓虹燈，對那些油箱就快空掉或是急著想找個地方躺下來睡覺的旅人來說，就像是上帝賜予的禮物。」

　　霓虹燈是裡面含有低壓的氖氣（neon）或其他氣體的玻璃管。通過管壁的導線將霓虹燈接到電源上，當電源打開時，電子被吸引到正極，這些電子有時會與氖原子產生碰撞，並且敲掉氖原子上的電子，產生一個自由電子與一個帶正電的氖離子。Ne^+ 自由電子、Ne^- 與中性的氖原子會形成導電的**電漿**（Plasma），電漿中的自由電子會受到 Ne^+ 的吸引。有時 Ne^+ 會抓住一個在位於高能階的電子。當這個電子從高能階掉到較低的能階時，就會放出特定波長（或顏色）的光，例如氖氣放出來的是紅橘色的光。當管子裡裝了不同的氣體時，就可以產生不同顏色的光。

　　霍利休斯（Holly Hughes）在他的《在它們消失前必看的五百個地方》（*500 Places to See Before They Disappear*）裡說：「霓虹燈最妙的地方是，你可以把那些玻璃燈管扭成任何你想要的形狀。當美國人在 1950 和 1960 年代開始把車開上高速公路時，廣告商看上了這一點，把每個地方，保齡球館、冰淇淋店、雞尾酒吧，都裝上了霓虹燈。將夜晚的街景妝點得色彩繽紛。文物保存者正盡力為下一代留下這些霓虹燈，不管是保留原狀或是將它們放進博物館。畢竟，你能想像少了巨大甜甜圈霓虹招牌的美國會是什麼模樣嗎？」

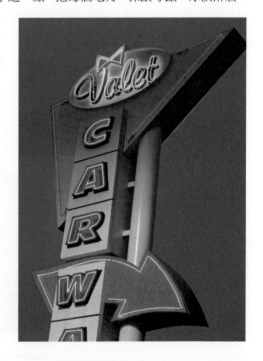

復古的五十年代洗車店霓虹招牌。

參照條目　摩擦發光（西元 1620 年）、螢光（西元 1852 年）、電漿（西元 1879 年）及黑光燈（西元 1903 年）

西元 **1923** 年

康普頓效應

康普頓（**Arthur Holly Compton**，西元 1892 年～西元 1962 年）

　　想像一下你對著一堵遠方的牆尖叫，然後你聲音的回音傳了回來。你不會預期你的聲音傳回來時會低了八度。聲波反彈後的頻率不會改變。但是物理學家康普頓在 1923 年觀察到，當 X 光照射電子而產生散射時，散射出來的 X 光會具有較低的頻率與能量。傳統的電磁輻射波動模型並未預測到會發生這樣的現象。事實上，散射出來的 X 光表現得就像是撞球，將部分的能量轉移給了電子（把電子當成另一顆撞球）。換句話說，電子取得了一部分 X 光粒子的初始動量。對撞球來說，球在碰撞之後的能量，取決於彼此再分開時的角度，而康普頓在觀察 X 光的散射時，也發現同樣的角度相關性。康普敦效應（Compton Effect）為量子理論提供了進一步證據，證明光同時具有波動與粒子的特性。愛因斯坦之前也曾為量子力學提供證據，證明可以用光的封包（現在稱為光子）來解釋為何銅板只有在特定頻率的光的照射下才會放射出電子的**光電效應**（Photoelectric Effect）。

　　如果以單純的波動模型來探討 X 光和電子，可能會預期電子受到入射光啟動，而與入射光以相同的頻率產生共振，然後再重新輻射出同頻率的光。康普頓則把 X 光視為光子，利用已知的物理定律 E＝hf 和 E＝mc^2 計算出光子的動量為 hf／c。結果發現散射 X 光的能量與這些假設一致。這裡的 E 是能量，f 是頻率，m 是質量，h 則是蒲朗克常數。在康普頓的這些特定實驗裡，原子對電子的束縛力可以忽略，基本上可以把電子視為不受束縛，且可以自由地往任何方向散射。

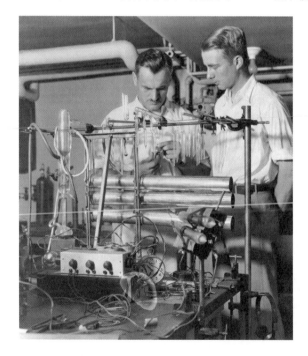

1933 年康普頓（左）和他的研究生路易士阿凡雷攝於芝加哥大學。兩位都曾獲得諾貝爾物理學獎。

參照條目 光電效應（西元 1905 年）、制動輻射（西元 1909 年）、X 光（西元 1895 年）及電磁脈衝（西元 1962 年）

德布羅依關係式

德布羅依（**Louis-Victor-Pierre-Raymond, 7th duc de Broglie**，西元 1892 年～西元 1987 年），
戴維森（**Clinton Joseph Davisson**，西元 1881 年～西元 1958 年），
革末（**Lester Halbert Germer**，西元 1896 年～西元 1971 年）

　　許多次原子世界的研究已經告訴我們，電子或光子（光的封包）等粒子和我們日常生活中所接觸到的物體非常地不同。這些物質似乎兼具波動和粒子的特性，由不同的實驗與現象來決定哪個較突顯。歡迎來到量子力學的詭異世界。

　　1924 年法國物理學家德布羅依認為，物質的粒子也可以被視為一種波，同時也會具有波常見的特性，包括波長（波峰之間的距離）。事實上，所有的物體都具有波長。1927 年，美國物理學家戴維森和革末示範電子彷彿光一樣地繞射和干涉，證明電子和光一樣具有波的特性。

　　著名的德布羅依關係式（De Broglie Relation）告訴我們，物質波的波長和該粒子的動量（簡單地說就是質量乘以速度）成反比，更精確地說就是 $\lambda = h/p$。其中 λ 是波長，p 是動量，h 是蒲朗克常數。瓊安貝克（Joanne Baker）說，利用這條關係式可以計算出「較大的物體，像是球形軸承或是貓，具有的波長很小，小到看不見，所以我們觀察不到他們表現出波的特性。一個飛過球場上的網球，其波長只有 10^{-34} 公尺，遠小於質子的大小（10^{-15} 公尺）」。而螞蟻的波長顯然會比人類大。

　　在戴維森和革末的電子繞射實驗之後，其他粒子，像是中子、質子甚至是像巴克球（buckyball）這樣由碳原子所組成的足球狀分子（1999 年的實驗），都驗證了德布羅依的假說。

　　德布羅依是在他的博士論文中提出這個想法，由於這個想法太過激進，他的論文委員第一時間甚至不太確定是否該核准他的論文。德布羅依後來因為這個研究而贏得諾貝爾獎。

1999 年，維也納大學的研究人員證明了由 60 個碳原子所形成的巴克球分子（buckminsterfullerene）也會表現出波動的特性。他們把一束分子以每秒 200 公尺左右的速度打進一道光柵裡，產生了呈現波動特性的干涉條紋。

參照條目　光的波動性（西元 1801 年）、電子（西元 1897 年）、薛丁格方程式（西元 1926 年）、量子穿隧效應（西元 1928 年）及巴克球（西元 1985 年）

包立不相容原理

包立（Wolfgang Ernst Pauli，西元 1900 年～西元 1958 年）

想像一下棒球場，當觀眾從最靠近球場的位置開始入座的情形。這個例子可以用來類比電子填入原子軌域中的情形，而且不管是棒球或是原子物理，都有規則決定劃定的區域裡可以填入多少電子或多少人。畢竟如果不止一人想擠到同一個小位子上的話，可能會非常地不舒服。

包立不相容原理（Pauli Exclusion Principle）解釋了為何物質有形狀體積，以及為何兩個物體無法佔據同一個空間。這也是我們為何不會掉到樓下去，以及**中子星**（Neutron Stars）雖然質量驚人也不會繼續坍縮的原因。

更精確地說，包立不相容原理告訴我們，沒有兩顆相同的費米子（例如電子、質子與中子）可以同時佔據同一量子態，電子態包括費米子的自旋態。例如佔據同一原子軌域的兩個電子，必須要有相反的自旋態。當一個原子軌域中已經被自旋態相反的成對電子佔據時，其他的電子就無法再進入該軌域，除非原本位於該軌域中的其中一顆電子離開。

包立不相容原理經過了反覆地驗證，是物理中最重要的定理之一。作家蜜雪拉・瑪西米（Michela Massimi）在她的書裡說：「從光譜學到原子物理，從量子場論到高能物理，科學上幾乎沒有其他的定

理像包立不相容原理一樣影響深遠。」藉由包立不相容原理，我們就可以計算或了解週期表上的化學元素的電子組態以及原子光譜。科學記者安德魯・華生（Andrew Watson）說：「包立在1925 年的早些時候提出了這條定理，當時現代量子論還沒出現，電子自旋的概念也還未問世。他的出發點很簡單：一定有某種機制避免原子中的所有電子都坍塌到最低能量態……所以包立不相容原理防止了電子──以及其他的費米子，侵犯到彼此的空間。」

名為「包立不相容原理」或「為何小狗不會突然掉進地底下」的藝術品。包立不相容原理解釋了為何物質有形狀和體積，為何我們不會掉到樓下去，以及中子星雖然質量巨大卻不會繼續坍縮的原因。

參照條目 庫侖定律（西元 1785 年）、電子（西元 1897 年）、波耳原子模型（西元 1913 年）、斯特恩－革拉赫實驗（西元 1922 年）、白矮星與錢德拉賽卡極限（西元 1931 年）及中子星（西元 1933 年）

薛丁格方程式

薛丁格（**Erwin Rudolf Josef Alexander Schrödinger**，西元 1887 年～西元 1961 年）

物理學家米勒（Arthur I. Miller）說：「薛丁格方程式（Schrödinger's Wave Equation）讓科學家能夠詳細地預測物質如何運作，並具體描繪出原子系統的構造。」薛丁格顯然是與他的情婦在瑞士的一個滑雪勝地度假時推導出他的方程式，他的情婦似乎同時催發了他的天才和他所謂的「情慾爆發」（erotic outburst）。薛丁格方程式利用波函數（wave function）和機率來描述極致真實的世界。根據這條方程式，我們可以計算出粒子的波函數：

$$i\hbar \frac{\partial}{\partial t} \psi(r,t) = -\frac{\hbar^2}{2m} \nabla^2 \psi(r,t) + V(r)\psi(r,t)$$

在這裡我們不需要討論這條方程式的細節，只要知道 $\psi(r,t)$ 是波函數就可以了。波函數是粒子出現在給定的位置 r 與時間 t 下的機率幅（probability amplitude）。∇^2 用來描述 $\psi(r,t)$ 在空間中的變化。V(r) 則是粒子在位置 r 的位能。就像以一般的波動方程式來描述池塘上漣漪前進的情形一樣，薛丁格方程式也可以描述粒子（例如一顆電子）在空間中機率波的分布情形。波峰對應的是粒子最可能出現的位置。這個方程式也可以幫助我們了解原子中的電子能階，因而成為量子力學（原子世界的物理學）的基石之一。雖然把粒子描述成波看起來有奇怪，但在量子的世界裡，這種奇怪的波粒二象性是必須的。例如光可以表現得像波或是粒子（光子），而粒子如電子與質子等也會表現出波的行為。我們也可以把原子裡的電子想像成鼓面上的波，波動方程式所解出的不同振動模式就分別對應到不同的原子能階。

海森堡（Werner Heisenberg）、波恩（Max Born）和約當（Pascual Jordan）在 1925 年曾提出的矩陣力學（matrix mechanics），利用矩陣來解釋一些粒子的特性。矩陣力學其實就是薛丁格方程式的另一種表述形式。

1983 年印製的奧地利 1000 先令紙鈔上的薛丁格像。

參照條目　光的波動性（西元 1801 年）、電子（西元 1897 年）、德布羅依關係式（西元 1924 年）、海森堡不確定性原理（西元 1927 年）、量子穿隧效應（西元 1928 年）、狄拉克方程式（西元 1928 年）及薛丁格的貓（西元 1911 年）

西元 1927

海森堡不確定性原理

海森堡（Werner Heisenberg，西元 1901 年～西元 1976 年）

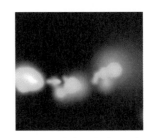

保羅斯（John Allen Paulos）說：「我們唯一確知的就是不確定性。而安全的唯一方法就是知道如何與不安全共處。」海森堡不確定性原理（Heisenberg Uncertainty Principle）說，我們無法同時準確地得知一個粒子的位置與速度。更精確地說，當我們量到的位置越準確時，量到的動量就越不準，不確定性原理對微觀尺度的原子和次原子粒子尤其重要。

在海森堡發現這條定理前，大多數的科學家都相信，任何量測的精準度只受限於使用的儀器。但德國物理學家海森堡提出了一個假設，認為即使我們可以建造一個無限準確的儀器，也無法同時精確地決定一個粒子的位置與動量（質量速度）。不確定性原理關心的並不是我們在量測粒子的位置時對動量所造成的擾動。我們可以非常準確地量測出粒子的位置，但與此同時，我們對其動量將幾乎一無所知。

對那些同意量子力學的哥本哈根詮釋（Copenhagen interpretation）的科學家而言，海森堡不確定性原理意味著，物質宇宙事實上並非以決定論的形式存在，而是機率的集合。同樣的，即是在理論上，我們也無法藉由無限精準的量測來預測光子等基本粒子的路徑。

1935 年，海森堡的導師索莫菲（Arnold Sommerfeld）在慕尼黑大學的教職理應由他來接任。但是納粹要求「德國物理」必須要取代包含量子力學與相對論在內的「猶太物理」，因此雖然海森堡並非猶太人，仍然被排拒在慕尼黑大學之外。

二戰期間，海森堡負責帶領德國失敗的核子武器計畫。今天，科學史學家仍在爭論，這個計畫之所以失敗，是因為缺乏資源、團隊中缺乏適合的科學家、海森堡本人缺乏意願為納粹提供威力強大的武器或其他的因素。

上圖——根據海森堡的不確定性原理，粒子是以機率的總集合的形式存在，而且即使藉由無限準確的測量方法，也無法預測出它們的路徑。左圖——德國在 2001 年所發行的海森堡肖像郵票。

參照條目 拉普拉斯惡魔（西元 1814 年）、熱力學第三定律（西元 1905 年）、波耳原子模型（西元 1913 年）、薛丁格方程式（西元 1926 年）、互補原理（西元 1927 年）、量子穿隧效應（西元 1928 年）及玻色－愛因斯坦凝聚態（西元 1995 年）

互補原理

波耳（Niels Henrik David Bohr，西元 1885 年～西元 1962 年）

丹麥物理學家波耳為了解釋神祕的量子力學謎團，在 1920 年代後期發展出一個他稱之為互補（complementarity）的概念，例如光有時會表現出波的特性，其他時後則表現出粒子的特性。基爾德（Louisa Gilder）說，對波耳而言，「互補性就像是個宗教信仰，我們必須接受量子世界裡的悖論是物質的基本性質，無法被『解』出來，或是徒勞無功地嘗試想找出『到底發生了什麼事』，波耳以一種不尋常的方式來使用這個字：舉例來說，波動和粒子（或是位置與動量的）互補性表示當其中一種完全存在時，另外一種就完全不存在。」波耳本人則曾在 1927 年於義大利科摩的演講中提到，波和粒子都是「抽象的概念，只有透過與其他系統的互動才能觀察並定義出它們的性質」。

有時候，關於「互補的物理」與「互補的哲學」似乎會與藝術理論產生交集。科學作家柯爾（K. C. Kole）說，波耳「對立體派（cubism）畫作極為著迷，後來他的朋友解釋說，因為在立體派的畫作裡，『一個物體可以化身為好幾種東西，可以變化，看起來可以是臉、手腳或是一盆水果』。波耳繼續發展他的互補哲學，說明為何電子可以改變，看起來可以像是個波或是個粒子。就像立體派畫作一樣，互補可以讓矛盾的觀點並存於同一個自然框架下」。

波耳認為從我們日常生活的觀點來看次原子的世界是不恰當的。波耳說：「我們對自然的描述，不是為了揭露現象底下的真實核心，而是為了盡可能發掘經驗中的各種面向的連結。」

物理學家惠勒（John Wheeler）在 1963 年談到這個原理的重要性：「波耳的互補原理是這個世紀最具革命性的科學概念，而且是他為了確認量子理論的重要性所進行長達 50 年研究的核心。」

有關「互補的物理」與「互補的哲學」似乎經常與藝術理論產生交集。波耳對立體派畫作極為著迷，因為這些畫作有時容許「矛盾」的觀點同時並存，就像圖中這張捷克畫家尤金·伊凡諾夫（Eugene Ivanov）的畫作。

參照條目　光的波動性（西元 1801 年）、海森堡不確定性原理（西元 1927 年）、EPR 悖論（西元 1935 年）、薛丁格的貓（西元 1911 年）及貝爾定理（西元 1964 年）

西元 1927 年

鞭子的超音速音爆

文獻中可以找到許多關於鞭子如何產生超音速音爆（Hypersonic Whipcracking）的論文，但是最近的一些論文又引起了關於音爆真正的機制的有趣辯論。物理學家在 20 世紀初期就已經知道快速且適當地揮動長鞭的話，鞭梢的速度可以超過音速。1927 年，物理學家卡列爾（Z. Carrière）曾利用高速的陰影攝影法證明鞭子發出的爆響是來自於音爆（sonic boom）。如果忽略摩擦力的話，傳統的解釋是當鞭子的可動部分隨著鞭梢甩出而越來越小時，其速度會因為能量守恆而變快。點質量的動能可以表示成 $E = 1/2mv^2$，如果 E 保持不變而 m 變小的話，則速度 v 就必須增加。因此到最後鞭梢部分的速度會超過音速（在乾燥空氣中與室溫 20℃下的速度約為每小時 1236 公里），並因此而產生音爆，就像噴射機超過空氣中的音速時所發生的**音爆**一樣。鞭子可能是第一種可以突破音障（sound barrier）的人造物品。

2003 年，應用數學家艾倫・葛萊利（Alain Goriely）和泰勒・麥米倫（Tyler McMillen）模擬了一個環圈沿著一根逐漸變細的桿子移動時所產生的引發鞭子爆響的衝擊波。他們在論文中討論了這個複雜的機制：「爆響源自於音爆，而音爆是當鞭梢部分的速度超過了音速所造成的。當一道波傳送到桿子的尾端時，環圈的動能、儲存在環圈中的彈性能以及桿子的角動量，都被集中到桿子上的一小部分，這些能量隨後全都被傳送到尾端，造成鞭梢產生極大的加速度。鞭子頭粗尾細的構造也增加了鞭梢所能達到的最大速度。」

鞭子的爆響來自於音爆。鞭子是第一種能夠突破音障（sound barrier）的人造物品。

參照
條目　標槍投射器（西元前三萬年）、契忍可夫輻射（西元 1934 年）及音爆（西元 1947 年）

狄拉克方程式

狄拉克（**Paul Dirac**，西元 1902 年～西元 1984 年）

和**反物質**（Antimatter）的討論相同，物理方程式有時會產生一些方程式發現者沒有預期到的想法或結果。就像物理學家威查克（Frank Wilczek）在他介紹狄拉克方程式（Dirac Equation）的文章裡所說的，這些方程式看起來就像是有魔力。1927 年，狄拉克試圖找出一個**薛丁格方程式**的版本，這個版本必須符合狹義相對性定理。狄拉克方程式的其中一種寫法如下：

$$(\alpha_0 mc^2 + \sum_{j=1}^{3} \alpha_j p_j c)\psi(x,t) = i\hbar \frac{\partial \psi}{\partial t}(x,t)$$

這個在 1928 年發表用來描述電子與其他基本粒子的方程式可同時滿足量子力學與**狹義相對論**。這個方程式還預測了反粒子的存在，並且某種程度上預告了實驗上的發現。正子，電子的反粒子，就是因此而被發現，這也是數學對現代理論物理學的重要性的一個絕佳例子。方程式裡的 m 是電子的靜止質量（rest mass），h 是約化蒲朗克常數（reduce Planck's constant，1.054×10^{-34} J・S），c 是光速，p 是動量運算子，x 與 t 分別為空間與時間座標，$\psi(x,t)$ 是波函數，α 是作用在波函數上的線性運算子。物理學家弗里曼・戴森（Freeman Dyson）曾讚頌這條方程式讓人類對真實的掌握往前跨了一大步。他說：「有時候，整個科學領域會因為單一條基本方程式的發現而突然產生很大的進展。而 1926 年的薛丁格方程式和 1927 年的狄拉克方程式就是這樣奇蹟般地為原本神祕難解的原子物理世界帶來了秩序。所有混沌複雜的化學與物理現象，都可以簡化為這兩行代數符號。」

狄拉克方程式是唯一一條可以在倫敦西敏寺看到的方程式，這條方程式銘刻在狄拉克的紀念牌匾上。右圖是經過視覺處理後的牌匾，可以看到簡化版的狄拉克方程式。

參照
條目　電子（西元 1897 年）、薛丁格方程式（西元 1926 年）、狹義相對論（西元 1905 年）及反物質（西元 1932 年）

量子穿隧效應

蓋謨（**George Gamow**，西元 1904 年～西元 1968 年），
格尼（**Ronald W. Gurney**，西元 1898 年～西元 1953 年），
康登（**Edward Uhler Condon**，西元 1902 年～西元 1974 年）

　　如果你把一個銅板往兩個房間之間的牆壁丟過去，銅板最後會彈回來，因為它沒有足夠的能量穿過那道牆。但是根據量子力學，這個銅板事實上可以表示成模糊的機率波函數，而這個波函數會延伸到牆的另一邊。這表示事實上，這個銅板有個很小的機率會從牆壁「穿隧」（tunneling）而過，跑到牆的另一邊。粒子之所以能穿過這些能障，是因為能量也適用**海森堡不確定性原理**。根據這個原理，我們無法精確地得知粒子在某個時刻下所擁有的能量。相反地，在很短的時間尺度下，粒子所能帶有的能量範圍非常廣，因此可能會擁有足以穿過能障的能量。

　　有些電晶體（transistor）會利用穿隧效應讓電子從元件的某個部分移動到另一個部分。有些原子核的衰變也會透過穿隧效應放出粒子。例如阿法粒子（氦原子核）就是藉由穿隧效應離開鈾原子核。根據蓋謨與雙人組格尼、康登在 1928 年分別發表的論文，如果沒有穿隧效應，阿法粒子將永遠無法脫離原子核。

　　穿隧效應對於維持太陽內部的核融合反應也很重要。少了穿隧效應，恆星將不會發光。掃描式穿隧電子顯微鏡（Scanning tunneling microscopes）也利用銳利的顯微探針和探針與試片之間的穿隧電流，來幫助科學家觀察微觀的物質表面。最後穿隧也被用在早期宇宙的模型中，並用來了解酵素的機制是如何增加反應速度的。

　　雖然穿隧效應在次原子尺度下經常發生，但是穿過臥房跑到隔壁廚房的機率很低（雖然不是不可能）。如果你每秒鐘都去撞牆一次，那你大概要等上跟宇宙的年齡差不多的時間，才有機會穿牆而過。

位於桑達亞國家實驗室的掃描式穿隧電子顯微鏡。

參照條目 放射線（西元 1896 年）、薛丁格方程式（西元 1926 年）、海森堡不確定性原理（西元 1927 年）、電晶體（西元 1947 年）及看見單一原子（西元 1955 年）

哈伯定律

哈伯（**Edwin Powell Hubble**，西元 1889 年～西元 1953 年）

　　宇宙學家赫欽拉（John P. Huchra）說：「我們的宇宙正在膨脹，這可能是截至目前為止宇宙學上最重要的發現。這個發現和哥白尼定理——告訴我們地球不是宇宙的中心，以及**奧伯斯悖論**（Olbers' Paradox）——討論為何夜晚的天空是黑的，是現代宇宙學的三大基石。這個發現讓宇宙學家開始思考動態的宇宙模型，也意味著宇宙存在著時間尺度或年齡。而這個發現主要乃是始自於哈伯對鄰近星系間距離的估算。」

　　1929 年，美國天文學家哈伯發現，距離我們越遠的星系，遠離我們的速度就越快。他發現不管是星系或星團之間的距離，都持續地在增加，也就是說宇宙正在擴張。

　　有許多星系的速度（指的是遠離地球的速度）都可以藉由該星系的紅移來估計，所謂的紅移是在地球上所接受到的電磁輻射波長比原發射源的波還要長的現象。紅移的發生是因為宇宙的擴張導致其他星系正在以高速遠離我們的銀河系。光源的波長因為光源與觀察的相對運動而改變的現象就是一種**都卜勒效應**。另外還有依些方法也可以用來決定星系遠離的速度（受到局部重力場支配的物體，例如同一星系裡的恆星，並不會出現這種明顯彼此遠離的現象）。

　　雖然在地球上我們會看到所有遙遠的星系都正在離我們遠去，但我們在宇宙的位置並不特殊。在其他任一星系上的觀察者同樣會看到所有的星系離他遠去的現象，因為宇宙正在擴張。宇宙正在膨脹是我們的宇宙始自於**大霹靂**以及隨之而來的擴張的主要證據之一。

幾千年來，當人類仰望天際時總是好奇我們到底身處於宇宙的何處。圖中，是 1673 年波蘭天文學家約翰內斯·赫維留斯（Johannes Hevelius）與他的太太伊麗莎白（Elisabeth）正在進行觀測的情形。伊麗莎白是最早的女性天文學家之一。

參照條目　大霹靂（西元前一百三十七億年）、都卜勒效應（西元 1842 年）、奧伯斯悖論（西元 1823 年）、宇宙微波背景輻射（西元 1965 年）、宇宙暴脹（西元 1980 年）、暗能量（西元 1998 年）及宇宙大撕裂（三百六十億年後）

迴旋加速器

歐內斯特・勞倫斯（**Ernest Orlando Lawrence**，西元 1901 年～西元 1958 年）

納森・丹尼森（Nathan Dennison）說：「最早的粒子加速器是直線的，但是歐內斯特勞倫斯另闢蹊徑，而使用許多微小的電脈衝加速圓形軌道中的粒子。從一個紙上的草圖開始，他的第一個設計只花了 25 塊美元的成本。勞倫斯持續改良他的迴旋加速器（Cyclotron），甚至把廚房裡的椅子都拿來用。最後他終於在 1939 年獲得了諾貝爾獎。」

勞倫斯的迴旋加速器藉由一個固定的磁場和變動的電場使原本位於中心的帶電原子或次原子粒子產生一個螺旋路徑，並且不斷地加速。在抽真空的腔體中旋轉許多圈之後，這些高能粒子最後會與原子產生碰撞，再藉由偵測器來分析碰撞後的結果。迴旋加速器相較於過去加速器的優點在於，它可以在有限的空間內達到非常高的能量。

勞倫斯的第一具粒子加速器直徑只有幾英吋。但是到了 1939 年，他已經開始規劃在加州大學柏克萊分校建造一座有史以來最巨大且昂貴的原子研究設備。當時我們對原子核的構造所知有限，這座迴旋加速器需要用到足以打造一艘大型貨輪的鋼鐵以及足以供應整個柏克萊市使用的電力，這座迴旋加速器藉由高能粒子與原子核碰撞後所產生的核子反應可以讓我們更了解原子核的內部結構。迴旋加速器也被用來製造放射性材料以及醫療上所使用的追蹤劑。位於柏克萊的迴旋加速器製造出鎝（technetium），這是第一個人工合成的化學元素。

迴旋加速器開啟了現代高能物理的紀元，它是一種巨大、造價高昂且需要許多工作人員才能操作的設備。迴旋加速器使用的是固定的磁場和頻率固定的外加電場，但是在另一種後來發展出來的環形加速器 —— 同步加速器（synchrotron）中，磁場與電場都會改變。最早的同步輻射是在 1947 年由奇異電器公司（General Electric Company）所開發出來。

物理學家米爾頓・史丹利・李文斯頓（Milton Stanley Livingston，圖左）與歐內斯特・勞倫斯（圖右）在 1934 年與加州大學柏克萊分校舊放射實驗室的 27 吋迴旋加速器合影。

參照條目　放射線（西元 1896 年）、原子核（西元 1911 年）、微中子（西元 1956 年）、大強子對撞機（西元 2009 年）

白矮星與錢德拉賽卡極限

錢德拉賽卡（**Subrahmanyan Chandrasekhar**，西元 1910 年～西元 1995 年）

　　強尼凱許（Johnny Cash）曾在他的一首歌〈農民曆〉（Farmer's Almanac）裡說，上帝給了我們黑暗，所以我們才看的到星星。然而在所有會發光的星星裡，最難找到的是一種恆星即將邁入死亡的狀態，我們把它稱之為白矮星（white dwarfs）。大部分的恆星，包括我們的太陽，在死亡時都會成為緻密厚重的白矮星。一個茶匙大小的白矮星物質，在地球上的重量可達好幾噸。

　　科學家最早在 1844 年就猜測有白矮星的存在，當時科學家發現天狼星（Sirius，北天最亮的恆星）會左右晃動，就好像受到一顆太黯淡而看不見的鄰近星星拉扯一樣。這顆伴星最後在 1862 年被發現，而且讓人驚訝的是，它的體積似乎比地球還要小，但質量卻跟太陽差不多。這些仍然十分炎熱的白矮星，是耗盡了所有核子燃料而即將邁入死亡的恆星塌縮後所形成的。

　　無自轉白矮星的最大質量不超過太陽的 1.4 倍，這個值是 1931 年時年輕的錢德拉賽卡在搭船從印度前往英國的途中所提出的，當時他正準備到劍橋大學攻讀博士學位。當小型或中型的恆星塌縮時，恆星裡的電子會被擠壓在一起，直到根據**包立不相容原理**所產生的向外電子簡併壓力（electron degeneracy pressure）使得它們無法變得更緻密為止。然而當恆星的質量大於 1.4 倍的太陽質量時，電子簡併將無法抵擋重力的壓縮，使得恆星繼續塌縮（變成**中子星**）或是藉由超新星爆炸，甩掉表面的多餘質量。1983 年，錢德拉賽卡因為在研究恆星演化上的貢獻而贏得諾貝爾獎。

　　白矮星在經過幾十億年後將冷卻到無法再被看見，而成為一顆黑矮星（black dwarf）。雖然白矮星是從**電漿**態轉變而成的，但是在其冷卻的後期，許多白矮星的結構會類似於一顆巨大的結晶。

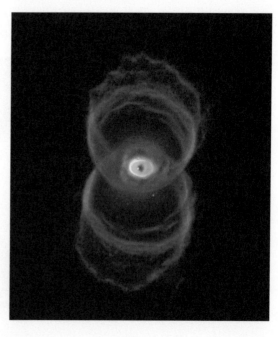

哈伯太空望遠鏡所拍攝到的沙漏星雲（Hourglass Nebula，MyCn 18），是一顆與太陽類似的恆星邁向死亡時的餘暉。中央略左的那個明亮白色光點，就是原本的恆星噴發出這些氣體星雲後殘存的白矮星。

 參照條目 黑洞（西元 1783 年）、電漿（西元 1879 年）、中子星（西元 1933 年）及包立不相容原理（西元 1925 年）

雅各的天梯

史崔克法登（**Kenneth Strickfadden**，西元 1896 年～西元 1984 年）

「它是活的！」當弗蘭肯斯坦醫生看到他拼湊起來的生物開始活動時，不禁大叫出來。在《科學怪人》（*Frankenstein*）這部 1931 年恐怖電影的場景裡，到處都可以看到使用高壓電所做出來的特效，這些都是電學專家史崔克法登嘔心瀝血的結晶，其中部分靈感可能來自於發明家特斯拉（Nikola Tesla）早期所進行的一些電學展示，例如**特斯拉線圈**。在科學怪人電影中啟發了觀眾的想像力，並且成為瘋狂科學家的標記之一的儀器，就是 V 型的雅各天梯。

這本書裡之所以會把雅各的天梯（Jacob's Ladder）放進來，部分原因是它已經成為當「物理失控」時的象徵，而且老師們可以藉由它來展示放電現象、空氣密度隨溫度的變化、**電漿**（電離的氣體）等各式各樣的概念。在科學怪人電影之前，人們就已經知道可以藉由兩個中間隔著空氣的電極來形成火花間隙（spark gap）。通常施加一個夠大的電壓時，就會產生火花，火花會使氣體電離而降低電阻。這時空氣中的原子會受到激發並放出螢光而產生肉眼可見的火花。

雅各的天梯會產生一連串往上爬升的大型火花。第一道火花會先在天梯的底部形成，因為該處的電極距離很近。然後這些受熱、電離後的氣體會因為密度比周圍的空氣低而上升，將導電的路徑也跟著往上抬。天梯越上端的部分，電流的路徑就越長而越不穩定。隨著電弧（arc）的動態電阻增加，消耗的功率與產生的熱也會隨之增加。當電弧終於在天梯的頂端斷開時，輸出的電壓會短暫的維持在斷路的狀態，這時底部的空氣介電質又再次受電壓貫穿，形成另一個火花為止，然後又展開另一個火花往上爬的週期。

在二十世紀初期，類似的梯狀結構所產生的電弧曾經被用來將氮氣電離，以產生可以製造氮肥的一氧化氮（nitric oxide）。

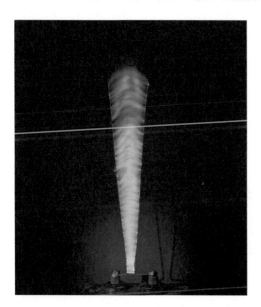

上圖——雅各的天梯這個名字是取自於聖經中雅各曾夢見一個通往天堂的梯子的故事，上圖是威廉布雷克（William Blake）的畫作。左圖——雅各天梯的照片，從照片中可以看到一串往上爬升的大型火花。在操作時，火花會先在梯子的底部形成，該處的兩個電極距離很近。

參照條目 馮格里克靜電起電機（西元 1660 年）、萊頓瓶（西元 1744 年）、螢光（西元 1852 年）、電漿（西元 1879 年）及特斯拉線圈（西元 1891 年）

中子

查德威克（**Sir James Chadwick**，西元 1891 年～西元 1974 年），
伊倫·約里奧·居禮（**Irène Joliot-Curie**，西元 1897 年～西元 1956 年），
讓·弗雷德里克·約里奧—居禮（**Jean Frédéric Joliot-Curie**，西元 1900 年～西元 1958 年）

　　化學家克羅帕（Willian H. Cropper）說：「查德威克發現中子（Neutron）的過程是漫長而崎嶇的。因為這些粒子不帶電，中子在穿過物質時不會留下可供觀察的跡象，也不會在**雲霧室**中留下痕跡。對實驗物理學家來說，它們是不可見的。」物理學家奧利芬（Mark Cliphant）則說：「中子的發現，是查德威克持續不懈努力的成果，而不是像**放射性**與 X 光這樣是個意外。查德威克憑直覺相信中子一定存在，而且從不放棄找尋它們。」

　　中子是存在於除了氫原子以外的所有原子核中的次原子粒子。它沒有淨電荷，質量略大於質子。與質子一樣，中子也是由三個夸克所組成。位於原子核裡的中子十分地穩定，但是自由中子會進行貝塔衰變（beta decay），貝塔衰變是一種放射性衰變，半衰期約為 15 分鐘。在核分裂（nuclear fission）與核融合反應中都會產生自由中子。

　　1931 年，伊倫·約里奧·居禮（居禮夫人的女兒，居禮夫人是第一位得過兩座諾貝爾獎的科學家）和她的丈夫讓·弗雷德里克·約里奧—居禮，用阿法粒子（氦原子核）撞擊鈹（beryllium）原子時，發現了一種神祕的輻射，這種輻射會從含氫的石蠟中擊出質子流。1932 年，查德威克另外進行了一系列的實驗，認為這種新的輻射事實上是由質量接近質子的中性粒子，也就是中子，所組成的。由於自由中子不帶電，不會受到電場的阻礙，因此能夠深入物質內部。

　　研究人員後來發現，有許多元素在受到中子撞擊後會產生核分裂反應，就是重元素的原子核分裂成兩個質量接近的較小碎片的核子反應。1942 年，美國的研究人員證明核分裂反應時所產生的中子可以引發連鎖反應而產生巨大的能量，這種反應可以用來製造原子彈或是建造核能電場。

布魯克海文石墨反應爐是美國在二次大戰後承平時期所建造的第一台反應爐。這台反應爐的目的之一，是利用鈾分裂來產生中子以進行科學實驗。

參照條目　史前的核子反應爐（西元前二十億年）、放射線（西元 1896 年）、原子核（西元 1911 年）、雲霧室（西元 1911 年）、中子星（西元 1933 年）、核能（西元 1942 年）、標準模型（西元 1961 年）及夸克（西元 1964 年）

反物質

狄拉克（**Paul Dirac**，西元 **1902** 年～西元 **1984** 年），
卡爾·安德森（**Carl David Anderson**，西元 **1905** 年～西元 **1991** 年）

作家瓊安·貝克（Joanne Baker）寫說：「在科幻故事裡，太空船的動力經常來自『反物質引擎』。然而反物質（Antimatter）本身是真實存在的東西，而且可以用人為的方式在地球上製作出來。反物質是物質的『鏡像』，反物質無法和物質同時存在太久，兩者只要一接觸，就會在一瞬間對消（annihilate）為能量。反物質的存在指出了粒子物理學中無所不在的對稱性。」

英國物理學家狄拉克（Paul Dirac）曾說過，我們現在所研究的抽象數學讓我們得以一瞥未來的物理學。事實上，他在 1928 年發表探討電子運動的方程式，就預測了反物質的存在，後來也果真發現了反物質。根據狄拉克的方程式，一個電子一定會有一個和它質量相同但帶著正電的反粒子。美國物理學家卡爾·安德森在 1932 年發現了這種新粒子，並且將它命名為正子（positron）。1955 年，柏克萊的高能質子加速器（Bevatron）製造出反質子（antiproton）。1995 年，科學家在歐洲核子研究組織（CERN）的加速器中製造出第一個反氫原子。歐洲核子研究組織是世界上最大的粒子物理實驗室。

反物質與物質間的反應在今天被實際用在正子造影上。這種醫學攝影技術主要是偵測正子放射追蹤核種（一種原子核不穩定的原子）所放出的伽瑪射線。

現代的物理學家持續地提出各種假設來解釋為何觀測到的宇宙幾乎都是由物質，而非反物質所組成。在宇宙的某些區域，會不會是由反物質佔上風？

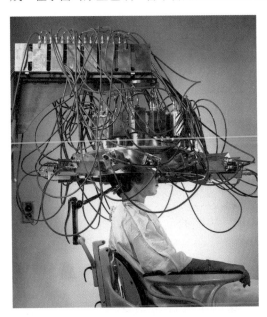

如果不仔細分辨，反物質幾乎和一般物質沒兩樣。物理學家加來道雄（Michio Kaku）說：「你可以從反電子和反質子製造出反原子。即使反人類和反行星，在理論上都是可能的。然而反物質只要一碰到一般的物質就會對消而產生巨大的能量。任何人把一小片反物質拿在手中，都會立刻引發威力達幾千顆氫彈的爆炸。」

在 1960 年代，布魯克海文國家實驗室的研究人員將放射性物質注射到腦部小腫瘤，吸收後用這樣的偵測器來研究。技術上的突破發展出更多拍攝腦部影像的儀器，例如今天的正子造影。

參照
條目　雲霧室（西元 1911 年）、狄拉克方程式（西元 1928 年）及 CP 對稱性破壞（西元 1964 年）

暗物質

茲威基（**Fritz Zwicky**，西元 **1898** 年～西元 **1974** 年），
薇拉·魯賓（**Vera Cooper Rubin**，西元 **1928** 年生）

　　天文學家肯·弗里曼（Ken Freeman）和科學教育家吉歐福·麥納瑪拉（Geoff McNamara）寫道：「雖然科學老師經常告訴他們的學生宇宙是由週期表上的元素所組成的，但事實不然。我們現在知道宇宙的大部分，大約有百分之九十六是由我們還不知如何簡短描述的**暗物質**（Dark Matter）和暗能量（dark energy）所組成的。」無論暗物質的組成是什麼，它既不會發射也不會反射，任何可直接觀測到的光或電磁輻射。科學家是由它們的重力對可見物質的影響，例如星系的旋轉速度來推論它們的存在。

　　大多數的暗物質可能不是由標準的基本粒子——例如質子、中子、電子和微中子（Neutrinos）——所組成的，而是由一些聽起來很陌生的假想成分，例如惰性微中子（sterile neutrino）、軸子（axion）與大質量弱交互作用粒子（WIMPs, Weakly Interacting Massive Particles，包括渺中子〔neutralino〕），這些粒子不參與電磁作用，因此不易偵測。假想的渺中子與微中子類似，但是前者更大且更慢。理論學家甚至考慮過一種有點瘋狂的可能：暗物質包括了從其他鄰近的宇宙洩漏進我們的宇宙中的重力子（graviton）——傳遞重力的假想粒子。如果我們的宇宙位於一張「浮」在更高維度空間中的膜，則暗物質可能可以解釋成鄰近「膜」上的一般恆星與星系。

　　1933 年，天文學家茲威基藉由研究星系邊緣的運動，證明了暗物質的存在，他發現星系的質量有很大一部分是偵測不到的。1960 年代末期，天為學家薇拉魯賓證明螺旋星系內的大部分恆星都以幾乎相同的速度在轉動，表示星系中恆星所在位置以外的地方存在著暗物質。2005 年，來自卡地夫大學的天文學家相信，他們已經在室女座星系團（Virgo Cluster）發現了一個幾乎全由暗物質組成的星系。

　　弗里曼和麥納瑪拉說：「暗物質再次提醒了我們，人類在宇宙中是有多麼的微不足道……我們甚至不是由組成了宇宙絕大部分的物質所組成的……我們的宇宙是由黑暗所組成。」

暗物質存在的早期證據之一，是 1959 年天文學家路易斯·弗爾德斯（Louise Volders）發現，螺旋星系 M33（這張照片是由 NASA 的衛星以紫外光所拍攝）的旋轉速度和標準牛頓動力學所預測的不同。

參照條目　黑洞（西元 1783 年）、微中子（西元 1956 年）、超對稱（西元 1971 年）、暗能量（西元 1998 年）及蘭德爾-桑卓姆膜（西元 1999 年）

中子星

茲威基（Fritz Zwicky，西元 1898 年～西元 1974 年），
喬瑟琳·伯內爾（Jocelyn Bell Burnell，西元 1943 年生），
沃爾特·巴德（Wilhelm Heinrich Walter Baade，西元 1893 年～西元 1960 年）

恆星是由於大量的氫氣因自身的重力開始塌縮而誕生。當恆星凝聚時，它開始發熱、產生光並且形成氦。最後，恆星耗盡了氫燃料，開始冷卻，然後死亡，有以下幾種「死亡狀態」，例如**黑洞**，或是小恆星塌縮成為**白矮星**或中子星。

當一個巨大的恆星燒盡所有的燃料之後，其中心區域會因為重力而開始塌縮，接著會進行超新星爆炸，把外層的物質炸光。重力塌縮的過程中，就可能形成幾乎全部由未帶電的次原子粒子——中子所組成的**中子星**。中子星不會形成像黑洞一樣的完全塌縮狀態，因為中子之間由於包立不相容原理所產生的排斥力。典型的中子星質量大約是太陽的 1.4 到 2 倍，但是其直徑只有約 12 公里。有趣的是，中子星是由一種叫做中子態（neutronium，或稱 0 號元素）的物質所組成的，這種元素的密度非常高，一顆方糖大小的質量就相當於人類質量的總和。

脈衝星（Pulsar）是高速旋轉具有強烈磁場的中子星，持續發出穩定的電磁輻射，因為它的自轉而在抵達地球時形成電磁脈衝。最快的毫秒脈衝星（millisecond pulsars）每秒自轉超過 700 次。脈衝星是在 1967 年時由當時仍是研究生的喬瑟琳·伯內爾所發現，她發現有些無線電訊號源會發出規律的脈衝訊號。1933 年發現中子一年後，天文物理學家茲威基和沃爾特巴德就提出中子星存在的看法。

在小說《龍蛋》（*Dragon's Egg*）裡的生物居住在中子星上，由於重力強大，以致於星球上的山嶺只有約 1 公分高。

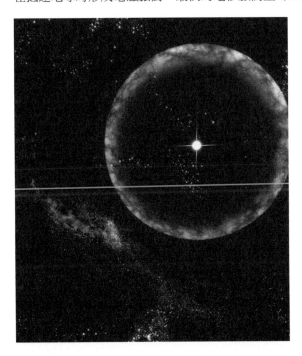

2004 年，有顆中子星發生一次「星震」（star quark），發出強烈的閃光，讓所有針側 X 光的衛星都短暫全盲。這種爆發源自磁場扭曲足以造成中子星表面起伏變形（NASA 所提供的星震想像圖）。

參照條目　黑洞（西元 1783 年）、包立不相容原理（西元 1925 年）、中子（西元 1932 年）及白矮星與錢德拉賽卡極限（西元 1931 年）

契忍可夫輻射

塔姆（Igor Yevgenyevich Tamm，西元 1895 年～西元 1971 年），
契忍可夫（Pavel Alekseyevich Cherenkov，西元 1904 年～西元 1990 年），
伊利亞·法蘭克（Ilya Mikhailovich Frank，西元 1908 年～西元 1990 年）

契忍可夫輻射（Cherenkov Radiation）是當一個帶電粒子，例如一個電子，在通過透明介質（例如玻璃或水）時，其速度超過光在該介質中的速度時所發出的。這種現象最常在核子反應爐中發生，因為核反應爐通常有屏蔽的水槽。核反應爐的爐心經常會籠罩在核子反應產生的粒子所造成的契忍可夫輻射的奇特藍色輝光中。這種輻射被命名為契忍可夫輻射，以紀念在 1934 年研究這種現象的俄羅斯科學家契忍可夫。

當光通過透明材料時，光子會與介質中的原子交互作用，因此光在介質整體中的速度會小於真空中的速度。舉例來說，如果一輛跑車在高速公路上每隔一段距離就會被警察攔下來，它抵達高速公路尾端的速度就會比沒有警察的時候來得慢。在玻璃或水中，光的速度通常只有真空中的百分之七十，因此帶電粒子在這介質中有可能比光的速度來得快。

當帶電粒子通過介質時，其路徑上某些原子中的電子會偏離原本的位置。這些偏離的電子發出的強大電磁輻射會形成類似高速的船艦在水中所產生的舷波（bow wave）或是飛機的速度超過音速時所發生的音爆。

由於這種輻射的形狀是圓錐狀的，且錐角的大小由粒子的速度與光在介質中的速度所決定，因此契忍可夫輻射可以為粒子物理學家提供粒子速度的有用資訊。契忍可夫因為在這種輻射上的前瞻研究，與塔姆及伊利亞·法蘭克共同獲得了 1958 年的諾貝爾獎。

美國愛德荷國家實驗室的先進試驗反應爐核心，反應核沉浸在水中，契忍可夫輻射所發出的藍色輝光。

參照
條目　司迺耳折射定律（西元 1621 年）、制動輻射（西元 1909 年）、鞭子的超音速音爆（西元 1927 年）、音爆（西元 1947 年）及微中子（西元 1956 年）

聲光效應

聲光效應（Sonoluminescence，或聲致發光）讓我想起 1970 年代的舞會裡經常看到的，那些將音樂轉換成七彩燈光並隨著節奏晃動的發光器（light organs）。但聲光效應顯然比這種帶有迷幻效果的燈光來得更熱鬧且短暫！

聲光效應是當液體中的氣泡受到聲波的激發而爆聚（implosion）所發出的短暫亮光。1934 年，德國研究人員弗倫澤爾（H. Frenzel）和舒爾特斯（H. Schultes）以超音波在一個裝滿顯影液的水槽中進行實驗時發現了這種效應。他們發現，當超音波電源接上時，液體中的氣泡就會發光，使得底片上出現微小的亮點。1989 年，物理學家勞倫斯・克拉姆（Lawrence Crum）和他的研究生菲利浦・蓋坦（D. Felipe Gaitan）成功地作出穩定的聲光效應，其中一個陷在聲音駐波中的單一氣泡，會隨著氣泡周期性地受壓縮而放出光的脈衝。

聲光效應通常是因為聲波在液體中激發氣穴。當氣泡崩塌時會產生超音速震波，同時氣泡內的溫度上升到高於太陽表面的溫度並產生**電漿**。這種氣泡崩塌的過程小於 50 皮秒（picosecond，即 50 兆分之一秒），而且電漿中的粒子碰撞而產生藍光、紫外光以及 X 光。崩塌的氣泡在放出閃光時的直徑大約是一微米，與細菌的大小相當。

科學家已經可以利用聲光效應製造出溫度達 2 萬度 K 的氣泡，這個溫度足以讓鑽石汽化。有些研究人員認為，如果溫度能夠進一步地提高，聲光效應也許可以用來引發熱核融合反應。

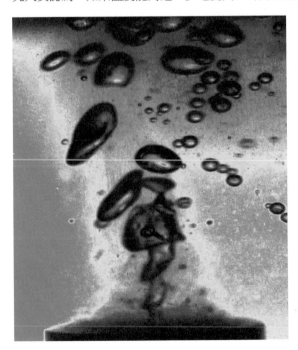

自然界中的槍蝦（Pistol shrimp）也有類似聲光效應的現象。當它快速夾閉螯時，會製造出壓縮氣泡來產生震波。這種震波會擊暈獵物，同時發出一道可藉由光電倍增管（photomultiplier tubes）偵測到的微弱光線。

超音波會使氣泡不斷地在液體中生成與崩塌。化學家蘇力克（Kenneth Suslick）說：「讓這些氣泡產生爆聚的氣穴效應，產生的溫度與太陽表面相近。」

參照條目　摩擦發光（西元 1620 年）、亨利氣體定律（西元 1803 年）及電漿（西元 1879 年）

EPR 悖論

愛因斯坦（**Albert Einstein**，西元 1879 年～西元 1955 年），
波多斯基（**Boris Podolsky**，西元 1896 年～西元 1966 年），
羅森（**Nathan Rosen**，西元 1909 年～西元 1995 年），
阿斯派克特（**Alain Aspect**，西元 1947 年生）

　　量子糾纏（Quantum entanglement）指的是量子粒子，例如兩個電子或兩個光子間親密的連結。當一對粒子互相糾纏時，其中一顆粒子的狀態發生變化時，另一顆粒子也會有相應的變化，無論是兩者的距離只有幾英吋或是如行星間的距離般遙遠。這種糾纏的現象太過於違反直覺，以至於愛因斯坦把它形容為「如鬼魅般的」，而且認為這量子理論是不完備的，特別是哥本哈根註譯。哥本哈根派認為在若干情境下，量子系統是以機率形式虛虛實實地存在，只有透過觀察才會成為確定狀態。

　　1935 年，愛因斯坦、波多斯基與羅森共同發表了著名的 EPR 悖論（或稱愛因斯坦—波多斯基—羅森悖論）。假設有兩個粒子來自於同一個發射源，因此它們的自旋態屬於同一個由相反狀態（分別標示為與）所形成的量子疊加態（quantum superposition）。在量測之前，這兩個粒子都沒有確定的自旋態。其中一個粒子飛到了佛羅里達，另一個粒子飛到了加州。根據量子糾纏理論，如果科學家測量位於佛羅里達的粒子，並且得知其自旋態為＋，則我們當下就知道位於加州的粒子的自旋態為－，即使光速限制了我們無法進行超光速（faster than light, FTL）通訊。然而要注意的是，在這裡超光速通訊事實上並未發生。因為佛羅里達無法利用量子糾纏將資訊傳遞到加州，因為佛羅里達無法操控粒子的自旋態，而粒子的狀態為或的機率是相等的。

　　1982 年，物理學家阿斯派克特進行了一個實驗，他讓同一個原子在同一個事件下所發射出來的兩顆光子飛往相反的方向，以確保這兩個光子間具有關聯性 。結果他證明，EPR 悖論中所提到的瞬間連結確實發生了，即使這對粒子間的距離非常遙遠。

　　今天，量子糾纏的現象被用在量子密碼學的研究上，目的是讓通訊在遭到竊聽時無法不留下任何痕跡。正在開發中的**量子電腦**則是一種可以進行平行運算，且速度比傳統電腦更快的電腦。

「鬼魅般的超距作用」的想像圖。當一對粒子互相糾纏時，其中一顆粒子的狀態發生變化時，另一顆粒子也立刻會有相應變化，即使兩者間的距離有如行星間般遙遠。

參照條目　斯特恩－革拉赫實驗（西元 1922 年）、互補原理（西元 1927 年）、薛丁格的貓（西元 1911 年）、貝爾定理（西元 1964 年）、量子電腦（西元 1981 年）及量子遙傳（西元 1993 年）

薛丁格的貓

薛丁格（**Erwin Rudolf Josef Alexander Schrödinger**，西元 1887 年～西元 1961 年）

薛丁格的貓（Schrödinger's Cat）經常會讓我想起鬼魂，或嚇人的殭屍——這是一種看起來既是活的又是死的生物。1935 年，奧地利物理學家薛丁格發表了一篇文章，提出一個讓科學家至今仍感到困惑不解且眾說紛紜的悖論。

薛丁格非常不喜歡當時才剛發表不久的哥本哈根詮釋對量子力學的解釋。根據哥本哈根詮釋，一個量子系統（例如一個電子）是在觀察發生前是以機率雲（a cloud of probability）的形式存在。在更高的層次上，這種詮釋方式似乎意味著，探究原子或粒子在觀察發生之前的狀態到底為何是無意義的，這表示真實大致上是由觀察者所創造。在觀察發生前，系統存在著所有的可能性。這對我們的日常生活意味著麼什麼？

如果有一隻活的貓被放進一個配備了**放射源**，**蓋格計數器**以及密封毒氣罐的箱子裡。當放射性衰變發生時，蓋格計數器會偵測到這個事件、並啟動一個機械裝置以鬆開鎚子將罐子打碎放出毒氣而殺死這隻貓。由於量子理論預測每小時釋放出一顆衰變粒子的機率是百分之五十，因此一小時後，這隻貓是死的或活的機率相等。根據哥本哈根詮釋的說法，這隻貓似乎處在一個又死又活的狀態，一種兩種狀態的混合，量子力學裡把這種狀態稱為疊加態。有些理論學家認為，當你打開箱子時，觀察動作本身會使得疊加態產生「塌縮」（collapse），使得貓要嘛是死，要嘛是活。

薛丁格說他的實驗顯示出哥本哈根詮釋的不完備，而愛因斯坦也同意他的看法。這個想像實驗：怎樣才算是一個合格的觀察者？蓋格計數器？蒼蠅？貓對自己的觀察會不會造成其本身狀態的塌縮？這個實驗想探討的真實的本質到底是什麼？

當箱子打開時，觀察動作本身造成疊加態塌縮，讓薛丁格的貓要嘛是死，要嘛是活。這隻貓很幸運地在打開箱子時還是活的。

參照條目 放射線（西元 1896 年）、蓋革計數器（西元 1908 年）、互補原理（西元 1927 年）、量子穿隧效應（西元 1928 年）、EPR 悖論（西元 1935 年）、平行宇宙（西元 1956 年）、貝爾定理（西元 1964 年）及量子永生（西元 1987 年）

超流體

皮托・卡皮查（Pyotr Leonidovich Kapitsa，西元 1894 年～西元 1984 年），
傅里・茲倫敦（Fritz Wolfgang London，西元 1900 年～西元 1954 年），
約翰・艾倫（John "Jack" Frank Allen，西元 1908 年～西元 2001 年），
東・麥瑟納（Donald Misener，西元 1911 年～西元 1996 年）

　　就像某些在科幻電影中活生生會爬動的液體一樣，超流體（Superfluids）特殊的行為已經吸引了科學家的注意達數十年。當我們把形成超流體狀態的液態氦放置在容器中時，它會爬上器壁，並且離開容器。除此之外，當容器在旋轉時，超流體會保持不動，而不會隨容器轉動。超流體會尋找並滲進微小的縫隙及孔洞裡，使得原本正常的容器對超流體而言卻是會漏的。如果把你的咖啡杯放在桌上，原本在裡頭轉動的咖啡會在幾分鐘後靜止下來。但如果你在杯子裡放的是超流體氦，而且你的子孫在一千年後再回來看這個杯子，將會發現超流體仍在轉動。

　　目前已經有許多種物質可以觀察到超流體現象，但是其中最常被拿來研究的是氦 4——自然中存在最常見的氦同位素，其中包含了兩個質子、兩個中子以及兩個電子。當液態氦 4 的溫度低於極低的臨界溫度（稱為朗道溫度，Lambda temperature）華氏－455.49 度、2.17K 時，它會突然變成沒有摩擦力，且導熱係數變成原本液態氦的數百萬倍，甚至比導熱性最佳的金屬還高。通常我們用氦 I 來稱呼溫度高於 2.17K 的液態氦，氦 II 來稱呼溫度低於 2.17K 的超流體氦。

　　超流體現象是物理學家皮托・卡皮查、約翰・艾倫和東・麥瑟納在 1937 年所發現。1938 年，傅里茲・倫敦提出溫度低於朗道溫度的液態氦是由兩部分組成的，一種是具有氦 I 特性的正常流體，一種是黏度為零的超流體。從正常的流體轉變為超流體是發生在組成原子開始佔有相同的量子態，並且其量子波函數開始重疊時。這些形成玻色—愛因斯坦凝聚態（Bose-Einstein Condensate）的原子失去彼此之間的區別，而表現得像是一個整體。由於超流體沒有內黏度，一個形成於超流體內的漩渦將永無止盡地旋轉下去。

畫面取自阿爾弗・雷德萊特納（Alfred Leitner）在 1963 年拍攝的「液態氦超流體」影片。液態氦超流體形成薄膜往上爬出懸空杯子的杯緣，然後滴落到下方。

參照
條目　滑溜溜的冰（西元 1850 年）、史托克定律（西元 1851 年）、發現氦氣（西元 1868 年）、超導（西元 1911 年）、矽膠黏土（西元 1943 年）及玻色—愛因斯坦凝聚態（西元 1995 年）

核磁共振

拉比（**Isidor Isaac Rabi**，西元 1898 年～西元 1988 年），
布洛赫（**Felix Bloch**，西元 1905 年～西元 1983 年），
珀塞爾（**Edward Mills Purcell**，西元 1912 年～西元 1997 年），
恩斯特（**Richard Robert Ernst**，西元 1933 年生），
達馬迪安（**Raymond Vahan Damadian**，西元 1936 年生）

　　諾貝爾化學獎得主恩斯特說：「科學研究需要強大的工具來解開自然的奧祕，而核磁共振（Nuclear Magnetic Resonance）就是科學上能提供最多資訊的工具之一，它的應用幾乎遍及所有領域，從固態物理，到材料科學……甚至是嘗試了解人類的腦部如何運作的心理學。」

　　如果原子核中存在至少一個不成對的中子或質子，則這個原子核表現出來的行為將會像是個微小的磁鐵。這時候如果對它施加一個外加磁場，原子核就會受到一個作用力而開始像旋轉陀螺一樣地進動（precession）。當外加的磁場增加時，核子自旋態之間的位能差也會隨之變大。在開啟靜態的外加磁場後，若再加入一個特定頻率的射頻（radio frequency）訊號，就可以造成原子核在自旋態之間的躍遷，使得某些自旋態躍遷到其最高能態。當射頻訊號關閉後，自旋態鬆弛至較低能態，並且產生共振頻率與自旋反轉（spin flip）有關的射頻訊號。這種核磁共振訊號可以告知樣品中含有哪些原子核的資訊，因為訊號會隨著原子所處的化學環境而變，所以核磁共振可以提供了豐富的分子結構資訊。

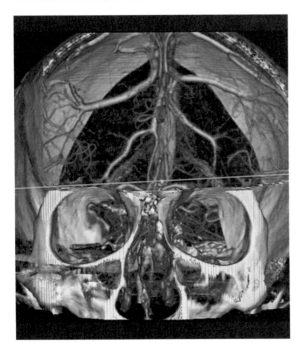

　　核磁共振最早是物理學家拉比在 1937 年發現。1945 年，物理學家布洛赫、珀塞爾和他們的同事改進了這項技術。1966 年，恩斯特再進一步發展出傅立葉轉換（Fourier transform）光譜，並且證明射頻脈衝的確可以用來產生隨頻率而變的核磁共振光譜。1971 年，達馬迪安醫師發現在正常細胞和腫瘤細胞中，水分子中的氫原子鬆弛速率不同，開啟了利用核磁共振來進行醫療診斷的可能性。1980 年代初期，核磁共振法開始被用於磁振造影（MRI）中，以檢測人體軟組織中的普通氫原子核的核磁矩特性。

實際以 MRI/MRA（磁振血管造影）所拍攝的腦血管影像。這種 MRI 檢查經常用於找出腦瘤。

參照條目　發現氦氣（西元 1868 年）、X 光（西元 1895 年）、原子核（西元 1911 年）及超導（西元 1911 年）

核能

邁特納（Lise Meitner，西元 1878 年～西元 1968 年），
愛因斯坦（Albert Einstein，西元 1879 年～西元 1955 年），
席拉（Leó Szilárd，西元 1898 年～西元 1964 年），
費米（Enrico Fermi，西元 1901 年～西元 1954 年），
弗里希（Otto Robert Frisch，西元 1904 年～西元 1979 年）

核分裂反應是原子的原子核，例如鈾，分裂成較小的碎片的過程，過程中通常會產生自由中子、較輕的原子核以及大量的能量。當自由中子飛出並造成其他鈾原子核的分裂時，就會發生連鎖反應，使整個分裂過程持續下去。用來產生能源的核子反應爐必須要控制反應的過程，使能量以一定的速率釋放出來。核子武器則是讓這種反應以快速、不受控制的方式發生，在瞬間產生巨大的能量。核分裂反應的產物通常具有放射性，因此核子反應爐會衍生出核廢料的處理問題。

1942 年，物理學家費米和他的同事在芝加哥大學體育場底下的壁球場，利用鈾達成受控制的連鎖反應。費米參考了物理學家邁特納和弗里希在 1939 年發表的結果，當時他們說明了鈾如何分裂成兩個較小的原子核並且放出大量的能量。費米在 1942 年的實驗裡使用了金屬棒來吸收中子，使得反應速率受到控制。艾倫・魏斯曼（Alan Weismann）解釋說：「不到三年後，在新墨西哥的沙漠裡，他們進行了相反的試驗。這次他們刻意讓核子反應完全失控，其中包含鈽（plutonium）。驚人的能量被釋放出來，然後在一個月內，同樣的行動被重複了兩次，這次地點位於日本的兩個城市……從此以後，人類對這種雙重致命——毀滅性的威力與隨之而來的漫長折磨——的核分裂反應既恐懼又著迷。」

由美國所領導的曼哈頓計畫（Manhattan Project）是二次大戰期間原子彈開發計畫的代號。物理學家席拉德非常擔心德國科學家正在發展核子武器，因此說服了愛因斯坦在 1939 年寫了一封信給羅斯福總統，警告他這個危險的可能性。後來出現的第二代核武（氫彈）使用的是核融合反應。

上圖——邁特納是發現核分裂反應團隊的成員之一（照片攝於 1906 年）。右圖——二次大戰期間位於田納西州橡樹嶺 Y-12 工場的質譜型同位素分離器。這座分離器用鈾礦石精煉成核分裂反應的原料。在以製造出原子彈為目標的曼哈頓計畫下，工人祕密地辛勤工作。

參照條目　放射線（西元 1896 年）、$E=mc^2$（西元 1905 年）、原子核（西元 1911 年）、核能（西元 1942 年）、小男孩原子彈（西元 1945 年）及環磁機（西元 1956 年）

矽膠黏土

「美國歷史博物館裡收藏的矽膠黏土（Silly Putty）典藏透露這種不尋常的產品如何風靡美國的有趣故事。」首席典藏管理員福列克納（John Fleckner）說：「我們之所以對這系列展品感興趣是因為矽膠黏土提供了我們一個與發明、商業與企創業精神以及歷久不衰有關的個案研究。」

這種你小時候可能也玩過的彩色黏土，是奇異公司的工程師詹姆士・萊特（James Wright）在 1943 年時無意中混合了硼酸（boric acid）與矽油（silicone oil）所創造出來。讓他驚訝的是，這種材料有很多驚奇的特性，而且可以向橡膠球一樣彈起來。後來美國的行銷專家彼得・霍奇森（Peter Hodgson）看到了這種材料在玩具上的潛力，把它裝在塑膠蛋裡以 Silly Putty 為商標販售，結果成為非常暢銷的商品。這個商標目前屬於美國的可優公司（Crayola）。

今天的矽膠黏土除了有機矽聚合物之外，還加入了許多材料，例如其中的一種配方裡包含了 65% 的二甲基矽氧烷，17% 的二氧化矽，9% 的改性氫化蓖麻油，4% 的聚二甲基矽氧烷，1% 的十甲基環戊矽氧烷，1% 的甘油和 1% 的二氧化鈦。它不只會彈起來，用力扯的話還可以把它撕開。只要等得夠久，它會像液體一樣流動，最後攤成一沱。

2009 年北卡州立大學的學生做了一個實驗，把 50 磅的矽膠黏土球從 11 層樓高度下來，這顆球在撞到地面後碎成了許多小碎片。矽膠黏土是一種具有可變黏度（隨外力而變化）的非牛頓流體（non-Newtonian fluid），相對於非牛頓流體的是像水一樣的牛頓流體（Newtonian fluid）。牛頓流體的黏度只和溫度與壓力有關，與作用在流體上的外力無關。

流沙也是一種非牛頓流體。如果你陷在流沙裡，而且你慢慢移動，則流沙會表現得像是液體讓你較容易脫困；如果你動作太快，則流沙會表現得像是固體，你就很難從中脫離。

矽膠黏土和類似的塑像用黏土都是一種非牛頓流體，這種流體具有特殊的流動特性以及可變的黏滯度。矽膠黏土有時表現得像液體，有時又表現得像是具有彈性的固體。

參照條目　史托克定律（西元 1851 年）、超流體（西元 1937 年）及熔岩燈（西元 1963 年）

喝水鳥

邁爾斯‧蘇利文（**Miles V. Sullivan**，西元 **1917** 年生）

「如果世界上真的有永動機，一定非它莫屬。」艾德（Ed）和伍迪‧索貝（Woody Sobey）打趣地說：「這種鳥顯然不需要能量就能運作。但是事實上，它是一種設計精巧的熱機。它的能量來自於燈或太陽。」

由位於紐澤西貝爾實驗室的科學家蘇利文在 1945 年發明，1946 年取得專利的喝水鳥（Drinking Bird）吸引了許多的科學家和老師。這隻看來似乎會不斷重複低頭把尖嘴伸進前面的水杯再起身的動作的鳥，背後的祕密其實是許多的物理定律。

它的原理是這樣的。這隻鳥的頭上覆蓋著類似絨布的材料，它的身體裡裝有上色的二氯甲烷溶液，這是一種在相對較低的溫度下就會汽化的揮發性液體。由於鳥身體裡的空氣會被移除，因此裡面填充了一部分的二氯甲烷蒸氣。喝水鳥是藉由鳥頭和尾巴的溫度差來運作。溫度差會在鳥的內部產生壓力差。當鳥頭濕潤時，水會從絨布蒸發帶走熱量使得鳥頭的溫度變低。溫度變低時，位於鳥頭的部分蒸氣會凝結成液體，而降溫與凝結會讓鳥頭的壓力變低，使得身體裡的液體被吸到鳥頭。當液體進到鳥頭時，鳥變得頭重腳輕而往前傾倒到水杯裡。當鳥頭前傾時，身體裡的氣泡從內部的管子上升到鳥頭，取代一部分位於頭部的液體，而液體則流回身體，使得鳥又後傾回去。只要杯子裡的水還足夠濕潤鳥頭，這個過程就會不斷地持續下去。

事實上，這些喝水鳥可以用來產生小量的能量。

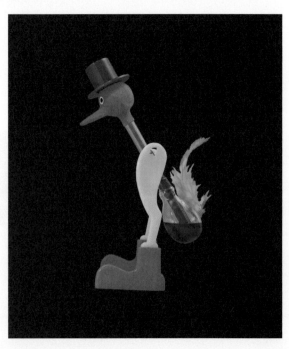

1945 年發明，1946 年取得專利的喝水鳥吸引了許多的科學家和老師。這種會不停上下擺動的鳥巧妙地結合了許多物理定律。

參照條目　虹吸管（西元前 250 年）、永動機（西元 1150 年）、波以耳氣體定律（西元 1662 年）、亨利氣體定律（西元 1803 年）、卡諾機（西元 1824 年）及輻射計（西元 1873 年）

小男孩原子彈

歐本海默（**J. Robert Oppenheimer**，西元 1904 年～西元 1967 年），
小保羅・瓦菲・提伯（**Paul Warfield Tibbets, Jr.**，西元 1915 年～西元 2007 年）

　　1945 年 7 月 16 日，美國物理學家歐本海默在美國新墨西哥州的沙漠，看著原子彈第一次引爆，然後他想起博伽梵歌裡的一句話：「現在我變成了死神，世界的毀滅者。」歐本海默是曼哈頓計畫的主持人，美國在二次大戰期間為了開發核武而成立該計劃。

　　核子武器的爆炸可以來自核分裂、核融合，或兩者兼具。一般而言原子彈利用的是核分裂反應，其中鈾或鈽的某些同位素會在連鎖反應中分裂成較輕的原子，釋放出中子以及能量。至於熱核彈（或氫彈）爆炸的威力中，則有一部分來自於核融合反應。更精確地說，在非常高的溫度下，氫同位素會結合成較重的元素並釋放出能量。熱核融合燃料必須藉由核分裂反應的壓縮與加熱才能達到所需的高溫。「小男孩」是在 1945 年 8 月 6 日投擲於日本廣島的原子彈名稱，當時執行這項任務的是駕駛轟炸機艾諾拉蓋伊號的小保羅・瓦菲・提伯上校。「小男孩」長約三公尺，其中含有 64 公斤左右的濃縮鈾。在離開飛機後，共有四具高度表用來測量炸彈的高度。為了達到最大的破壞力，炸彈必須在 580 公尺的高度引爆。當任何兩具高度表感測到正確的高度時，傳統的無煙火藥會先引爆，將一塊鈾 235 反應堆射向彈體中的其他鈾 -235 反應堆，引發連鎖反應。在爆炸後，小保羅・瓦菲・提伯回憶道：「出現

了可怕……且巨大無比的蕈狀雲。」「小男孩」造成大約 14 萬人死亡，其中一半死於爆炸當時，另一半死於輻射造成的傷害。歐本海默後來說：「科學上的重要發現不是因為有用所以才被發現，而是因為它們可能被發現，所以才被發現。」

位於彈架上的「小男孩」，照片攝於 1945 年 8 月。「小男孩」大約有三公尺長，前後大約有 14 萬人因它而死亡。

參照條目 史前的核子反應爐（西元前二十億年）、馮格里克靜電起電機（西元 1660 年）、格雷姆定律（西元 1829 年）、黃色炸藥（西元 1866 年）、放射線（西元 1896 年）、核能（西元 1942 年）、環磁機（西元 1956 年）及電磁脈衝（西元 1962 年）

恆星核合成

霍伊爾（Fred Hoyle，西元 1915 年～西元 2001 年）

「行為必須謙虛，因為你源自於糞土。舉止必須高尚，因為你源自於群星。」這句古老的塞爾維亞諺語提醒了我們，今天所有比氫和氦重的元素，如果不是有恆星製造了它們、並且在最後的死亡與爆炸時將它們灑到了宇宙中，則它們存在的量將會微乎其微。雖然氫和氦等輕元素在**大霹靂**發生後的前幾分鐘就已經被創造出來，但是其他重元素的核合成（nucleosynthesis，由已存在的原子核創出新原子核的過程），則必須藉由巨大的恆星與恆星裡的核融合反應、耗費很長的時間才能完成。在超新星爆炸時，由於恆星核心部分爆炸所產生的劇烈核反應，可以在很短地時間內創造出更重的元素。非常重的元素，例如金或是鉛，都是在超新星爆炸時的極高溫與中子流下所產生的。下次看到你朋友手指上的金戒指，記得想一下巨大恆星所產生的超新星爆炸。

天文學家霍伊爾在 1946 年首先利用理論來探討重原子核如何在恆星內形成，他推導了如何由非常熱的原子核合成出鐵元素。

我在寫這篇文章時，我撫摸著辦公室裡的一具劍齒虎頭骨。少了恆星的話，根本連骨頭都不會有。正如前面所說的，大多數的元素，包括骨頭裡的鈣，都是在恆星內合成，然後在恆星死亡時被吹散到

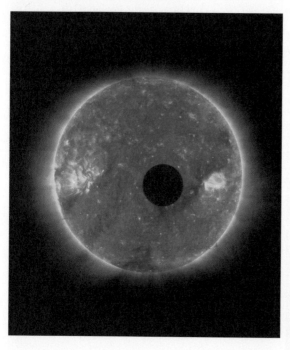

太空中的。如果沒有恆星，在草原上奔跑的老虎都將如鬼魂般消失不見。因為這時沒有鐵原子可以成為它們的血液，沒有氧可以讓它們呼吸，也沒有碳可以形成它們的蛋白質和 DNA。這些已逝的古老恆星中所形成的原子，被吹送到遠方，最後凝聚成繞著我們太陽旋轉的行星。沒有這些超新星爆炸的話，就沒有霧氣圍繞的沼澤、電腦晶片、三葉蟲、莫札特或是小女孩的眼淚。如果沒有爆炸的恆星，或許會有個天堂，但肯定沒有地球。

從太陽前方經過的月球，這是 NASA 的 STEREO-B 太空船在 2007 年 2 月 25 日利用四個波長的極紫外光所拍攝的影像。由於衛星到太陽的距離比地球更遠，因此照片中的月球比我們平常看到的還要小。

參照條目　大霹靂（西元前一百三十七億年）、夫朗霍斐線（西元 1814 年）、$E=mc^2$（西元 1905 年）、原子核（西元 1911 年）及環磁機（西元 1956 年）

電晶體

利林菲爾德（**Julius Edgar Lilienfeld**，西元 **1882** 年～西元 **1963** 年），
巴丁（**John Bardeen**，西元 **1908** 年～西元 **1991** 年），
布拉頓（**Walter Houser Brattain**，西元 **1902** 年～西元 **1987** 年），
蕭克利（**William Bradford Shockley**，西元 **1910** 年～西元 **1989** 年）

　　一千年後，當我們的子孫回顧歷史，他們將會把 1947 年 12 月 16 日標記為人類資訊時代的開端。貝爾實驗室的物理學家巴丁和布拉頓在這一天把兩個上電極接到一片經過特殊處理的鍺（germanium），鍺的下方與第三個連到電壓源的電極接觸。當他們在其中一個上電極通入一道小電流時，另一個上電極會產生一道大上許多的電流。電晶體（Transistor）於焉誕生。

　　相較於這個重大的發現，布拉頓的反應顯得相當鎮定。那天晚上當他從廚房門進屋子時，他只是咕噥地對他太太說了一句：「今天我們有一些重要的發現。」除此之外什麼都沒說。他們的同事蕭克利了解這個元件的潛力，對增加當時對半導體的了解也貢獻許多。後來，當蕭克利發現貝爾實驗室的電晶體專利上只放了巴丁與布拉頓的名字、而將他排除在外時，他非常生氣，並且在後來設計出一個更好的電晶體。

　　電晶體是一種可以用來放大或切換訊號的半導體元件。半導體元件的導電度可以藉由輸入一個電訊號來控制。根據不同的電晶體設計，當一個電壓或電流施加到電晶體的其中兩個端點時，可以改變通過第三個端點的電流。

　　物理學家麥可・萊爾頓（Michael Riordan）與莉蓮・哈德森（Lillian Hoddeson）說：「很難想像在現代生活中，有什麼東西比得上電晶體與電晶體所組成的微晶片更重要。在每個清醒的時刻，全世界的人們都把它們帶來的好處視為理所當然——手機、ATM 提款機、手錶、計算機、電腦、汽車、收音機、電視機、傳真機、影印機、紅綠燈以及其他成千上種電子產品。毫無疑問，電晶體是二十世紀最重要的發明。它是電子時代的『夢幻零件』。」未來，以石墨烯（由碳原子所組成的薄片）與碳奈米管製作的快速電晶體或許會漸漸實用。事實上最早的電晶體專利是物理學家利林菲爾德在 1925 年所提出。

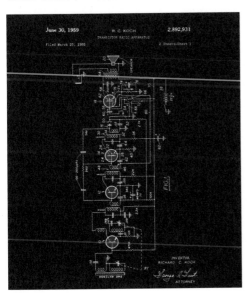

在 1954 年 10 月發表的 Regency TR-1 收音機，是第一款量產的電晶體收音機。左圖是取自理查・柯克（Richard Koch）的電晶體收音機專利書中的圖。柯克當時是 TR-1 製造商的員工。

參照
條目　真空管（西元 1906 年）、量子穿隧效應（西元 1928 年）、積體電路（西元 1958 年）、量子電腦（西元 1981 年）及巴克球（西元 1985 年）

音爆

查克・葉格（**Charles Elwood "Chuck" Yeager**，西元 **1923** 年生）

「音爆」（Sonic booms）通常是指飛機的飛行速度在超過音速時所造成的巨大爆響。音爆是飛機排擠開的空氣在高度壓縮下所產生的衝擊波造成的。打雷就是一種自然的音爆現象，原因是空氣因閃電而電離，並且以超過音速的速度急速膨脹而產生音爆。鞭子發出的爆響也是由於鞭子尾端的移動速度超過了音速所造成的小型音爆。

想了解音爆時波的行為，我們可以從快艇駛過水面留下的 V 型航跡開始。如果你把手放在水中，當航跡擊中你時，你會感覺被打了一下。當飛機在空中飛行的速度超過音速（即一馬赫〔Mach〕，在一般飛機飛行的冷空氣中，音速約為每小時 1062 公里），空氣所形成的衝擊波會呈圓錐狀延伸到飛機後方。當這個圓錐狀的邊緣終於抵達你的耳朵時，你就會聽到一個巨大的爆響。除了機鼻以外，飛機各部分的前側，例如機翼的尾端和前緣也都會產生衝擊波。當飛機的速度到達一馬赫或更高時會持續地產生音爆。

1940 年代，人們曾經認為「突破音障」（break the sound barrier）是不可能的，因為當時韓國的飛行員嘗試把速度提高到接近一馬赫時，飛機就會出現嚴重的抖動，有好幾個飛行員甚至因為飛機解體而喪生。第一位正式突破音障的人是美國飛行員查克葉格，他在 1947 年 10 月 14 日駕駛貝爾公司的 X-1 飛機（Bell X-1）突破了音障。地面上的音障則要等到 1997 年才由一輛英國的噴射車所突破。有趣的是，在速度接近一馬赫時，葉格也曾經歷與韓國飛行員類似的問題，但是他繼續超前，超越飛機所產生的噪音與衝擊波後，他體驗到一種奇異的平靜。

又稱為普朗特—格勞爾奇點（Prandtl–Glauert singularity）的錐狀雲，有時會出現在剛突破音速的飛機周圍。圖中是一架 F/A-18 噴射機於太平洋上空突破音障時所拍下的照片。

參照條目　都卜勒效應（西元 1842 年）、火箭方程式（西元 1903 年）、鞭子的超音速音爆（西元 1927 年）、契忍可夫輻射（西元 1934 年）及最快的龍捲風（西元 1999 年）

全像片

蓋伯（**Dennis Gabor**，西元 1900 年～西元 1979 年）

全像攝影（holography）是一種將 3D 影像記錄下來並在之後重現的技術，這種技術是物理學家蓋伯在 1947 年所發明。蓋伯在得知他獲得諾貝爾獎之後的演說中說：「我不需要寫下一條方程式或是展示一張抽象的圖表。當然你也可以把許多的數學放進全像攝影裡，但其實只要透過一些物理的描述，你就可以了解什麼是全像攝影。」

假設現在有顆很漂亮的桃子。藉由全像片（Hologram）你可以把從許多視點看到的桃子記錄在一張底片上。為了產生穿透式全像片，你必須使用分光鏡（beam-splitter）把雷射光分成參考光（reference beam）和物光（object beam）。參考光並不與桃子產生交互作用，而是直接透過反射鏡照到記錄底片上。物光用來照射桃子，然後從桃子反射出來的光在與參考光再底片上產生干涉條紋。如果光看這些條狀和渦狀的條紋，你可能完全看不出拍的是什麼。但是當底片顯影之後，可以藉由與參考光角度相同的光線來照射全像片，在空間中重建出桃子的 3D 影像。全像片上的那些細小紋路會使光線產生繞射與偏折而形成 3D 影像。

「當你第一次看到全像影像時」物理學家卡斯帕（Joseph Kasper）和費勒（Steven Feller）說，「你一定會覺得疑惑而不可置信。你可能會想把手伸過去摸摸那個好像就放在那裡的東西，結果發現那裡什麼也沒有。」

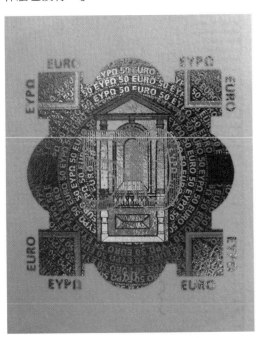

穿透式全像片是從後方照射顯影後的底片，而反射式全像片則是從前方照射底片。有些全像片必須用雷射來觀看，但是彩虹全像片（就像信用卡上常見的那些包含反射鍍膜的防偽標籤）不需要雷射就可以直接觀看。全像術還可以讓我們以光學方法儲存大量的資料。

50 歐元鈔票上的全像片，防偽全像片很難仿製。

 參照條目　司迺耳折射定律（西元 1621 年）、布拉格定律（西元 1920 年）及雷射（西元 1960 年）

量子電動力學

狄拉克（**Paul Dirac**，西元 1902 年～西元 1984 年），
朝永振一郎（**Sin-Itiro Tomonaga**，西元 1906 年～西元 1979 年），
費曼（**Richard Phillips Feynman**，西元 1918 年～西元 1988 年），
施溫格（**Julian Seymour Schwinger**，西元 1918 年～西元 1994 年）

　　「量子電動力學（Quantum Electrodynamics）可能是人類歷史上在描述自然現象時最精確的理論。」物理學家布萊恩・格林（Brian Greene）說：「藉由量子電動力學，物理學家可以把光子當成『光的最小可能封包』，並且在一個完整、可預測且令人信服的數學架構下，描述光子和電子等其他帶電粒子之間的交互作用。」量子電動力學以數學來描述光與物質，以及帶電粒子間的交互作用。

　　量子電動力學的基礎是由英國物理學家狄拉克在 1928 年所建立，並且在 1940 年代得到物理學家費曼、施溫格以及朝永振一郎進一步的改善及發展。量子電動力學主要的想法是帶電粒子（例如電子）藉由發射和吸收光子與其他的粒子產生交互作用，也就是光子是用來傳遞電磁作用力的粒子。有趣的是，這些光子是「虛擬」且無法被偵測到的，但它們提供了交互的「作用力」，因為在吸收或放出光子的能量後，這些粒子會改變它們移動的速度或方向。這些作用力可以藉由波浪狀的費曼圖（Feymann diagram）來表示與說明。費曼圖也可以幫助科學家計算某個特定交互作用發生的機率。

　　根據量子電動力學，當交互作用中所需交換的虛光子（virtual photon）越多（也就交互作用越複雜），則該過程發生的機率越低。量子電動力學所做的預測精準度非常地驚人。舉例來說，它在預測單一顆電子所帶的磁場時，得到的值與實驗值之接近，相當於你在測量紐約到洛杉磯的距離時，產生的誤差小於一根頭髮的粗細。

　　量子電動力學也是許多後續理論如量子色動力學（quantum chromodynamics）的基礎，這種在 1960 年代發展出來的理論描述將夸克聚在一起的強作用力是透過交換一種稱為膠子（gluton）的粒子來傳遞。夸克是基本粒子，組成質子與中子等次原子粒子的基本粒子。

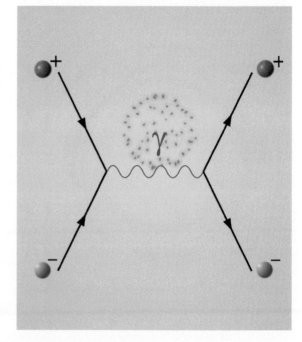

費曼圖描述一顆電子與正子對消（annihilation）後產生一顆虛光子，該光子再衰變成新的電子──正子對。費曼對他想出來的這個圖非常地滿意，甚至還把它畫在自己的車子側面。

參照條目　電子（西元 1897 年）、光電效應（西元 1905 年）、標準模型（西元 1961 年）、夸克（西元 1964 年）及萬有理論（西元 1984 年）

張力平衡結構

斯內爾森（Kenneth Snelson，西元 1927 年生），
富勒（Richard Buckminster "Bucky" Fuller，西元 1895 年～西元 1983 年）

古希臘哲學家赫拉克利特（Heraclitus of Ephesus）曾說這個世界呈現「張力的協調」。這個哲理最有趣的實例之一就是張力平衡系統。它的發明者富勒把這個系統描述為：「許多壓縮力的島嶼位於充滿張力的海洋中。」

讓我們想像一個單純由桿子與纜線所組成的結構。桿子的尾端之間用纜線連接起來，且桿子之間不互相接觸。這種結構在承受重力時可以保持穩定。這種看起來脆弱的結構是如何辦到的？

這種結構的耐受性是藉由張力（tension force，例如纜線上的拉力）與壓縮力（compression force，例如壓縮桿子的作用力）的平衡來維持。舉例來說，當我們把彈簧的兩端壓在一起，就是提供一個壓縮力。當我們把彈簧拉長，就會對彈簧產生張力。

在這個張力平衡系統裡，承受壓縮力的堅硬支架會對承受張力的纜線施加一個拉伸的力量，相對地，纜線則會壓縮支架。當其中一條纜線上的張力增加時，會造成整個結構的張力都增加，而增加的張力則會被支架中增加的壓縮力所抵消。整體而言，從各個方向施加在張力平衡結構上的作用力，其合力為零。如果合力不為零，則該結構可能會飛走（就像從一把弓上面射出來的箭）或是塌掉。

1948 年，一位藝術家斯內爾森製作了一個像風箏一樣且命名為「X 組件」的張力平衡結構。後來富勒正式把這種結構命名為「張力平衡結構」（Tensegrity，或稱為張拉整體結構）。富勒所設計的巨大球型圓頂結構所提供強度和效能也是基於類似的結構，藉由散佈和平衡空間中的機械應力來保持穩定。

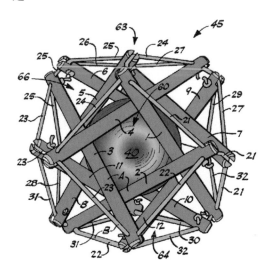

就某種程度而言，我們的身體也是一種張力平衡系統，其中骨骼受到壓縮力並且由肌腱所提供的張力來保持平衡。動物細胞中的細胞骨架也類似一種張力平衡系統。事實上我們可以說張力平衡系統模仿了一些在活體細胞中所觀察到的行為。

這張圖取自於蒙格納（G. Mogilner）與強森（R. Johnson）在 1972 年所取得的美國專利 3,695,617，專利名稱是「張力平衡結構積木」，其中深綠色的部分是堅硬的桿子。這個積木的目的是滑動桿子把裡面的球取出。

參照條目　衍架（西元前 2500 年）、拱（西元前 1850 年）、Ｉ型鋼（西元 1844 年）及里拉斜塔（西元 1955 年）

卡西米爾效應

卡西米爾（Hendrik Brugt Gerhard Casimir，西元 1909 年～西元 2000 年），
利弗席茲（Evgeny Mikhailovich Lifshitz，西元 1915 年～西元 1985 年）

卡西米爾效應（Casimir Effect）是一種兩個不帶電的平行板在真空中會出現吸引力的奇特效應。理解卡西米爾效應的一種可能方式是，根據量子場論（quantum field theory）空間上的真空其實「根本就不是空的」物理學家里卡夫特（Stephen Reucroft）與斯溫（John Swain）說：「在現代物理學裡，真空裡充滿了許多起伏不定且無法完全消除的電磁波，就像海洋裡的波浪，它們永遠都在而且你無法讓它們停下來。」這些波包含了所有可能的波長，而且它們的存在意味著什麼都沒有的空間裡還是存有一定的能量，這個能量就稱為「零點能量」（zero point energy）。

當兩個平行板靠得非常近時（例如相距只有幾奈米），其間將容不下較長的波，使得平板間的真空總能量小於兩平板外側兩邊的能量，而造成兩平板互相吸引。你可以把它想像成平板想要阻止所有無法見容於平板間空間的起伏。物理學家卡西米爾在 1948 年第一個預測了這種吸引力的存在。

有人已經提出一些卡西米爾效應理論上的可能的應用，例如應用其「負能量密度」（negative energy density）來撐開在不同時空區域間轉移的蟲洞（wormholes）或是用來發展懸浮裝置——物理學家利弗席茲以理論證明卡西米爾效應也可以產生排斥力。研究微機電或奈米機電自動裝置的研究人員在設計微小的機械時可能也需要將卡西米爾效應納入考量。

在量子理論中，真空事實上是一片由幽靈般出沒的虛粒子（virtual particle）所組成的海洋。從這個觀點來看，我們就可以了解卡西米爾效應的成因：由於在平板間容不下某些波長，因此其中的虛光子較少，平板外側的光子提供了額外的壓力，讓平板擠在一起。除此之外，還有一些其他的解釋是以說明卡西米爾效應而不需使用零點能量。

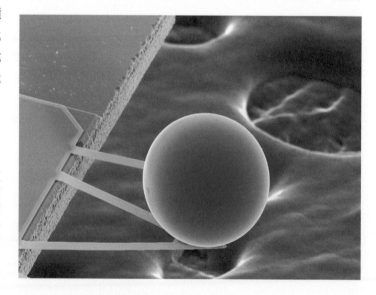

這張掃描式電子顯微鏡照片中的球體直徑略大於十分之一毫米，它會因為卡西米爾效應而移向一個平滑板（圖中未顯示）。研究卡西米爾效應可以幫助科學家更準確地預測微機械元件的功能。照片由歐麥爾·瑪西汀（Umar Mohideen）提供。

參照條目　熱力學第三定律（西元 1905 年）、蟲洞時光機（西元 1988 年）及量子復活（一百兆年之後）

西元 **1949** 年

時光旅行

愛因斯坦（**Albert Einstein**，西元 **1879** 年～西元 **1955** 年），
戈德爾（**Kurt Gödel**，西元 **1906** 年～西元 **1978** 年），
索恩（**Kip Stephen Thorne**，西元 **1940** 年生）

時間是什麼？時光旅行是可能的嗎？幾個世紀來，這些問題勾起了無數哲學家與科學家的興趣。而今天，我們已經知道時光旅行的確是可能的。舉例來說，科學家已經說明以高速移動的物體，其老化的速度會比位於實驗室座標系的靜止物體來得慢。如果你搭上一具接近光速的火箭到外太空再返回，你可能會回到幾千年後的地球。科學家已經用好幾種方式驗證了這種時間變慢或說「拉長」（dilation）的效應。舉例來說，在 1970 年代，科學家曾經把原子鐘（atomic clocks）放上飛機，證明這些鐘的確會比地球上的鐘慢上一些。時間在靠近非常巨大的質量時，也會被大幅地減慢。

雖然看起來很困難，但是理論上的確有好幾種方式可以建造出回到過去的時光機器，而不違背任何已知的物理定律。這些方法大多仰賴非常大的重力或是蟲洞（假想中的時空捷徑）。對牛頓而言，時間就像是條直線流動的河流。沒有東西能讓這條河流改變方向。愛因斯坦則證明這條河流是會彎曲的，雖然它永遠不會繞一圈回到過去的河道，彎回自己就是回到過去，宛如時光旅行（backward time travel）。但是 1949 年，數學家戈德爾更進一步地證明，這條河流是可能彎回到自己身上的。更精確地說是戈德爾發現了愛因斯坦方程式的一個微擾（disturbing）解，這個解允許在一個旋轉的宇宙中進行逆向時光旅行。這是歷史上逆向時光旅行第一次被賦予數學的基礎！

回顧我們的歷史，物理學家發現，若科學知識沒有明確排除某些現象，最後經常會發現這些現象是存在的。今天有越來越多的頂尖科學實驗室開始進行時光機器的設計，這些瘋狂的想法包括索恩的蟲洞時光機（wormhole time machines）、涉及宇宙弦（cosmic strings）的戈特環（Gott loops）、戈特殼（Gott shells）、蒂普勒－范史多康柱體（Tipler and van Stockum cylinders）與柯爾環（Kerr Rings）等。幾百年以後，或許我們的子孫會以我們無從想像的方式去探索時空。

如果時間與空間一樣，「過去」會不會仍然以某種型式存在著，就像在你出門後，你的家仍然存在一樣？如果你可以回到過去，你最想拜訪過去的哪位天才？

參照
條目　快子（西元 1967 年）、蟲洞時光機（西元 1988 年）、狹義相對論（西元 1905 年）、廣義相對論（西元 1915 年）及時序保護猜想（西元 1992 年）

放射性碳定年法

利比（**Willard Frank Libby**，西元 1908 年～西元 1980 年）

「如果你對找出東西的年代感興趣，那麼 1940 年代的芝加哥大學會是個好地方。」作家比爾布萊森說：「利比就是在那個時候發明了放射性定年法，讓科學家可以精確地判讀骨骼或是其他有機物殘骸的年代，從來沒有人能夠辦得到……。」

放射性碳定年法（Radiocarbon Dating）主要是藉由測量含碳樣品中的放射性碳 14 含量來決定樣品的年代。碳 14 是宇宙射線照射到大氣中的氮原子後所形成的產物。碳 14 會在隨後進入到植物，並透過食物鏈進入動物體中。當動物活著時，體內的碳 14 含量會與大氣中的碳 14 含量大略相等。碳 14 會以固定的半衰期衰變成氮 14，當動物死亡並且不再從環境中補充碳 14 之後，動物的殘骸會持續地失去碳 14。因此只要樣本的年紀不超過六萬年，科學家就可以藉由偵測樣本中的碳 14 含量來估計出樣本的年代。由於六萬年以上的樣本中碳 14 的含量越低，因此無法精確測量。碳 14 的放射性半衰期大約是 5730 年。這表示每經過 5730 年，碳 14 的含量就會減少為原本的一半。由於大氣中的碳 14 含量會隨著時間而變，因此科學家會進行一些校正以改善定年時的準確性。舉例來說，1950 年代曾有幾次原子試爆，大氣中的碳 14 含量就因而增加。只需要幾毫克的樣本就可以利用加速器**質譜儀**偵測出其中的碳 14 含量。

在放射性碳定年法發明之前，很難判斷比埃及第一王朝（大約是西元前三千年）時期更早的文物的年代。這對於急於想知道例如可羅馬儂人（Cro-Magnon people）在法國拉斯考克（Lascaux in France）所留下壁畫的年代，以及冰河時期究竟在何時結束的考古學家來說，是非常讓人沮喪的事。

由於碳非常普遍，因此有非常多的材料可以用於射性碳定年，包括考古挖掘出的古代骨骸、焦炭、皮革、木頭、花粉、茸角等等。

參照條目 奧爾梅克羅盤（西元前 1000 年）、沙漏（西元 1338 年）、放射線（西元 1896 年）、質譜儀（西元 1898 年）及原子鐘（西元 1955 年）

費米悖論

費米（**Enrico Fermi**，西元 1901 年～西元 1954 年），
德雷克（**Frank Drake**，西元 1930 年生）

在文藝復興時代，重新發現的古代典籍與新知識藉由蛻變的智慧、好奇、創造力、探索和實驗點亮了整個中世紀歐洲。想像一下，如果我們接觸到另一個外星種族的話，會發生什麼事？那將會是一場由豐富的外星科學、技術與社會資訊所推動，影響更為深遠的文藝復興。既然我們的宇宙既悠久又廣闊——光是我們的銀河系就擁有大約 2500 億顆恆星，物理學家費米在 1950 年提出了一個疑問：「為何我們至今仍尚未接觸過任何地球外文明（extraterrestrial civilization）？」當然，這個問題有許多可能的答案。先進的外星生物可能存在，只是我們對此一無所知。或者，宇宙中具有智慧的外星人是如此的稀少，以致於我們可能永遠沒機會與他們接觸。為了解決這個今天被我們稱為費米悖論（Fermi Paradox）的問題，科學家嘗試著從物理學、天文學與生物學等各種角度來尋找答案。

1960 年，天文學家德雷克提出了一條方程式來估計銀河系中有多少我們可能會接觸到的地球外文明：

$$N = R^* \times f_p \times n_e \times f_l \times f_i \times f_c \times L$$

其中 N 是銀河系中可能進行通訊的外星文明數量，例如該文明發出地球可測得的無線電波。R^* 是銀河系平均每年誕生的恆星數量。f_p 是擁有行星的恆星比例（目前科學家已發現了數百個太陽系外行星）。n_e 是擁有行星的恆星中，平均會擁有幾顆「像地球一樣」適合生命存在的行星。f_l 是這 n_e 顆行星中，真正發展出生命的比例。f_i 是擁有生命的行星中演化出智慧生命的比例。f_c 是這些文明發展出足以向外太空發送存在訊號的科技的比例。L 是這些文明能夠持續地發送訊號的時間長度。由於這些參數多半很難估計，因此這條方程式的功用比較像是讓我們注意到這個問題的複雜度，而非提供解答。

既然我們的宇宙既悠久又廣闊，物理學家費米在 1950 年提出了一個疑問：「為何我們至今仍尚未接觸過任何地球外文明？」

參照
條目　火箭方程式（西元 1903 年）、時光旅行（西元 1949 年）、戴森球（西元 1960 年）、人擇原理（西元 1961 年）、模擬世界（西元 1967 年）、時序保護猜想（西元 1992 年）及宇宙孤立（一千億年後）

太陽能電池

貝克雷（Alexandre-Edmond Becquerel，西元 1820 年～西元 1891 年），
卡爾文・福樂（Calvin Souther Fuller，西元 1902 年～西元 1994 年）

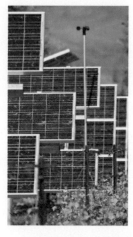

英國化學家喬治・波特（George Porter）在 1973 年曾說：「我相信未來我們一定能成功駕馭太陽的能量……如果太陽的光束用來作為戰爭武器的話，我們可能在幾個世紀以前就擁有了太陽能。」事實上，人類很早之前就嘗試著從陽光中更有效地取得能源。早在 1839 年，當時才 19 歲的法國物理學家艾德蒙貝克雷就已經發現了光伏效應（photovoltaic effect），也就是某些材料在照到光時會產生微小的電流。但是這項科技真正的突破要等到 1954 年，才由貝爾實驗室的三名科學家，達利爾・蕭平（Daryl Chapin）、卡爾文・福樂、與傑拉德・皮爾森（Gerald Pearson）共同發明出第一個能有效地將太陽光轉換為電能的矽基太陽能電池。當時這個電池在陽光直射下的效率只有百分之六左右，而今天先進太陽能電池的效率已經可以達到百分之四十以上。

你可能在一些建築物的屋頂或是高速公路的警示牌上，看過太陽能電池板。這些電池板中的太陽能電池通常由兩層矽所組成。這些電池通常還會加上一層抗反射鍍膜來增加陽光的吸收率。為了讓太陽能電池產生有用的電流，通常上層的矽裡面會摻雜少量的磷，下層的矽則摻雜了硼。這些添加物會讓上層的矽含有較多的電子，下層的矽含有較少的電子。當這兩層矽接合在一起時，靠近接合處的上層電子會流到下層，而在接合處產生一個電場。當陽光中的光子擊中電池時，會同時在上下層中激發出電子。此時抵達接面附近的電子就會被電場「推」到上層。這種「推力」可以讓電子離開電池，進到電池表面上所連接金屬導線來產生電力。這種直流電需要經過一種稱為變流器的元件轉換為交流電，才能直接供家庭使用。

上圖——為葡萄園中的設備供電的太陽能電池板。右圖——屋頂上的太陽能電池板。

參照
條目 阿基米德的燃燒鏡（西元前 212 年）、電池（西元 1800 年）、燃料電池（西元 1839 年）、光電效應（西元 1905 年）、核能（西元 1942 年）、環磁機（西元 1956 年）及戴森球（西元 1960 年）

里拉斜塔

賈德納（**Martin Gardner**，西元 1914 年～西元 2010 年）

有天當你走過圖書館，你注意到有疊書堆得斜斜地，超過了桌子的邊緣。你開始想，有沒有可能把許多書疊在一起，讓最上面的書往外延伸，比如說，五英呎好了，然而最下面的書仍然安穩地躺在桌上呢？還是說這疊書將會因為本身的重量而塌掉呢？為了簡單起見，我們假設每本書都是一樣的，而且每一層你都只能擺放一本書；也就是說，每本書的下面最多只能有一本書。

這個問題從 19 世紀初期開始就一直困擾著物理學家，1955 年發表在《美國物理期刊》的一篇文章而被命名為〈里拉斜塔〉（Leaning Tower of Lire）。1964 年賈德納在《科學美國人》雜誌上討論這個問題再度吸引了更多人的注意。

只要這疊由 n 本書堆起來的書的質心（center of mass）還是位於桌子的上方，這疊書就不會塌。換句話說，任何一本書（我們姑且稱之為 B 書）之上的所有書的質心，都必須位於一條「切齊」B 書邊緣的垂直軸上。神奇的是，理論上無論你想讓這疊書突出桌子的邊緣多遠都是辦得到的。賈德納把這個任意大的突出稱為「無限偏移悖論」（infinite-offset paradox）。如果你想讓這疊書突出三本書的寬度，你需要多達 227 本書！突出 10 本書的寬度，你將需要 272,400,600 本書。如果突出 50 本書寬的話，你需要的書會超過 1.5×10^{44} 本。有條公式可以用來計算 n 本書所能達到的突出距離（以書寬為單位）：$0.5 \times (1 + 1/2 + 1/3 + \cdots + 1/n)$。這個調和數列發散的速度非常地慢，因此每增加一點突出的寬度都需要增加大量的書。如果我們把每一層只能放一本書的限制取消，還會得到更多有趣的結果。

有沒有可能把許多書疊在一起，讓最上面的書往外延伸好幾英呎，而最下面的書仍然安穩地躺在桌上呢？還是說這疊書將會因為自己的重量而塌掉呢？

參照條目 拱（西元前 1850 年）、衍架（西元前 2500 年）及張力平衡結構（西元 1948 年）

看見單一原子

諾爾（Max Knoll，西元 1897 ～西元 1969 年），
拉斯卡（Ernst August Friedrich Ruska，西元 1906 年～西元 1988 年），
穆拉（Erwin Wilhelm Müller，西元 1911 ～西元 1977 年），
克魯（Albert Victor Crewe，西元 1927 年～西元 2009 年）

「克魯的研究為我們開了一扇新的窗，進入組成自然界一切事物的微觀世界。」記者約翰‧馬可夫（John Markoff）說：「給了我們一個強而有力的新工具來了解從活體細胞到金屬合金的一切事物。」

在芝加哥大學教授克魯設計出第一套掃描穿透式電子顯微鏡（STEM）之前，這個世界從未真正地利用電子顯微鏡「看過」原子。雖然希臘哲學家德模克里特（Democritus）早在西元前五世紀就已經提出組成物質的基本粒子是原子的概念，但是原子太小，無法用光學顯微鏡看到。1970 年，克魯在《科學》雜誌上發表了一篇重要的論文〈個別原子可視度〉，提供了鈾原子與釷原子的攝影證據。

「在參加完一場位於英格蘭的研討會，忘了在機場買本書以便打發回程飛機上的時間，於是他抽出了一疊紙，畫出了兩種改良現有顯微鏡的設計。」馬可夫說。克魯隨後設計出一種更好的電子源（場發射電子槍）來掃描標本。

電子顯微鏡利用一個電子束來照射標本。諾爾和拉斯卡在 1933 年左右發明的穿透式電子顯微鏡（TEM）裡，電子會先穿過非常薄的標本後再進入一組由通電線圈所組成的磁透鏡。在掃描式電子顯微鏡（SEM）裡，電子透鏡和磁透鏡都位於標本的上方，電子會被聚焦到一個小點上，然後開始掃描標本試片的表面。而 STEM 則同時整合了這兩種方式。

1955 年，物理學家穆拉曾利用場離子顯微鏡（field ion microscope）來觀察原子。這種儀器在一個位於氣體中的尖銳金屬探針上施加一個大電場。抵達探針尖端的氣體原子會被游離而被偵測出來。物理學家彼得‧奈利斯特（Peter Nellist）說：「由於這些過程比較容易發生在針尖表面的某些區域，例如原子結構表面不平滑處，因此可以顯現出樣品的原子結構影像。」

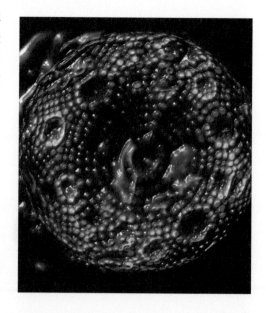

一根非常銳利的鎢探針的場離子顯微鏡影像。其中一顆顆像圓球的東西就是單一原子的影像。其中有些圓球看起來被拉長的原因是原子在成像的過程中（大約一秒）移動了。

 參照條目　馮格里克靜電起電機（西元 1660 年）、微物圖誌（西元 1665 年）、原子論（西元 1808 年）、布拉格定律（西元 1920 年）、量子穿隧效應（西元 1928 年）及核磁共振（西元 1938 年）

西元 1955 年

原子鐘

埃森（**Louis Essen**，西元 1908 年～西元 1997 年）

幾個世紀以來時鐘已經變得越來越準確。早期的機械鐘，像是十四世紀的多佛古堡鐘（Dover Castle clock），每天的誤差可以達好幾分鐘。當擺鐘在十七世紀普及化以後，時鐘已經足以精確地記錄下小時與分鐘。到了二十世紀，振盪的石英晶體可以讓每天的誤差降到幾分之一秒。1980 年代的銫（cesium）原子鐘（Atomic Clocks）運轉三千年誤差小於一秒，而 2009 年一座稱為 NIST-F1 的銫噴泉原子鐘其誤差甚至達到每六億年小於一秒。

原子鐘之所以會如此精確的原因是它是藉由原子兩相異能階間所產生的週期性訊號來計時。相同的同位素原子（核子數相同的原子）的所有特性都一樣，因此原子鐘可以獨立地運作，並測量事件之間的相同時間間隔。最常見的原子鐘是銫原子鐘。銫原子在某兩個能階間躍遷時，會發出一個天然共振頻率為 9,192,631,770 Hz（每秒 9,192,631,770 週期）的微波訊號，時間單位的秒就是以這個微波頻率來定義。把世界各地的銫原子鐘所量到的值匯合起來平均之後，用來界定國際時間標準。

原子鐘的其中一個重要用途是 GPS（全球定位系統）。這套以衛星為基礎的系統讓使用者可以定出自己在地面上的位置。為了確保精確度，衛星必須發送出精準計時的無線電脈衝，如此一來接受器才能計算出使用者的位置。

英國物理學家埃森在 1955 年藉由銫原子的能量躍遷，製作出第一個準確的原子鐘。世界各地的實驗室仍持續研究使用其他種類的原子與計時方法的時鐘，希望能進一步地增加精確度並降低成本。

2004 年，美國國家標準與技術研究院展示了一座微小的原子鐘，其內部的機構只有米粒大。這座鐘包含一個雷射以及一個含有銫蒸氣的小腔體。

參照條目　沙漏（西元 1338 年）、週年紀念鐘（西元 1841 年）、螢光（西元 1852 年）、時光旅行（西元 1949 年）及放射性碳定年法（西元 1949 年）

平行宇宙

休・艾弗雷特三世（**Hugh Everett III**，西元 1930 年～西元 1982 年），
泰格・馬克（**Max Tegmark**，西元 1967 年生）

　　許多著名的物理學家現在認為，在我們的宇宙之外還存在著許多的平行宇宙（Parallel Universes），這些宇宙就像是一層一層疊起來的蛋糕或是奶昔裡面的泡泡，又像是有無數個分枝的樹上的芽苞。在某些平行宇宙的理論中，我們說不定可以藉由某個宇宙外洩到鄰近宇宙的重力偵測到平行宇宙的存在。例如，來自遙遠恆星的光可能會因為距離僅數毫米，但位於另一個平行宇宙中的不可見物體而受到扭曲。整個多重宇宙的想法並不如它表面上看起來的那麼牽強。根據美國研究人員大衛拉柏在 1998 年針對 72 名頂尖物理學家所做的問卷顯示，有百分之五十八的物理學家，包括史帝芬・霍金，都相信某種形式的多重宇宙理論。

　　目前有許多種不同的多重宇宙理論。例如艾弗雷特三世在 1956 年的博士論文〈宇宙波函數之理論〉（The Theory of the Universal Wavefunction）中提出了一個理論認為宇宙會持續地分裂成無數個平行宇宙。這個理論被稱為量子理學的多世界詮釋（many-worlds interpretation），它假定每當宇宙（世界）在量子層級出現不同方向的選擇時，它就會根據不同的可能性形成不同的宇宙。如果這個理論是真的，則在某種意義下，各種怪異的宇宙都可能「存在」。在某些宇宙裡，希特勒可能贏了二次大戰。有時我們會用多重宇宙（multiverse）這個字來說明，我們觀測到的宇宙只是真實的宇宙（包含了所有可能宇宙的集合）中的一小部分。

　　如果我們的宇宙真的是無限的，那麼可能會有跟我們的可見宇宙一模一樣的宇宙存在，其中也包含了地球以及「你」。根據物理學家馬克思鐵馬克的估計，這些和我們的可見宇宙一模一樣的宇宙之間最靠近的距離在 10 到公尺之間。這些宇宙裡不但有無數個一模一樣的你，還有無數個「不一樣的你」。混沌宇宙暴脹理論（Cosmic Inflation theory）似乎也與宇宙會不斷地產生的想法一致——其中可能有無數個你，從最美麗到最醜陋的版本都有。

某些量子力學的詮釋認為，當宇宙在量子層級面臨不同路徑的選擇時，就會根據不同的可能性形成不同的宇宙。多重宇宙意味著我們所觀測到的宇宙只是真實宇宙（包含了其他可能的宇宙）的一小部分。

參照
條目　光的波動性（西元 1801 年）、薛丁格的貓（西元 1911 年）、人擇原理（西元 1961 年）、模擬世界（西元 1967 年）、宇宙暴脹（西元 1980 年）、量子電腦（西元 1981 年）、量子永生（西元 1987 年）及時序保護猜想（西元 1992 年）

微中子

包立（**Wolfgang Ernst Pauli**，西元 **1900** 年～西元 **1958** 年），
萊因斯（**Frederick Reines**，西元 **1918** 年～西元 **1998** 年），
科溫（**Clyde Lorrain Cowan, Jr.**，西元 **1919** 年～西元 **1974** 年）

物理學家利昂·萊德曼（Leon Lederman）在 1993 年時曾寫道：「微中子（Neutrinos）是我最喜歡的粒子。它幾乎什麼性質都沒有：沒有質量（或說非常小），沒有電荷……而且更糟糕的是，它甚至不參與強交互作用。委婉地來說，它是『難以捉摸』的粒子。你幾乎很難掌握微中子的存在。因為它可以穿過幾百萬英哩厚的實心鉛板，而只在很低的機率下產生一次可測得的碰撞。」

1930 年物理學家包立預測了微中子最重要的特性——沒有電荷，非常小的質量，來解釋某些形式的放射性衰變中的能量損失。他認為少掉的能量可能是被一些逃過偵測的鬼魅般粒子所帶走。1956 年，萊因斯和科溫在南卡羅來納一座核子反應爐中進行實驗時首度發現了微中子的存在。

每秒鐘，我們每一平方英吋的身體上會有超過 1000 億個來自太陽的微中子穿過，而不跟我們產生任何交互作用。根據粒子物理的**標準模型**，微中子不具有質量；但是在 1998 年，位於地底的日本超級神岡微中子探測器發現微中子事實上帶有極微小的質量。這個偵測器在大量的水四周裝設了許多探測器，以偵測微中子發生碰撞時所產生的**契忍可夫輻射**（Cherenkov Radiation）。由於微中子與物質的交互作用非常微弱，因此探測器本身必須非常地巨大以增加偵測到微中子的機會。同時這些探測器都位於地面下，以隔離宇宙輻射等其他種類的背景輻射。

今天我們知道微中子一共有三種不同的類型（又稱風味，flavor），微中子在移動的過程會在三種風味間振盪轉換。科學家一度疑惑，為何我們所偵測到的微中子數量遠低於理論上太陽核融合反應所產生的微中子數量？但後來發現這是因為某些微中子探測器不容易偵測到其他種類的微中子，所以觀察到的太陽微中子流量才會比預期低。

靠近芝加哥的費米國家加速器實驗室利用加速器產生的質子產生高密度微中子束，科學家能夠藉由一具遙遠的探測器觀察微中子振盪。圖中是一個用來聚焦會衰變產生微中子的粒子束的「喇叭」。

參照條目　放射線（西元 1896 年）、契忍可夫輻射（西元 1934 年）、標準模型（西元 1961 年）及夸克（西元 1964 年）

環磁機

塔姆（Igor Yevgenyevich Tamm，西元 1895 年～西元 1971 年），
阿爾希莫維奇（Lev Andreevich Artsimovich，西元 1909 年～西元 1973 年），
薩哈羅夫（Andrei Dmitrievich Sakharov，西元 1921 年～西元 1989 年）

　　太陽中的核融合反應為地球提供了光與能源。那我們有沒有可能想辦法直接在地球上藉由核融合反應安全地產生更多能源以供人類使用呢？在太陽裡，四個氫原子核（質子）會融合成一個氦原子核。氦原子核的質量小於四個氫原子核的質量，其中少掉的質量會依據愛因斯坦的 $E = mc^2$ 轉變成能量。太陽的核融合反應所需的高壓和高溫是由於太陽的重力塌縮造成的。

　　科學家希望藉由產生足夠的高溫和密度，讓由氫同位素——氘（deuterium）與氚（tritium）——所組成的氣體形成含自由原子核與電子的電漿，這樣一來其中的原子核就可藉由核融合反應形成氦原子核與中子，並釋放出能量。不幸的是，沒有一種材料容器能夠承受得了核融合反應所需的極高溫。而一種可能的解決方法是種叫做環磁機（Tokamak）的儀器，這種儀器利用一個複雜的系統所產生的磁場來將電漿侷限並壓縮在一個環型的中空容器中。這裡的熱電漿可以藉由來自加速器磁壓縮（magnetic compression）、微波、電場或是中性粒子束等方式來產生。然後再讓電漿在不接觸到器壁的情況下，不斷地在環磁機中迴旋。今天世界上最大的環磁機是正在法國建造中的 ITER。

　　研究人員還在努力改進環磁機的設計，希望有一天能夠製作出一個產生的能量大於維持環磁機運作所需能量的系統。如果我們能夠建造出這種環磁機，將會從中得到許多好處。一是環磁機所需的小量燃料非常容易取得。二是核融合反應不像目前的核分裂反應爐（鈾等元素的原子核分裂成較小的原子核時，釋放出巨大的能量）一樣會產生高放射性的核廢料。

　　環磁機是蘇聯物理學家塔姆和薩哈羅夫在 1950 年代所發明，後來經過了阿爾希莫維奇的改良。今天科學家也嘗試著藉由另一種以雷射來使熱電漿受到慣性侷限（inertial confinement）的方式來產生核融合反應。

美國國家球形環實驗裝置（NSTX）的照片，這是一種根據環磁機的概念所設計出來的全新的磁融合裝置。NSTX 是由普林斯頓電漿物理實驗室與橡樹嶺國家實驗室、哥倫比亞大學以及西雅圖華盛頓大學合作建造。

參照條目　電漿（西元 1879 年）、$E=mc^2$（西元 1905 年）、核能（西元 1942 年）、恆星核合成（西元 1946 年）、太陽能電池（西元 1954 年）及戴森球（西元 1960 年）

積體電路

基爾比（**Jack St. Clair Kilby**，西元 1923 年～西元 2005 年），
諾伊斯（**Robert Norton Noyce**，西元 1927 年～西元 1990 年）

「積體電路（Integrated Circuit, IC）似乎是命中註定要被發明出來，」科技史學家瑪莉·貝里絲（Mary Bellis）說：「兩個不同的發明家，在不知道彼此在做些什麼的情況下，幾乎在同一時間發明了幾乎一模一樣的積體電路。」

在電子技術中，一顆 IC，又叫微晶片，是種仰賴半導體元件來運作的微型電路，今天 IC 被使用在數不清的電子產品上，小從咖啡機大到戰鬥機都少不了它。半導體材料的導電率可以藉由外加的電場來控制。在單片的積體電路（以單晶製作而成的 IC）發明後，過去分散的那些電晶體、電阻、電容和所有的導線都可以放到同一個半導體單晶（或稱晶片）上。相較於那些由分散的電晶體與電阻等元件所組成的電路，積體電路在製造上更有效率，它可以藉由微影（photolithography）製程選擇性地將光罩（mask）上的圖案轉移到矽晶片等基材的表面上。積體電路的操作速度也因為其中的元件更小且擺放得更為緊緻而更快。

物理學家基爾比在 1958 年發明了 IC。另一名物理學家諾伊斯也在六個月後獨立地發明了 IC。其中諾伊斯使用的半導體材料是矽，而基比使用的則是鍺（germanium）。今天一顆郵票大小的晶片中含有超過十億個電晶體。根據積體電路在功能和密度上的快速進展以及價格上的快速下跌，高登摩爾（Gordon Moore）提出了一個比喻：「如果汽車工業的進展和半導體工業一樣快的話，那麼一台勞斯萊斯每加侖汽油大概可以跑 50 萬英哩，而且把它扔掉會比為它找個停車位便宜。」

基爾比發明積體電路時還是個德州儀器公司的新進員工，當時是七月底，整個公司大部分的員工都還在休假。九月時基爾比製造出第一顆可運作積體電路，德州儀器公司隨後在隔年的二月六號提出專利申請。

封裝之後的微晶片（例如左側那個大的矩形），積體電路就位於其中。積體電路是由許多微小的元件如電晶體所組成。封裝可以保護其中的積體電路，並且讓晶片透過電路板互相連接。

參照條目　克希荷夫（西元 1845 年）、電晶體（西元 1947 年）、宇宙射線（西元 1910 年）及量子電腦（西元 1981 年）

月球的黑暗面

約翰‧赫歇爾（John Frederick William Herschel，西元 1792 年～西元 1871 年），
威廉‧安德斯（William Alison Anders，西元 1933 年生）

　　由於月球與地球之間特殊的重力交互作用，月球沿著其自轉軸轉一圈的時間正好和它繞著地球公轉一圈的時間相等；因此月球面對著地球的永遠是同一側。「月球的黑暗面」常常被用來指稱從地球上看不到的月球遠側。1870 年，著名的天文學家約翰‧赫歇爾曾提出月球遠側可能存在著液態水組成的海洋的看法。後來，飛碟愛好者甚至猜測月球的遠側隱藏著外星人的基地。究竟，月球的暗側存在著什麼樣的祕密？

　　1959 年，藉由蘇聯月神三號太空船（Luna 3）所拍回來的照片，我們終於得以一瞥月球遠側的真面目。蘇聯科學院在 1960 年發表了第一張月球遠側的地圖。有物理學家建議可以在月球的遠側建立一座巨大的無線電望遠鏡，以避免來自地球的無線電波的干擾。

　　事實上，月球的遠側並非一直都是暗的，面對地球這一側和遠側所接受到的陽光量差不多。有趣的是，月球近側和遠側的外觀差異非常大。特別是面對我們的這一側上面有許多巨大的「月海」（maria，相對平坦的區域，這些區域在古代天文學家看來就像是海）。相反地，遠側就到處佈滿了隕石坑。造成這種不一致的原因是月球的近側在大約三十億年前，曾出現過旺盛的火山活動，這些火山活動產生的玄武岩熔岩造成了相對光滑的月海。而遠側可能因為地殼較厚，使得熔岩被限制在月球表面下。但真正的原因科學家仍未達成共識。

　　1968 年，人類終於在美國的阿波羅八號繞行月球任務時直接觀察到月球的遠側。當時成功地抵達月球軌道的太空人威廉‧安德斯是這樣描述的：「月球的背面就像是我的孩子們已經玩了一段時間的沙堆。整個一團亂，沒有特定的形狀，只有一大堆的坑坑洞洞。」

月球的遠側，具有異常粗糙不平的表面，和月球面對地球的那一側非常不同。這張照片是阿波羅 16 號的太空人在 1972 年繞行月球軌道時所拍攝。

參照
條目　望遠鏡（西元 1608 年）及發現土星環（西元 1610 年）

戴森球

奧拉夫·斯塔普雷頓（**William Olaf Stapledon**，西元 1886 年～西元 1950 年），
戴森（**Freeman John Dyson**，西元 1923 年生）

1937 年，英國哲學家兼科幻作家奧拉夫·斯塔普雷頓曾經在他的小說《造星者》（*Star Maker*）裡描述了一種巨大的人工結構：「億萬年後⋯⋯許多缺乏天然行星的恆星被人工的同心環狀世界包圍起來。內環有數十個圓球，外環則有數千個圓球，適合居住的球狀世界分別在離『太陽』適當的距離運行。」

1960 年，物理學家戴森因為《造星者》的啟發，在著名的《科學》雜誌上發表了一篇論文，探討一種可以將恆星包住並攔截其大部分能量的球殼狀結構。當科技文明不斷地進展，就需要這樣的結構來滿足巨大的能源需求。事實上，戴森本人構想是一大群環繞著恆星運行的人工結構，但是科幻小說家、物理學家、學校的老師以及學生們最感好奇的是如果有個能包住恆星的硬殼，並且讓外星人居住在殼的內表面，這層殼可能會有哪些性質。

在其中的一種構想中，戴森球（Dyson Sphere）的半徑與地球到太陽的距離相等，因此它具有 5.5 億倍的地球表面積。有趣的是，如此一來位於中心的恆星對於這個殼狀結構並不具有淨引力，因此球殼可能會產生危險的飄移，除非有方法能夠調整球殼的位置。同樣地，任何位於球殼內側的生物或物體也都不會感受到球殼的重力引力。另一種相關的概念，則是生物依然居住在行星上，但是有個球殼可以用來攔截來自恆星的能量。戴森估計太陽系裡的行星物質和其他的材料足以建造一個厚度為三公尺的球殼。戴森還猜測，我們可以偵測到遙遠的戴森球存在的證據，因為戴森球會以特定的模式吸收並且再輻射出恆星所發出的光。研究人員已經嘗試著從抵達地球的紅外線訊號中搜尋這類結構存在的證據。

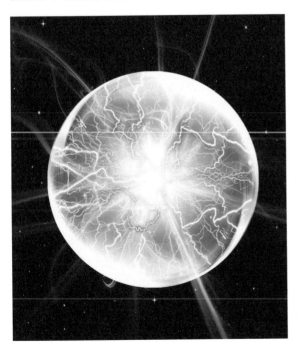

一個包住恆星並攔截其大部分能量的戴森球想像圖。圖中用閃電來表現能量在球殼內側遭到攔截的情形。

參照條目 量測太陽系（西元 1672 年）、費米悖論（西元 1950 年）、太陽能電池（西元 1954 年）及環磁機（西元 1956 年）

雷射

湯斯（**Charles Hard Townes**，西元 1915 年生），
梅曼（**Theodore Harold "Ted" Maiman**，西元 1927 年～西元 2007 年）

「雷射科技在許多實際的應用上已經變得非常重要」。雷射專家傑夫・赫克特（Jeff Hecht）說：「從醫療到消費性電子產品到通訊以及軍事科技。雷射也是在尖端研究上的重要工具——至今一共有十八位諾貝爾獎獲獎者的研究與雷射有關，包括雷射本身、全像片、雷射冷卻以及**玻色－愛因斯坦凝聚態**。」

雷射的英文 laser 是 light amplification by stimulated emission of radiation（受激輻射之造成之光放大）的簡寫，其使用的一種愛因斯坦在 1917 年所發現的受激輻射（stimulated emission）機制。在這個機制中，帶有適當能量的光子（光的粒子）會讓電子躍遷到一個較低的能階，同時產生另外一個光子。第二顆光子與第一顆光子具有相同的相位、頻率、極化方向以及運動方向。當這些光子被反射並穿過同樣的原子時，就會產生放大的現象，並發射出強烈的光束。雷射可以發出許多不同種類的電磁波，例如 X 光雷射、紫外線雷射以及紅外線雷射等。雷射所產生的光束具有高度的準直性，例如 NASA 的科學家曾經讓地球上所發出的雷射對準太空人放置在月球上的反射器反射回地球。這道雷射光束抵達月球表面時大約有 2.5 公里寬，事實上，這個散開的幅度與手電筒發出的光比較之下非常地小。

1953 年，物理學家查爾斯湯斯與他的學生製作出歷史上第一具微波雷射（又稱為梅射，maser），但是這具雷射並無法持續地發出輻射。梅曼在 1960 年製作出第一台使用脈衝操作且具有實用性的雷射。

今天，雷射被大量地使用在 DVD 和 CD 播放器、光纖通訊、條碼讀取機以及雷射印表機中。其他的用途還包括不流血的手術以及武器的標定瞄準等。研究人員仍在持續研究可直接用來摧毀坦克及飛機的雷射。

光學工程師正在測試多道雷射之間的交互作用，這些雷射被用在防禦彈道飛彈的雷射武器上。美國空軍研究實驗室的定向能量署是負責開發光束控制科技的單位。

 **參照
條目** 布魯斯特光學（西元 1815 年）、全像片（西元 1947 年）及玻色－愛因斯坦凝聚態（西元 1995 年）

終端速度

約瑟夫‧基廷格二世（**Joseph William Kittinger II**，西元 1928 年生）

很多人可能都聽過「一分錢殺手」的可怕傳說：如果你從紐約的帝國大廈頂樓丟下一個一分錢銅板，這個銅板將會加速到足以穿過腦袋而幹掉一個剛好從下方的街道經過的人。

幸好物理上的終端速度（Terminal Velocity）拯救了帝國大廈下方的行人免於這種飛來橫禍。一分錢銅板在掉落約 152 公尺後會到達它的最大速度（大約是每小時八十公里）。而子彈的速度十倍於此，因此事實上一分錢銅板殺不了任何人，也揭破了這個訛傳。而且上升氣流也會進一步減緩一分錢銅板的速度。一分錢的形狀和子彈不同，這個翻滾的硬幣頂多只會劃破你的皮膚。

當一個物體在通過介質（例如空氣或水）時，會遭遇到使它慢下來的阻力。對於一個空氣中的自由落體而言，這個作用力的大小與速度的平方，物體的面積以及空氣的密度成正比。當物體掉落的越快，其受到的阻力就越大。當一分錢銅板往下不斷地加速時，產生的阻力最後會大到讓一分錢銅板以等速往下掉落，這個速度就是所謂的終端速度。物體在終端速度下的黏滯阻力與重力相等。

當跳傘者張開手腳時，其終端速度大約是每小時 190 公里。當他們形成頭部往下的跳水姿勢時，其終端速度可達每小時 240 公里。

人類在自由落下時所曾達到的最高終端速度紀錄是美國軍官約瑟夫‧基廷格二世（Joseph Kittinger II）在 1960 年所創下，當時他達到的速度大約是每小時 988 公里，因為他是在空氣密度低的高海拔跳出氣球。當時他往下跳的高度是海拔 31,300 公尺，而他是在海拔 5,500 公尺的地方打開降落傘。

當跳傘者張開手腳時，其終端速度大約是每小時 190 公里。

參照條目 落體加速度（西元 1638 年）、脫離速度（西元 1728 年）、白努利定律（西元 1738 年）、曲球（西元 1870 年）及超級球（西元 1965 年）

人擇原理

羅伯特·狄克（**Robert Henry Dicke**，西元 1916 年～西元 1997 年），
布蘭登·卡特（**Brandon Carter**，西元 1942 年生）

　　物理學家特菲爾（James Trefil）說：「當我們對宇宙所知越來越多……事情就越來越明顯：如果宇宙的組成有一點點不同，我們可能根本不會在這裡思考宇宙這件事。這就好像宇宙是為我們而設計的一樣，一個巧妙設計而成的伊甸園。」

　　雖然這樣的陳述持續引發爭論，但是人擇原理（Anthropic Principle）吸引了眾多科學家與普羅大眾的興趣，天文物理學家羅伯特狄克最早在 1961 年的一篇文章中詳細地闡述了這個想法，並且在後來由物理學家布蘭登·卡特等人進一步地發展。這個充滿爭議的原理主要圍繞在我們觀察到的某些物理參數有如被調控成允許生命的進化一般。舉例來說，我們的生命都是由碳元素所組成，這些元素早在地球產生前就已經由恆星製造出來。而能夠產生碳的核子反應，對某些科研究人員來說，似乎也是那麼地「恰到好處」。讓碳能夠生成。

　　如果宇宙中的所有恆星都超過太陽的三倍重，則這些恆星只能存活大約五億年，如此一來，就沒有足夠的時間藉由進化產生多細胞生物。如果自**大霹靂**一秒之後，宇宙膨脹速度慢上十萬兆分之一的話，則宇宙在達到目前的大小之前就已經再度塌縮了。另一方面，如果宇宙膨脹得太快，則質子與電子將永遠無法結合成氫原子。只要重力或弱作用力（或弱核力，nuclear weak force）的大小改變那麼一點點，都可能讓先進的生命形式無法出現。

　　實際上可能有無數個隨機的（未特意設計的）宇宙存在，我們的宇宙只是其中一個剛好允許碳基生命存在的宇宙。有些研究人員認為母宇宙會不斷地分離出子宇宙，這些子宇宙會繼承一組類似母宇宙的物理常數，就像地球上的生物在進化時的特性一樣。擁有眾多恆星的宇宙可能已經存在很久的一段時間，而且有機會產生同樣擁有許多恆星的子宇宙；因此我們這個充滿星星的宇宙可能一點也不特殊。

如果某些基本物理常數的值有一點點不同，則宇宙可能很難演化出具有智慧的碳基生物。對某些宗教人士而言，這就好像在說宇宙是經過微調以允許生命存在。

參照條目　平行宇宙（西元 1956 年）、費米悖論（西元 1950 年）及模擬世界（西元 1967 年）

標準模型

吉曼（**Murray Gell-Mann**，西元 **1929** 年生），
格拉肖（**Sheldon Lee Glashow**，**1932** 年生），
茲威（**George Zweig**，西元 **1937** 年生）

「到了 1930 年代，物理學家已經知道所有的物質都是由三種粒子所組成的，它們是電子、中子和質子。」史帝芬·巴斯特比（Stephen Battersby）說：「但是隨後，一連串的其他粒子紛紛冒出來──微中子、正子和反質子、介子和緲子、k 介子、超子和超子──所以到了 1960 年代中期，據稱已經偵測到的粒子就有上百個。這真是一團糟。」

在整合了各種理論與實驗的結果後，科學家提出了一個能夠解釋物理學家至今所觀察到的大多數粒子的物理特性，這個模型就叫做標準模型（Standard Model）。根據這個模型，基本粒子可以被區分成兩類：玻色子（例如那些通常用來傳遞作用力的粒子）與費米子。費米子包括了各種夸克（Quarks，質子和中子都是由三個夸克所組成）、輕子（leptons，例如電子與微中子，微中子發現於 1956 年）。微中子非常難以偵測，因為它的質量非常小（但不為零），而且在穿過一般物質時幾乎不產生交互作用。今天有許多次原子粒子是我們在粒子加速器中把原子擊碎後，觀察其碎片時所發現。

根據標準模型，作用力是因為物質粒子彼此交換傳遞作用力的玻色子（例如光子與膠子）而產生的。希格斯粒子是標準模型所預設的基本粒子中唯一尚未被觀察到的──它可以解釋為何基本粒子具有質量。科學家認為重力也是藉由交換不具質量的重力子所產生的，但是目前實驗上仍未偵測到重力子。事實上，標準模型並不完備，因為它沒有把重力納進去。有些物理學家希望能在標準模型中加入重力以成為大一統理論（grand unified theory）。

1964 年，物理學家吉曼和茲威提出了夸克的概念，離吉曼在 1961 年提出粒子分類系統八重道（The Eightfold Way）後只過了幾年。1960 年，物理學家格拉肖的統一理論（unification theories）可以說是標準模型的基礎。

質子同步加速器（Cosmotron）。這是全世界第一台可以將粒子的能量加速到十億電子伏特的加速器。質子同步加速器在 1953 年時達到它的設計運轉能量 33 億電子伏特，並且被用來研究次原子粒子。

參照條目 弦論（西元 1919 年）、中子（西元 1932 年）、微中子（西元 1956 年）、夸克（西元 1964 年）、上帝粒子（西元 1964 年）、超對稱（西元 1971 年）、萬有理論（西元 1984 年）及大強子對撞機（西元 2009 年）

電磁脈衝

在威廉・福岑（William R. Forstchen）的暢銷小說《一秒之後》（*One Second After*）裡，一顆高空核彈爆炸後產生了毀滅性的電磁脈衝（Electromagnetic Pulse），電磁脈衝在瞬間摧毀了那些在飛機、心律調整器、汽車和手機裡的電子元件，讓整個美國陷入名符其實的黑暗時代。食物越來越少、社會動盪不安、城市起火燃燒，這種情境極有可能出現。

電磁脈衝通常是指核子彈爆炸時所產生的大量電磁輻射，這些輻射會破壞各式各樣的電子元件。1962 年，美國在太平洋上空 400 公里處進行了一次核子試爆。這次命名為海星一號的試爆造成距離約 1,445 公里的夏威夷上電子設備受損，路燈熄滅、防盜鈴大響、微波通訊故障。根據估計，如果有顆核彈在堪薩斯州上方 400 公里處爆炸的話，整個美國本土都會受到影響（因為美國本土的地磁較強）。水源供應也不例外，因為水源的輸送通常需要用到電力泵。

當核彈引爆後，首先出現的電磁脈衝是一道短暫而強烈的伽瑪射線（一種高能的電磁輻射）爆發。伽瑪射線會與氣體分子中的原子作用，藉由**康普頓效應**（Compton Effect）而放出電子。這些電子會使大氣游離，並產生強大的電場。在某個地點的電磁脈衝強度和影響與核彈引爆的高度以及當地的地磁強度關係密切。

不必使用核武也能夠產生威力較小的電磁脈衝。例如可產生電磁脈衝的爆炸式泵噴流壓縮發動機基本上就是一種以傳統燃料來引爆驅動的發電機。

把電子儀器放置在法拉第籠（Faraday Cage）裡，可以保護儀器免於受到電磁脈衝的影響。法拉第籠是一種可以將電磁能量移轉到地上的金屬屏蔽裝置。

側拍一架正在進行電磁脈衝模擬測試的美國 E-4 先進空中指揮中心，這架飛機設計為可在承受電磁脈衝後仍正常運作。

參照條目 康普頓效應（西元 1923 年）、小男孩原子彈（西元 1945 年）、伽瑪射線爆（西元 1967 年）及高頻主動極光研究計畫（西元 2007 年）

西元 1963 年

混沌理論

哈達瑪（**Jacques Salomon Hadamard**，西元 1865 年～西元 1963 年），
龐加萊（**Jules Henri Poincaré**，西元 1854 年～西元 1912 年），
愛德華・勞倫茲（**Edward Norton Lorenz**，西元 1917 年～西元 2008 年）

在巴比倫神話裡，蒂雅瑪特（Tiamat）是大海女神，代表著令人恐懼的太初混沌。在過去混沌是未知與不受控制的象徵。但今天混沌理論（Chaos Theory）則是一個令人興奮且快速成長的領域，它研究的是那些對初始條件極為敏感的廣泛現象。雖然混沌行為看起來像是「隨機」且「無從預測」的，但事實上它經常遵守嚴格的數學定律，可寫為方程式並加以研究。在研究混沌現象時，電腦圖學是一個很有用的工具。從隨機閃爍著燈光的混沌玩具到香煙的裊裊煙霧和渦流，混沌現象通常表現出不規則且無序的行為；

其他的混沌現象還包括了天氣型態、某些神經與心臟的活動、股票市場以及些電腦網路等。混沌理論也經常被應用在許多視覺藝術上。

在科學上有一些著名且明確的混沌物理系統，例如液體的熱對流（thermal convection）、超音速飛機上出現的壁板震顫（panel flutter）、振盪式化學反應（oscillating chemical reaction）、流體力學、人口成長、撞擊在週期性振動牆面上的粒子、許多擺以及轉子的運動方式、非線性電路以及挫曲樑（buckled beam）等。

混沌理論的最早的起源是從哈達瑪和龐加萊等數學家在 1900 年左右開始研究的運動物體的複雜軌跡而來。在 1960 年代初期，一位麻省理工學院的氣象學家愛德華・勞倫茲另用一組方程式來模擬

大氣中的對流現象。雖然他使用的方程式非常簡單，但他很快就發現了混沌現象的特徵之一：只要初始條件有一點點變化，就會造成不可預測且完全不同的結果。他在 1963 年發表的論文裡解釋，一隻蝴蝶拍動牠的翅膀都可能會影響到幾千公里以外的天氣。今天我們把這種敏感的現象稱為「蝴蝶效應」（Butterfly Effect）。

上圖——在巴比倫神話中，龍和蛇都是蒂雅瑪特所生下的。左圖——混沌理論研究那些對初始條件極為敏感的各種現象。照片中的丹尼爾懷特孟德爾球（Daniel White's Mandelbulb）是一種三維孟德布洛特集合（Mandelbrot set），表現了簡單數學系統所產生的複雜行為。

 參照條目　拉普拉斯惡魔（西元 1814 年）、自體排列臨界點（西元 1987 年）及最快的龍捲風（西元 1999 年）

類星體

施密特（**Maarten Schmidt**，西元 **1929** 年生）

「類星體（Quasars）是宇宙中最令人費解的天體之一，因為它的體積很小，輸出的能量卻非常地巨大。」hubblesite.org 的科學家寫道：「類星體的大小不比我們的太陽系大上多少，但它發出來的光卻可以達到整個星系（其中包含了幾千億顆恆星）的 100 到 1000 倍之多。」

雖然類星體之謎存在了幾十年，但今天大多數的科學家都相信，類星體是核心具有超大質量黑洞且距離我們非常遙遠的活躍星系，當附近的星系物質被吸入黑洞時，黑洞噴發出巨大的能量。最早的類星體是無線電望遠鏡所發現（接收來自宇宙的無線電波的望遠鏡），當時並未發現對應的可見天體。到了 1960 年代早期，科學家終於發現了與這些奇怪的無線電波源對應的模糊可見天體，當時這些天體被命名為類星無線電波源或直接簡稱為類星體。起先科學家無法解釋這些天體的光譜（顯示天體所發出的輻射在不同波長下的強度）。但是在 1963 年，荷蘭出生的美國天文學家施密特得到了令人振奮的發現，他發現光譜線事實上來自於氫，只是朝著光譜的紅光方向平移了很長一段距離。這種紅移現象來自於宇宙的膨脹，也就是說這些類星體是來自非常遙遠的星系而且極為古老。

今天我們已經發現了超過 200,000 個類星體，這些類星體大多不具有可偵測到的無線電波。雖然在我們看來類星體都非常的昏暗，但那是因為它們距離我們有 7.8 億到 280 億光年遠，事實上，它們是宇宙中已知最活躍與最明亮的天體。根據估計，類星體每年可吞噬 10 個恆星或每分鐘 600 個地球的質量，當周圍的氣體或塵埃被消耗殆盡後，這些類星體就會「關掉」，使得類星體所在的星系成為一般的星系。在早期的宇宙中，類星體可能更加普遍，因為當時它們的四周還有更多的物質可供消耗。

在這張想像圖中，類星體，也就是噴發出能量又持續長大的黑洞，位於星系的核心。天文學家利用 NASA 的史匹哲和錢卓太空望遠鏡在許多遙遠的星系中發現了類似的類星體。圖中以白色光束來表示 X 光。

參照
條目 望遠鏡（西元 1608 年）、黑洞（西元 1783 年）、都卜勒效應（西元 1842 年）、哈伯定律（西元 1929 年）及伽瑪射線爆（西元 1967 年）

熔岩燈

愛德華・克雷文・沃克（**Edward Craven Walker**，西元 1918 年～西元 2000 年）

熔岩燈（Lava Lamp，美國專利 3,387,396 號）是種會產生不斷浮起的小球的裝飾用照明容器。這本書之所以介紹熔岩燈，是因為它應用了許多簡單但重要的原理。許多老師在探討熱輻射、熱對流和熱傳導時，會在課堂上展示熔岩燈或是以熔岩燈來做實驗。

熔岩燈是英國的愛德華克雷文沃克在 1963 年時發明。班伊坎森（Ben Ikenson）說：「身為一個二戰老兵的沃克，說話和生活方式有像個嬉皮。一半像《王牌大賤諜》、一半像愛迪生的他，在英國的迷幻時代裡是個天體主義者——而且他還會使用一些很聰明的銷售技巧。例如他會這樣說：『如果你買了我的燈，就不需要再去買迷幻藥。』」

要製作熔岩燈，你必須先找到兩種不互溶的液體，比如說無法混合在一起的油跟水。在其中一種設計裡，熔岩燈的燈座會放置一個 40 瓦的白熾燈泡以加熱上方長長的錐形玻璃瓶，玻璃瓶裡裝了水以及蠟與四氯化碳（carbon tetrachloride）混合物形成的小球。在室溫下，蠟的密度會略高於水。當燈座受到燈泡的加熱時，蠟會比水膨脹的更快且變成液體。當蠟的比重（即相對於水的密度）下降時，小球就會上浮到頂端，當小蠟球冷卻後，又會再往下沉。燈座處會有個金屬線圈來散布熱，同時打破這些小球的表面張力（Surface Tension），讓它們在底部時可以重新結合在一起。

由於這些蠟球在熔岩燈裡複雜且無法預設的運動，它們還從被用來提供亂數，這種亂數產生器出現在 1998 年獲證的美國專利 5,732,138 裡。

不幸的是，2004 年有個名叫菲力普・奎因（Phillip Quinn）的人因熔岩燈而死亡。在他嘗試把熔岩燈放在廚房的爐子上加熱時，燈具爆炸，且玻璃的碎片刺入了他的心臟。

熔岩燈使用了許多簡單但重要的原理。許多老師在探討熱輻射、熱對流和熱傳導時，會在課堂上展示熔岩燈或是以熔岩燈來做實驗。

參照條目 阿基米德浮力原理（西元前 250 年）、史托克定律（西元 1851 年）、表面張力（西元 1866 年）、白熾燈泡（西元 1878 年）、黑光燈（西元 1903 年）、矽膠黏土（西元 1943 年）及喝水鳥（西元 1945 年）

上帝粒子

布勞特（**Robert Brout**，西元 **1928** 年生），
希格斯（**Peter Ware Higgs**，西元 **1929** 年生），
恩格勒（**François Englert**，西元 **1932** 年生）

　　作家瓊安·貝克（Joanne Baker）寫到：「當物理學家希格斯 1964 年在蘇格蘭高地散步時，突然想到一種讓粒子擁有質量的方式。他說這是他自己的『一項大發現』。當粒子游過一個力場而變慢時，看起來會變得較重，這個場我們現在稱為希格斯場（Higgs field）。希格斯場是伴隨著希格斯玻色子（Higgs Boson）的量子場，曾獲得諾貝爾物理學獎的萊德曼（Leon Lederman）把這種粒子稱為上帝粒子（The God Particle）。」

　　基本粒子可以分成兩大類：玻色子（傳遞作用力的粒子）以及費米子（**夸克、電子與微中子**等組成物質的粒子）。希格斯玻色子是**標準模型**中唯一尚未被發現的粒子，而科學家期望**大強子對撞機**（Large Hadron Collider）——一個位於歐洲的高能粒子加速器，能夠提供希格斯玻色子存在的證據。

　　為了幫助我們了解希格斯場，先想像有個充滿黏稠蜂蜜的湖，當原本不帶質量的粒子通過這個場時，這些蜂蜜會黏附在上面，使得這些粒子在通過這個場後，成為帶有質量的粒子。理論認為在非常早期的宇宙，所有的基本作用力（也就是強作用力、電磁作用力、弱作用力與重力）都統一為一個超力（superforce），但是在宇宙冷卻後，開始出現了不同的作用力。物理學家已經能夠把弱作用力與電磁作用力結合成電弱作用力（electroweak），有朝一日，或許我們可以把所有的作用力都統合在一起。

　　此外物理學家希格斯、布勞特和恩格勒認為，在**大霹靂剛發生**之後，所有的粒子都是不具有質量。在宇宙冷卻後，才出現了希格斯玻色子和伴隨的希格斯場。有些粒子，像是不具質量的光子，可以穿過黏滯的希格斯場而不產生質量，其他的粒子則會像陷入糖漿的螞蟻一樣變得沉重。

　　希格斯玻色子的質量可能超過質子的一百倍。要找到希格斯玻色子需要非常巨大的粒子對撞機，因為撞擊的能量越大，則碎片當中的粒子質量就越大。

緊湊緲子線圈（The Compact Muon Solenoid, CMS）是大強子對撞機中一具位於巨大地穴中的粒子偵測器。這個偵測器將幫助科學家尋找希格斯玻色子，並且幫助我們更加了解暗物質的性質。

參照條目 標準模型（西元 1961 年）、萬有理論（西元 1984 年）及大強子對撞機（西元 2009 年）

夸克

吉曼（**Murray Gell-Mann**，西元 **1929** 年生），
茲威（**George Zweig**，西元 **1937** 年生）

歡迎來到粒子動物園。在 1960 年代，理論學家發現如果有些基本粒子，例如中子和質子，事實上不是最基本，而是由更小的粒子——夸克（Quarks）所組成的，就可以解釋這些粒子之間所存在的一些關係。

夸克一共有六種風味（flavor），它們分別是上（up）、下（down）、魅（charm）、奇（strange）、頂（top）、底（bottom）。其中只有上夸克和下夸克是穩定的，它們也是宇宙中最常見的夸克。其他更重的夸克則是在高能碰撞下產生，有另外一類包含了**電子**在內的粒子叫做輕子（lepton），輕子不是由夸克所組成。

夸克是物體學家吉曼與茲威在 1964 年個別獨立提出，到了 1995 年這六種夸克存在的證據已經全部由粒子加速器實驗找出來。夸克帶有非整數的電荷；例如上夸克的電荷是＋ 2/3，下夸克的電荷是－ 1/3。**中子**（不帶電荷）是由兩個下夸克與一個上夸克所組成；質子（帶正電）則是由兩個上夸克與一個下夸克所組成。將夸克束縛在一起的是一個強大的短距作用力——色力（color force），色力是由負責傳遞作用力的膠子所提供。這個用來描述強作用力的理論稱為量子色動力學。夸克這個名稱是由吉曼所命名，他在《芬尼根守靈夜》（*Finnegans Wake*）讀到這行有點無厘頭的「向麥克老大三呼夸克」（Three quarks for Muster mark）後，決定把這種粒子命名為夸克。

在**大霹靂**後，宇宙中充滿了夸克—膠子**電漿態**（quark-gluon plasma），因為當時的溫度太高，強子（hadron，質子與中子都屬於強子）無法存在。作家茱蒂‧瓊斯（Judy Jones）和威廉‧威爾森（William Wilson）說：「夸克為我們的知識認知帶來強大的衝擊。它暗示了自然有三面……它一方面是數不盡的小粒子，一方面又是組成宇宙的基石，夸克同時代表了科學最進取的一面以及最矜持的一面。」

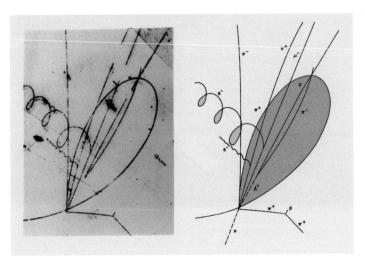

左邊那張布魯克海文國家實驗室的雲霧室所拍到的粒子軌跡是魅重子（charmed baryon，一種三夸克粒子）存在的證據。一個微中子從下方（右邊畫虛線的軌跡）進入與質子產生碰撞而產生其他在雲霧室中留下軌跡的粒子。

參照
條目　大霹靂（西元前一百三十七億年）、電漿（西元 1879 年）、電子（西元 1897 年）、中子（西元 1932 年）、量子電動力學（西元 1948 年）及標準模型（西元 1961 年）

CP 對稱性破壞

克羅寧（**James Watson Cronin**，西元 1931 年生），
菲奇（**Val Logsdon Fitch**，西元 1923 年生）

　　你、我、小鳥以及蜜蜂，今天只所能夠存在都是因為 CP 對稱性破壞（CP Violation）以及各種物理定律，影響了宇宙在**大霹靂**之後的演化中物質的數量相對於**反物質**（Antimatter）的數量的結果。CP 對稱性破壞使得次原子層次的某些轉換產生的不對稱。

　　有許多重要的物理概念都表現出對稱的特性，例如在一個物理實驗前後階段，某些性質是「守恆」，也就是保持不變的。CP 對稱性（CP symmetry）中的 C，即電荷共軛對稱（charge conjunction symmetry），指的是當一個粒子在轉換成反粒子時（例如改變電荷的正負號或是其他的量子態），其適用的物理定律不變。而 P，即宇稱（parity），則是指座標系統的反轉（例如左右對換，或更精確地說，將三維空間的 x，y，z 轉換成 –x，–y，–z。例如如果一個反應的鏡像和原本的反應機率相同（比如說原子核衰變放出的粒子往上與往下的數量一樣多時），我們就說它遵守宇稱守恆。

　　1964 年，物理學家克羅寧和菲奇發現有種稱為中性 K 介子（neutral kaon）的粒子不遵守 CP 守恆（反粒子和粒子生成的數量相同）。簡單地說就是，他們顯示在牽涉到弱作用力（弱作用力決定物質的放射性衰變）的核反應中，CP 對稱性被破壞了。在這個實驗裡，中性 K 介子可以轉換成它們的反粒子（其中的每個夸克都被其反夸克取代），其反粒子也可以轉換成 K 介子，但是兩者發生的機率不同。

　　在大霹靂時，CP 對稱性破壞以及其他我們仍未知的高能物理交互作用，造成了宇宙中的物質數量遠大於反物質。如果沒有這些交互作用，當初產生數量約略相等的質子與反質子將會彼此對消，而不會有淨的物質生成並留下來。

在 1960 年代早期，布魯克海文國家實驗室交變梯度同步加速器（Alternating Gradient Synchrotron）所產生的粒子束與照片中所示的偵測器證明了 CP 對稱性破壞，為克羅寧與菲奇贏得了諾貝爾物理學獎。

參照條目　大霹靂（西元前一百三十七億年）、放射線（西元 1896 年）、反物質（西元 1932 年）、夸克（西元 1964 年）及萬有理論（西元 1984 年）

貝爾定理

約翰貝爾（John Stewart Bell，西元 1928 年～西元 1990 年）

　　我們曾經在〈EPR 悖論〉一節那裡討論了量子糾纏，量子糾纏指的是量子粒子間（例如兩個電子間或是兩個光子間）存在的一種親密的連結。這些粒子在測量之前並不具備特定的自旋態。當一對粒子互相糾纏時，其中一個粒子所產生的變化會立刻反映到另一顆粒子上，即使這對粒子的其中之一還位於地球，而另一顆粒子已飛到了月球也一樣。由於這種糾纏現象太過違反直覺，因此愛因斯坦認為它顯示了量子理論仍不完備。其中一種可能性是這種現象與某些傳統量子力學之外的未知「局域隱變數」（local hidden variables）有關，而事實上粒子仍然只受到其周遭環境的影響。簡單地說就是愛因斯坦不相信遙遠的事件可以對局域事件產生立即或超光速的影響。

　　然而在 1964 年，物理學家約翰貝爾證明沒有任何局域隱變數物理理論可以重現量子力學的所有預測。事實上，我們物理世界的非局域性（nonlocality）似乎可以從貝爾定理（Bell's Theorem）以及自 1980 年代初期以來的實驗結果推導出來。貝爾要求我們先假設地球上的粒子和月球上的粒子都有確切的值。則當地球與月球上的科學家以不同的方法測量這些粒子時，可以得到符合量子力學預測的結果嗎？貝爾以數學證明了測量結果的統計分布會違反量子力學的預測，因此這些粒子並不具有確切的值。這與愛因斯坦所作做的結論相反，也證明了假設宇宙的局域性是錯的。

　　哲學家、物理學家和神祕主義者都廣泛地使用了貝爾定理。弗列加卡普拉（Fritjof Capra）說：「貝爾定理給了愛因斯坦所持的立場重重的一擊，它證明了現實是由分開的部分藉由局域的連結所形成的概念並不見容於量子理論……貝爾定理顯示了宇宙基本上是互相連接、相互依存且不可分割的。」

哲學家、物理學家和神祕主義者都廣泛地使用了貝爾定理，這個定理似乎證明了愛因斯坦的想法是錯的，而宇宙基本上是互相連接、相互依存且不可分割的。

參照條目　互補原理（西元 1927 年）、EPR 悖論（西元 1935 年）、薛丁格的貓（西元 1911 年）及量子電腦（西元 1981 年）

超級球

「乒、乓、砰」，1965 年 12 月 3 號出刊的《生活》雜誌用這樣的標題介紹了超級球（Super Ball）：「這個在屋子裡到處亂跳的球就像是有生命一樣。這絕對是歷史上最會彈跳的球。這個像隻瘋狂蚱蜢到處跳躍的球，正是美國時下最熱門的玩意。」

1965 年，加州化學家諾曼·史汀立（Norman Stingley）和「哇喔玩具製造公司」攜手用賽克多龍（Zectron）的材料開發出神奇的超級球。當超級球從肩膀的高度落下時，它可以彈回百分之九十的高度，而且在硬地上可以持續彈跳一分鐘（如果是網球，只能彈上十秒鐘）。以物理的術語來說的話就是，超級球的恢復係數 e——碰撞後的速度與碰撞前速度的比，大概在 0.8 到 0.9 之間。

在 1965 年夏天開始發售的超級球，到秋天時已經在全美賣出了超過六百萬顆。連美國的國家安全顧問麥克喬治邦迪也訂了 5 打贈送給白宮的幕僚。

超級球（也經常被稱為彈力球）的祕密是聚丁二烯（polybutadiene），一種由具有彈性的長碳鏈所形成的化合物。當聚丁二烯在含硫的高壓環境下受熱時，產生的硫化反應會將這些長鏈分子轉換成更耐用的材料。由於這些微小的硫橋（sulfur bridge）限制了超級球的彎曲變形程度，因此反彈的能量大部分都回到了運動中。超級球還會加入一些二磷甲苯基胍（di-ortho-tolylguanidine）之類的化合物，以增加分子鏈的交聯程度。

如果有人從帝國大廈頂樓丟了一個超級球下來會發生什麼事呢？如果這個球半徑約 2.5 公分時，則它在掉落 100 公尺（大約 25-30 層樓高）左右時會達到時速約 113 公里的**終端速度**。假設它的恢復係數是 0.85，則回彈的速度大約會是每小時 97 公里，可以彈到 24 公尺，約七層樓的高度。

當超級球從肩膀的高度落下時，它可以彈回百分之九十的高度，而且在硬地上可以持續彈跳一分鐘。其恢復係數大約在 0.8 到 0.9 之間。

參照條目 曲球（西元 1870 年）、高球小酒窩（西元 1905 年）及終端速度（西元 1960 年）

宇宙微波背景輻射

彭齊亞斯（**Arno Allan Penzias**，西元 1933 年生），
威爾遜（**Robert Woodrow Wilson**，西元 1936 年生）

宇宙微波背景輻射（Cosmic Microwave Background）是種充滿了整個宇宙的電磁輻射，它是 137 億年前**大霹靂**產生的耀眼爆炸之後的餘暉。隨著宇宙逐漸冷卻和膨脹，原本的高能光子（例如位於**電磁頻譜**的伽瑪射線和 X 光區段的光子）波長會逐漸變長，最後偏移到低能量的微波區。

1948 年左右，宇宙學家喬治・伽莫夫（George Gamow）和他的同事認為我們應該能夠偵測到這種微波背景輻射，然後在 1965 年，紐澤西州貝爾實驗室的物理學家彭齊亞斯和威爾遜測量到一個神祕的微波雜訊，其對應的熱輻射場溫度約為 3K（華氏負 454 度）。在檢查了各種可能造成這種背景「雜訊」的原因後（包括清理他們的大型室外偵測器上的鴿子大便），確認他們的確觀察到了宇宙中最古老的輻射，同時為大霹靂模型提供了有力的證據。由於光子從宇宙遙遠的彼端抵達地球需要時間，因此每當我們望向太空，就等於是回頭看著過去。

1989 年發射的宇宙背景探索家號衛星（COBE）為我們提供了更精確的量測結果，其測得的溫度為 2.735K。COBE 還讓研究人員測量到背景輻射在強度上微小變動，這些變動與宇宙中星系的生成有關。

運氣對科學發現來說很重要。比爾・布萊森（Bill Bryson）說：「雖然彭齊亞斯和威爾遜從未想要尋找宇宙背景輻射，不知道他們發現的是什麼，也不曾在任何論文上描述或解釋其性質，但是他們卻得到了 1978 年的諾貝爾物理學獎。」把一個天線接到一台類比電視上，然後確認你沒有轉到任何一個頻道上，則「你看到的那些跳動的雜訊裡，大約有百分之一是來自於大霹靂的古老餘暉。下次當你抱怨電視什麼訊號都沒有時，記得你總是在看著宇宙的誕生」。

位於紐澤西州洪德爾的貝爾實驗室的喇叭型反射天線，這座建於 1959 年的天線是為了研究如何與衛星進行通訊。彭齊亞斯和威爾遜就是以這座天線發現了微波背景輻射。

參照條目 大霹靂（西元前一百三十七億年）、望遠鏡（西元 1608 年）、電磁頻譜（西元 1864 年）、X 光（西元 1895 年）、哈伯定律（西元 1929 年）、伽瑪射線爆（西元 1967 年）及宇宙暴脹（西元 1980 年）

伽瑪射線爆

維拉德（**Paul Ulrich Villard**，西元 1860 年～西元 1934 年）

　　伽瑪射線爆（Gamma-Ray Bursts）是一種短暫而猛烈的伽瑪射線（一種能量極高的輻射線）爆發現象。「如果你的眼睛看得見伽瑪射線的話，」彼得‧沃德（Peter Ward）與唐納德‧布朗利（Donald Brownlee）在他們的書裡說：「你平均每晚會看到天空閃了一下。但是我們天生的感官並不會注意到這些遙遠的事件。」然而，如果伽瑪射線爆發生在地球附近的話，那麼「前一刻你還活得好好的，下一刻你不是已經死了，就是因為輻射毒害而瀕死」。事實上，有研究人員就認為，發生 4.4 億年前奧陶世晚期的生物大滅絕，就是伽瑪射線爆所造成的。

　　直到前不久前，伽瑪射線爆還是高能天文學中最大的謎團之一。伽瑪射線爆是 1967 年美國的軍事衛星在尋找蘇聯是否違反「大氣禁核武試爆條約」而進行核武試爆時無意中發現。通常伽瑪射線爆在經過幾秒鐘的爆發後，會有一段時間持續發出波長較長的光（稱為伽瑪射線爆的餘暉）。今天物理學家相信伽瑪射線爆是大質量恆星在塌縮成黑洞的過程中，產生超新星爆炸時所發出的窄小而強烈的輻射噴流。到目前為止我們所觀察到的伽瑪射線爆都來自於銀河系外。

　　科學家尚不清楚伽瑪射線爆是如何在幾秒鐘之內釋放出相當於太陽一生中製造能量總和的巨大能量。NASA 的科學家認為，恆星在塌縮時所產生的爆炸會產生一道接近光速的衝擊波。伽瑪射線爆就是這道衝擊波與尚存於恆星中的物質發生碰撞所造成。

　　1900 年，化學家維拉德在研究鐳的**放射線**時發現了伽瑪射線。2009 年，天文學家偵測到一個在宇宙於 137 億年前的**大霹靂**誕生後僅僅 6.3 億年的伽瑪射線爆，使得它成為有史以來人類所觀測到的最遙遠天體，它所存在的時期，仍有待我們進一步探索。

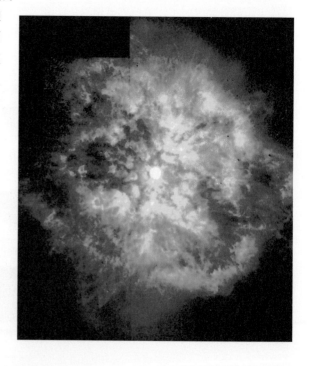

哈伯太空望遠鏡所拍攝的沃夫瑞葉星 WR-124 以及環繞著它的星雲。這類恆星很可能就是伽瑪射線爆得以持續很久的能量來源。這些恆星是因為強烈的恆星風而導致質量快速流失的巨大恆星。

參照條目　大霹靂（西元前一百三十七億年）、電磁頻譜（西元 1864 年）、放射線（西元 1896 年）、宇宙射線（西元 1910 年）及類星體（西元 1963 年）

模擬世界

楚澤（**Konrad Zuse**，西元 **1910** 年～西元 **1995** 年），
弗里德金（**Edward Fredkin**，西元 **1934** 年生），
沃爾夫勒姆（**Stephen Wolfram**，西元 **1959** 年生），
泰格馬克（**Max Tegmark**，西元 **1967** 年生）

當我們越來越了解宇宙，且能夠使用電腦來模擬複雜的世界時，即使是最嚴肅的科學家都開始問說，真實到底是什麼？我們會不會其實是活在一個電腦模擬出來的世界裡呢？

在我們自己的小小世界裡，我們已經發展出可以利用電腦軟體以及數學規則模擬出逼真的行為。有一天，或許我們會創造出活在如熱帶雨林般複雜且生機蓬勃的虛擬空間中的智慧生物。或許我們還可以模擬出現實本身，搞不好更先進的生命已經在宇宙的某處做著這樣的事。

如果這些模擬的數量大於宇宙本身的數量時，會發生什麼事？天文學家馬丁·里斯（Martin Rees）認為，如果模擬的數量大過了宇宙，「比如說一個宇宙裡包含了許多電腦，執行許多的模擬。」那麼，很有可能我們其實是人工生命體。里斯說：「一但你接受了多重宇宙的想法……則邏輯上來說，有些宇宙可能可以模擬部分的自己，那你可能會陷入一個無窮逆退（infinite regress），使得我們無法分辨真實和虛擬的界限……甚至不知道我們究竟是位於宇宙或是模擬宇宙的何處。」

天文學家保羅·戴維斯（Paul Davies）也說：「到最後，我們將能夠以電腦建立起完整的虛擬世界，而虛擬世界裡那些具備自我意識的居民甚至無從得知自己是某人所模擬出來的產物。每個真實的世界裡都將包含無以計數的虛擬世界，其中有些甚至是由機器自行產生的虛擬世界，如此無窮無盡的循環下去。」

有些研究者，例如楚澤、弗里德金、沃爾夫勒姆和泰格馬克曾提出物理宇宙或許只是個細胞自動機或是離散式計算機，甚至是個純粹的數學結構。德國工程師楚澤最早在 1967 年提出「宇宙或許只是台數位電腦」的假說。

隨著電腦的威力越來越強大，或許有天我們可以模擬出整個世界甚至是現實本身。而且或許在宇宙的某處早就有更先進的生命體已經在這樣做了。

參照　費米悖論（西元 1950 年）、平行宇宙（西元 1956 年）及人擇原理（西元 1961 年）

快子

費恩柏格（Gerald Feinberg，西元 1933 年～西元 1992 年）

快子（Tachyons）是一種假想的次原子粒子，其運動的速度超過光速。「雖然今天大多數的物理學家認為快子存在的機率頂多只比獨角獸高一點，」物理學家尼克・赫伯特說：「但是針對這種超光速的假想粒子的研究並非一無所獲。」由於這種粒子可能可以回到過去，因此保羅・納因（Paul Nahin）筆帶幽默地說：「如果有一天我們發現了快子，在這重要時刻的前一天，發現者應該會在報紙上宣告：明天我們將會發現快子。」

愛因斯坦的相對論並未排除物體進行超光速運動的可能性；他只是說運動速度比光速慢的物體無法加速到超過每秒 299,000 公里，也就是光在真空中的速度。然而超光速物體可能自誕生以來運動的速度就從未低於光速。在這樣的思考架構下，我們可以把宇宙中的所有物體區分成三類：運動速度低於光速的物體、運動速度正好等於光速的物體（也就是光子）以及運動速度永遠高於光速的物體。1967 年，美國物理學家費恩柏格把這種假想中的超光速粒子命名為快子（tachyon），因為 tachys 在希臘文中的意思就是「快」。

物體無法從低於光速加速到超光速的其中一個原因是，根據狹義相對論，該物體的質量會在加速的過程中變成無限大。這種相對質量增加的現象已經在高能物理中得到充分的驗證。而快子之所以不違背**狹義相對論**是因為它的速度從未低於光速。

快子有可能是在宇宙誕生的**大霹靂**那一刻被創造出來的。但是在幾分鐘內，這些快子可能就掉回宇宙誕生的那一刻，迷失在太初的渾沌中。如果今天仍然有快子產生的話，科學家認為或許我們可以在天上的**宇宙射線簇射**（cosmic ray shower）或是實驗室的粒子碰撞紀錄中發現它們的蹤跡。

在科幻小說中經常會出現快子。如果有個由快子組成的外星人從太空船走向你，你可能在他走出太空船之前就先看到他走到你身旁。他離開太空船時的影像到達你的眼睛所需的時間，將會比他的超光速身體到達你身邊所需的時間更長。

參照條目　勞倫茲變換（西元 1620 年）、狹義相對論（西元 1905 年）、宇宙射線（西元 1910 年）及時光旅行（西元 1949 年）

牛頓擺

馬略特（Edme Mariotte，約西元 1620 年～約西元 1684 年），
葛雷桑（Willem Gravesande，西元 1688 年～西元 1742 年），
柏寶（Simon Prebble，西元 1942 年生）

當牛頓擺（Newton's Cradle）在 1960 年代後期廣為人知後，就成為最受物理老師和學生們歡迎的教具之一。設計出這種裝置的英國演員柏寶，把他公司在 1967 年所發售的木框版本命名為牛頓擺。今天牛頓擺最常見的版本通常包含了 5 到 7 個以繩子懸掛成可在單一平面上擺動的金屬球。這些球的大小相同，且在靜止時彼此接觸。當一顆球被拉起並釋放後，它會與靜止的球碰撞之後停下來，而另一側的一顆球則被彈出。牛頓擺的運動遵守動量守恆與能量守恆定律，但詳細的分析會牽涉到球與球之間更複雜的交互作用。

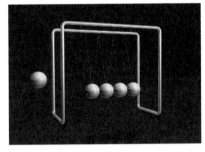

當釋放的球撞擊到其他球時，會產生一個沿著球傳播的衝擊波。法國物理學家馬略特在十七世紀就展示過這種碰撞方式。荷蘭哲學家及數學家葛雷桑也曾經利用類似牛頓擺的裝置進行過實驗。

今天，與牛頓擺有關的討論涵蓋尺度範圍。例如世界上最大的牛頓擺包含了 20 個以 6.1 公尺長的纜線吊起來的保齡球（每個重 6.9 公斤）。而在尺度最小的則是賓州大學的物理學家在 2006 年發表的一篇文章〈量子牛頓擺〉（A Quantum Newton's Cradle）中所展示的量子版牛頓擺。這篇論文的作者說：「把牛頓擺推展到量子力學的粒子時，牛頓擺多出了一些靈異般的特性。這些粒子在碰撞時，不只會互相反彈，也會互相穿透。」

《美國物理期刊》中可以找到許多與牛頓擺有關的文章，其中大多與物理教學有關，由此可看出牛頓擺在教學上仍非常有價值。

牛頓擺的球體運動遵守動量守恆及能量守恆定律，然而詳細的分析需要考慮球與球之間更複雜的交互作用。

參照條目　動量守恆（西元 1644 年）、牛頓運動定律和萬有引力定律（西元 1687 年）、能量守恆（西元 1843 年）及傅科擺（西元 1851 年）

超穎材料

韋謝拉戈（**Victor Georgievich Veselago**，西元 1929 年生）

　　科學家有沒有可能製作出像《星艦奇航記》（*Star Trek*）裡羅慕倫人（Romulans）讓他們的戰艦隱形那樣子的隱形斗篷呢？藉由超穎材料（Metamaterials），我們已經向這個困難的目標邁出了幾步。超穎材料是一種具備小尺度結構與圖案的人工材料，這些結構與圖案可以藉由奇特的方式來操控電磁波。

　　在 2001 年之前，所有已知的材料都具有正的折射率（折射率決定了光如何產生偏折）。然而在 2001 年，來自加州大學聖地牙哥分校的科學家們發現了一種具有負折射率的複合材料，完全顛覆了司酒耳折射定律。這種由玻璃纖維、銅環和導線所組成的奇特材料可以用全新的方式來聚焦光線。早期的實驗顯示微波在經過這材料時偏折的方向與司酒耳定律所預測的完全相反。除了物理上的好奇之外，有天我們可能可以藉由這種材料開展出新型的天線與電磁裝置。理論上，只要一片負折射率材料可以作為超級透鏡，產生解析度極佳的影像。

　　雖然早期的實驗使用的都是微波，但是在 2007 年，一個由物理學家亨利‧列澤克（Henri Lezec）為首的團隊成功地展示了可見光的負折射行為。為了創造出一個表現出負折射率材料行為的物體，列澤克的團隊製作了一個由層狀金屬（金屬上穿孔形成如迷宮般的奈米通道）所組成的稜鏡。這是物理學家第一次發現讓可見光從一種材料進到另一種材料時，沿著與傳統相反的方向偏著的方法。有些物理學家認為，這種現象有一天可能可以讓我們製作出能夠觀察分子的光學顯微鏡，或是讓物體隱形的斗篷。超穎材料的理論最早是由蘇聯物理學家韋謝拉戈在 1967 年所建立。2008 年科學家發現一種魚網狀的結構在紅外線下具有負折射率。

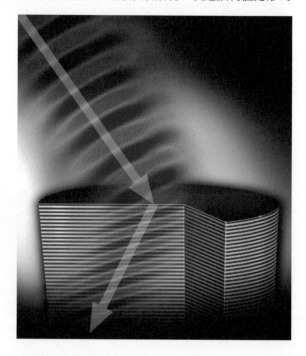

美國國家科學基金會的研究人員所開發出來的光偏折超穎材料示意圖。層狀材料會使光以天然材料中看不到的方式偏折。

參照條目　司酒耳折射定律（西元 1621 年）、牛頓的稜鏡（西元 1672 年）、彩虹（西元 1304 年）及最深沉的黑（西元 2008 年）

照不到光的房間

恩斯特・史卓（**Ernst Gabor Straus**，西元 1922 年～西元 1983 年），
維克多・克利（**Victor L. Klee, Jr.**，西元 1925 年～西元 2007 年），
喬治・托卡斯基（**George Tokarsky**，西元 1946 年生）

美國小說家艾迪絲・華頓（Edith Wharton）曾寫道：「散佈光的方法有兩種。成為蠟燭，或是成為反射燭光的鏡子。」物理學裡的反射定律指出，入射波與反射鏡表面所形成的角度，與反射波與反射鏡表面時所形成的角度相同。想像一下，如果我們待在一個所有平坦的牆面都裝上鏡子的黑暗房間裡，這個房間有幾個轉彎和走道。當我在房間的某處點亮一根蠟燭，則不管你站在房間的什麼位置，也不管房間是什麼形狀或是你位於哪條走道上，你都看得到蠟燭嗎？用撞球的術語來說，就是有沒有可能用反彈球打到多邊形的球檯上的任兩點？

如果我們是位於一個 L 型的房間裡，則不管你和我站在哪裡，你都一定看得到我手上的蠟燭，因為光線會在牆上反彈後進到你的眼睛。但是你想像得出一個複雜到其中有個位置光是永遠無法到達的多邊形房間嗎（在我們的問題裡，假設人和蠟燭都是透明的，因此可以把蠟燭當成點光源）？

這個謎題最早是由數學家維克多・克利在 1969 年所提出，但是數學家恩斯特・史卓在 1950 年代就已經探討過類似的問題。不可思議的是，這個問題的答案一直沒人知道，直到 1995 年亞伯達大學的數學家喬治托卡斯基才找出了一個這種無法完全照到光的房間，這個房間具有 26 個邊。接著托卡斯基又發現了另一個照不到光的 24 邊形房間，這是目前已知照不到光的房間中的邊最少的。物理學家和數學家目前還不知道是否有邊更少的房間存在。

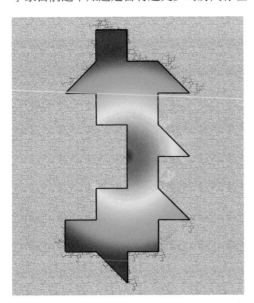

其他還有一些與光的反射有關的類似問題。1958年，數學物理學家羅傑・潘洛斯（Roger Penrose）和他的同事證明有些具有彎曲牆面的房間裡，會有光照不到的角落。

1995 年，數學家喬治托卡斯基發現這個光無法遍照的 26 邊形房間。在這個房間裡點亮一根蠟燭時，總會有個角落仍然是暗的。

參照條目 阿基米德的燃燒鏡（西元前 212 年）、司迺耳折射定律（西元 1621 年）及布魯斯特光學（西元 1815 年）

超對稱

蘇米諾（**Bruno Zumino**，西元 **1923** 年生），
崎田文二（**Bunji Sakita**，西元 **1930** 年～西元 **2002** 年），
威斯（**Julius Wess**，西元 **1934** 年～西元 **2007** 年）

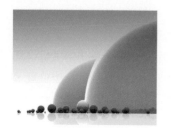

「物理學家有個關於物質的理論，聽起簡直就像是直接從《星際奇航記》（*Star Trek*）裡面搬出來的，」記者查爾斯‧瑟艾夫（Charles Seife）說：「這個理論說，每個粒子都存在著一個尚未被發現的分身、一個稱為『超伴子』（superpartner）的影子孿生兄弟，這些超伴子的性質與我們熟悉的粒子差異極大……如果超對稱（Supersymmetry）理論是對的，則這些粒子可能就是組成宇宙大部分質量的奇特**暗物質**的來源。」

根據超對稱理論，**標準模型**裡的每一種粒子，都具有一個比自己更重的超對稱雙胞胎。例如夸克（組成了質子與中子等次原子粒子的微小粒子）有一個較重的超伴子叫超夸克（supersymmetric quark）。而電子的超對稱伴子則稱為超電子（selectron）。最早提出超對稱理論的物理學家包括崎田文二、威斯和蘇米諾等人。

超對稱理論發展的部分動機來自理論本身的純粹美感，因為它為現有粒子的性質加上了完美的對稱性。如果超對稱不存在，布萊恩‧格林（Brian Greene）說：「那就好像是巴哈在巧妙設計的音樂對稱性中，填入了無數交織的音符後，卻遺漏了最後一小節一樣。」超對稱也是弦論的重要特徵之一，在**弦論**裡一些最基本的粒子，例如夸克和電子都可以用非常微小的一維弦來模擬。科學記者阿尼爾‧安諾沙瑟米（Anil Ananthaswamy）說：「這個理論的主要論點是，在宇宙初期的高能量混沌裡，粒子以及它們各別的超伴子是無法區分的。每個粒子與其超伴子成雙成對都是不具質量的單一存在。隨著宇宙冷卻與膨脹，這種超對稱產生了破缺，兩者開始各行其道，成為獨立的粒子並擁有各自的質量。」

針對超對稱，瑟艾夫作了一個結論：「如果我們一直無法偵測到這些影子般的超伴子，則這個理論就只是在玩弄數學。就像托勒密的宇宙模型一樣，雖然它解釋了天體的運行，卻並未反映出真實。」

根據超對稱理論，標準模型裡的每一種粒子，都具有一個比自己更重的影子同伴。在宇宙初期的高能量環境下，粒子以及它們的超伴子是無法區分的。

參照條目 弦論（西元 1919 年）、標準模型（西元 1961 年）、暗物質（西元 1933 年）及大強子對撞機（西元 2009 年）

宇宙暴脹

古斯（**Alan Harvey Guth**，西元 1947 年生）

大霹靂理論說，我們的宇宙在 137 億年前處於一個極端緻密與高熱的狀態下，所有的空間都是從那時開始膨脹產生。然而這個理論並不完備，因為它並未解釋一些我們已觀察到的宇宙特徵。1980 年物理學家古斯提出了宇宙從大霹靂之後的 10^{-35} 秒開始，只花了短短的 10^{-32} 秒，就從小於一顆質子的大小暴脹到一顆葡萄柚的大小，整整增加了 50 個數量級。今天，雖然可見宇宙的遠端彼此相距遙遠，似乎不太可能曾經連接在一起，但是我們從各個方向上所觀察到的宇宙背景輻射溫度卻幾乎是均勻的。除非我們假設宇宙曾經歷一段暴脹期，讓原本臨接的區域以超過光速的速度彼此遠離才能夠解釋這種現象。

除此之外，暴脹理論還解釋了為何我們的宇宙整體而言看起來如此「平坦」，也就是說，除了受到強大重力天體的影響而彎曲之外，為何平行光可以一直保持平行：任何早期宇宙的不平整都會因為暴脹而變得平滑，就像你把球的表面拉伸變平一樣。暴脹在大霹靂之後的 10^{-30} 秒停止，宇宙則持續地以較緩慢的速度膨脹。

而在微觀尺度下的量子漲落（Quantum flunctuation）也因暴脹而被放大到宇宙尺度，成為宇宙中大尺寸結構的種子。科學記者喬治・馬瑟（George Musser）說：「暴脹的過程讓宇宙學家驚奇不已。因為它意味著星系等巨大的天體都是源自於非常微小的隨機擾動，天文望遠鏡成了顯微鏡，讓物理學家從天空中找尋自然的根源。」

古斯說，暴脹理論可以讓我們去「思考一些有趣的問題，例如在遙遠的地方是不是仍持續地在發生大霹靂，以及理論上一個超先進文明是否有可能重現大霹靂」。

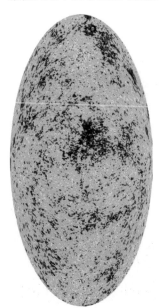

威爾金森微波各向異性探測器（Wilkinson Microwave Anisotropy Probe, WMAP）所測繪的宇宙背景輻射分布，可以看到誕生於 137 億年前的宇宙大致上是均勻的。暴脹理論認為圖中的不規則處就是產生星系的種子。

參照條目　大霹靂（西元前一百三十七億年）、宇宙微波背景輻射（西元 1965 年）、哈伯定律（西元 1929 年）、平行宇宙（西元 1956 年）、暗能量（西元 1998 年）、宇宙大撕裂（三百六十億年後）及宇宙孤立（一千億年後）

量子電腦

費曼（**Richard Phillips Feynman**，西元 1918 年～西元 1988 年），
多伊奇（**David Elieser Deutsch**，西元 1953 年生）

　　第一個思考量子電腦（Quantum Computers）可能性的科學家是費曼，他在 1980 年提出一個問題：電腦到底可以小到多小？他知道當電腦小到原子的尺度時，必須要用到量子力學裡的那些奇怪定律。物理學家多伊奇則在 1985 年設想了這樣的電腦實際上該如何運作。他發現那些傳統電腦永遠也算不完的運算，可能可以在量子電腦上迅速地完成。

　　量子電腦使用的不是以 0 和 1 來表示資訊的二進位碼，而是量子位元，這些量子位元同時代表 0 和 1。量子位元是由粒子的量子態（例如個別電子的自旋態）所形成。這種疊加態讓量子電腦能有效地在同時間測試所有量子位元的可能組合。一個具備 1000 個量子位元的系統可以在一眨眼的時間內測試 2^{1000} 個可能的解，遠遠超過傳統電腦的效能。2^{1000}（換算成大約 10^{301}）有多大呢？整個可見宇宙裡所有的原子加起來也不過只有 10^{80} 左右而已。

　　物理學家麥克・尼爾森（Michael Nielsen）和艾薩克・莊（Isaac Chuang）說：「有些人認為量子電腦只是在電腦發展的過程中，另一個終將退流行的例子……這是錯的，因為量子電腦只是個資訊處理上的抽象典範，在技術上它有許多不同的實作方式。」

　　當然，要打造出一台實用的量子電腦仍然存在著許多挑戰。來自周圍最輕微的交互作用和雜質都可能中斷電腦的運算。「這些量子工程師……必須在一開始時先把正確的資訊輸入系統，」布萊恩・克萊格（Brian Clegg）說：「然後啟動電腦的運算，最後再把資訊讀出來。這些都不是容易的步驟……就好像你雙手被綁在背後還要在黑暗中完成一幅複雜的拼圖一樣。」

2009 年，美國國家標準與技術研究院的物理學家裡用照片左中的離子陷阱展示了可靠的量子資訊處理。離子會陷入圖中的黑色狹縫。調控各個黃金電極上的電壓，科學家可以讓離子在六個陷阱之間移動。

參照條目　互補原理（西元 1927 年）、EPR 悖論（西元 1935 年）、平行宇宙（西元 1956 年）、積體電路（西元 1958 年）、貝爾定理（西元 1964 年）及量子遙傳（西元 1993 年）

準晶體

潘洛斯（**Sir Roger Penrose**，西元 1931 年生），
夏契曼（**Dan Shechtman**，西元 1941 年生）

當我讀到《聖經》裡的以西結書描述鋪在生物頭上那些「可畏」的水晶時，我常常會想起準晶體（Quasicrystals）。1980 年代發現的準晶體讓物理學家感到非常地震驚，這些晶體同時具備了規則與非週期性，所謂的非週期性指的是它們並不具有平移對稱性，也就是平移之後，無法與原本的圖案重和。

故事從潘洛斯的磁磚開始——潘洛斯發現只要利用兩種簡單幾何形狀的磁磚就能夠鋪滿整個地面，且磁磚之間不留空隙或重疊，這些磁磚所形的圖案和簡單六角形鋪成的圖案不同，並不會出現週期性的重複。以數學物理學家潘洛斯來命名的潘洛斯鋪磚法和五芒星一樣，具有五重旋轉對稱性。如果你把整個圖案旋轉 72 度，它看起來就會和原先的圖形一樣。賈德納（Martin Gardner）說：「雖然理論上有可能建構出高度對稱性的潘洛斯圖案……但是大多數的圖案就和宇宙一樣，部分是規則與部分無法預測的偏離所組成的混合體。當圖案擴展時，它們似乎總是希望重複自己，卻總是無法控制得很好。」

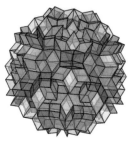

在潘洛斯的發現之前，大多數科學家都相信結晶中不可能會出現五重對稱性，但現在我們已經知道類似潘洛斯磁磚圖案的準晶體確實存在，而且它們具有非常特別的性質。例如金屬的準晶體是熱的不良導體，而且準晶體可以用來作光滑沾黏的鍍膜。

在 1980 年代初期，科學家猜想或許有些晶體的原子結構並非基於週期性的晶格。1982 年，材料科學家夏契曼由電子顯微鏡圖譜發現某種鋁鎂合金具有非週期性的結構，而且其結構顯然具有類似潘洛斯圖案的五重對稱性。這項發現在當時非常的驚人，以至於有人形容其令人震驚的程度就像發現了五角形的雪花一樣。

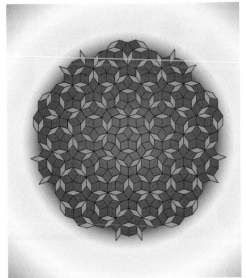

右上圖——蜂巢的六角對稱是一再重複的。右下圖——潘洛斯鋪磚法的一般化以及一種由兩個菱形六面體所構成的 20 面體準晶體模型（圖片由艾德蒙哈里斯提供）。左圖——潘洛斯發現利用兩種簡單幾何形狀的磁磚就能不留空隙也不重疊地鋪滿整個地面，這些圖案不具有週期性的重複。

參照條目 克卜勒六角形雪花（西元 1611 年）及布拉格定律（西元 1920 年）

萬有理論

葛林（**Michael Boris Green**，西元 1946 年生），
史瓦茲（**John Henry Schwarz**，西元 1941 年生）

物理學家里昂・萊德曼（Leon Lederman）曾說過：「我的野心是在有生之年看到所有的物理學都化約成一個簡單、優美，而且可以輕易地放在 T 恤上的方程式。」物理學家布萊恩・格林（Brian Green）則說：「在物理學的歷史上，我們第一次擁有了一個架構，或許能夠解釋從宇宙是如何產生，到基本粒子的性質以及粒子間的各種交互作用力等一切事物。」

萬有理論（Theory of Everything）將統一自然界中的四種基本作用力，這些作用力按強度依序為：一、強核作用力（strong clear force，又稱強作用力），這種作用力使原子核能穩定的存在，讓夸克結合成基本粒子，同時讓恆星發光；二、電磁作用力（electromagnetic force），電荷之間與磁鐵之間所產生的作用力；三、弱核作用力（weak nuclear force，或弱作用力），決定元素如何進行放射性衰變；四、重力，讓地球繞著太陽運轉。物理學家在 1967 年發現電磁作用力和弱作用力可以結合成電弱作用力（electroweak force）。

雖然還有許多爭議，但 M 理論可能有機會發展成為萬有理論，M 理論認為宇宙一共有 10 個空間維度以及 1 個時間維度。這些額外的維度可能有助於解決為何重力與其他作用力相較之下如此微弱的級列問題（hierarchy problem）。其中一個答案是：重力漏出去到了一般三度空間以外的空間維度。如果人類真的找到了萬有理論，並且將四種作用力整合在一條簡短的方程式中的話，將幫助物理學家科學家決定是否可能製作出時光機，以及了解黑洞的中心發生了什麼。就如天文物理學家霍金（Stephen Hawkings）所說的，萬有理論可以讓我們「了解上帝到底在想什麼」。

本文的時間之所以訂在 1984 年是因為葛林和史瓦茲所提出的超弦理論在這一年得到了重大的突破。M 理論是**弦論**的延伸，主要發展在 1990 年代。

粒子加速器可以提供有關次原子粒子的資訊，幫助物理學家發展萬有理論。圖中是布魯克海文國家實驗室曾使用過的柯克勞夫—沃爾頓發電機（Cockroft-Walton generator），它為質子初步加速，注入線性加速器和同步加速器。

參照條目　大霹靂（西元前一百三十七億年）、馬克士威爾方程式（西元 1861 年）、弦論（西元 1919 年）、蘭德爾 - 桑卓姆膜（西元 1999 年）、標準模型（西元 1961 年）、量子電動力學（西元 1948 年）及上帝粒子（西元 1964 年）

巴克球

富勒（**Richard Buckminster "Bucky" Fuller**，西元 1895 年～西元 1983 年），
柯爾（**Robert Floyd Curl, Jr.**，西元 1933 年生），
克羅托（**Harold(Harry) Walter Kroto**，西元 1939 年生），
斯莫利（**Richard Errett Smalley**，西元 1943 年～西元 2005 年）

　　每當我想到巴克球（Buckyballs）時，我都會想像一隊微小的足球員踢著這些長得像足球的碳分子，然後在好幾個科學領域射門得分的樣子。富勒烯（Buckminsterfullerene，即巴克球，或直接稱 C_{60}）是化學家柯爾（Robert Curl）、克羅托（Harold Kroto）和斯莫利（Richard Smalley）在 1985 年所製造出來的分子，其中共含有 60 個碳原子。其中的每個碳分子都位於一個五角形和兩個六角形的交界處。富勒烯是以發明了球形圓頂等籠狀結構的富勒來命名，因為巴克球 C_{60} 會讓人聯想到那樣的結構。隨後科學家從蠟燭的黑灰到隕石等各種物質裡發現了 C_{60} 的存在，而且研究人員還可以把特定的原子放進 C_{60} 裡，就像把小鳥關在籠子裡一樣。由於 C_{60} 可以接受與提供電子，有一天可能會用在電池或電子元件裡。第一個由碳原子所形成的柱狀奈米管在 1991 年製作出來。這些奈米管非常的強韌，有一天可能會被用來當作分子尺度的導線。

　　巴克球經常上新聞。研究人員正在研究利用 C_{60} 衍生物在體內釋放藥物或是抑制人體免疫不全病毒。在 2009 年，化學家耿俊峰（Junfeng Geng）和同事發現量產巴克線（buckywires，把巴克球串成像一串珍珠的樣子）的簡便方法。根據《科技創業》的報導：「巴克線在生物、電子、光學以及磁學上的各種應用，都會非常地有用……這些巴克線的龐大表面積和傳導光電子的方式，讓它們看來應該會具有很好的光採集效率，也可能可以拿來製作分子電路板。」

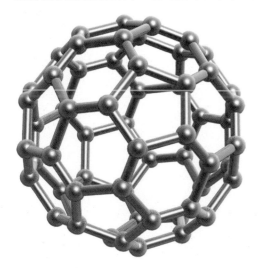

　　同樣在 2009 年，研究人員開發新的高導電材料，這種材料是由一個帶負電的巴克球晶體網狀結構以及可在結構中移動的鋰正離子所組成。這類結構的實驗仍持續進行，以驗證將來這種結構是否可作為製作電池使用的超離子材料。

富勒烯（巴克球、C_{60}）是由六十個碳原子所組成。每個碳原子都位於一個五角形與兩個六角形的交界。

參照條目　電池（西元 1800 年）、德布羅依關係式（西元 1924 年）及電晶體（西元 1947 年）

量子永生

莫拉維克（**Hans Moravec**，西元 1948 年生），
泰格馬克（**Max Tegmark**，西元 1967 年生）

　　量子永生（Quantum Immortality）這個讓人難以置信的概念是由莫拉維克在 1987 年所提出，隨後物理學家泰格馬克也做了進一步的探討。這個概念主要是依據我們在〈平行宇宙〉一節中所提到的多世界詮釋（many-worlds interpretation）所發展出來。根據多世界詮釋，當宇宙（或世界）在量子層級面臨一個選擇時，它就會依據各種可能性而分裂成許多個宇宙。

　　對量子永生的支持者來說，多世界詮釋意味著事實上我們可以長生不死。舉例來說，如果你今天坐在一個電椅上，在幾乎所有的平行宇宙裡，電椅都會殺了你。但是在少數幾個宇宙裡，你會因為某種原因而存活下來，例如在執刑者拉下開關時有個電子零件壞掉了。因此你正活在並體驗電椅壞掉的其中一個宇宙。從你自己的觀點來看，幾乎可以說你永遠地活著。

　　現在讓我們來進行一個假想實驗。不要真的在家嘗試，只要想像你在你家的地下室，旁邊有個榔頭。榔頭啟動或不啟動是依據一個放射性原子的衰變。在每次的實驗裡，榔頭有一半的機率會敲破你的腦袋上讓你一命嗚呼。如果多世界詮釋是正確的，則每當你進行這個實驗時，你就會分裂成兩個存在：一個你被榔頭敲到並死掉的宇宙，與另一個榔頭文風不動的宇宙。進行這樣的實驗一千次後，你可能會驚訝地發現自己還活著。在那些榔頭敲下來的宇宙裡，你已經死了。但是對存活版的你來說，榔頭實驗將會持續地進行，而你也會繼續地活著，因為在多重宇宙的每個分枝，都一定有個你存活下來的版本。如果多世界詮釋是正確的，你可能會慢慢地開始注意到，似乎無論如何你都不會死！

對量子永生的支持者來說，我們幾乎可以永遠免除死亡的恐懼。因為或許在少數幾個宇宙裡，你會持續地存活下去，因此從你的觀點來說，你將會永遠活著。

參照條目　薛丁格的貓（西元 1911 年）、平行宇宙（西元 1956 年）及量子復活（一百兆年之後）

自體排列臨界點

柏巴克（**Per Bak**，西元 1948 年～西元 2002 年）

「想像一群電子、一堆沙礫、一桶液體、一個彈簧組成的彈性系統、一個生態系統或是一個由股票市場交易者所形成的社群。」數學物理學家亨里克詹森（Henrik Jensen）說：「這些系統裡都包含著許多藉由某種作用力或資訊的交換而進行交互作用的組成分子……有沒有一種簡化的機制會在各種不同的系統裡產生相同型態的行為呢？」

1987 年，物理學家柏巴克、湯超（Chao Tang）和庫爾特・維森菲（Kurt Wiesenfel）發表了有關自體排列臨界點（Self-Organized Criticality）的概念，部分是為了回應了這一類的問題。說明自體排列臨界點時最常舉的例子是沙堆的崩潰現象。如果把沙子一顆一顆的丟到沙堆上，當沙堆到達其靜態臨界點，也就是其斜率超過了某個定值時，每顆新的沙粒都會造成程度不同的崩潰。雖然有些沙堆的數值模型存在著自體排列臨界現象，但真實沙堆的行為有時卻顯得十分模擬兩可。1995 年在挪威奧斯陸大學所進行的著名米堆實驗中，當米粒較為細長時，米堆會出現自體排列臨界現象；當米粒不那麼細長時，則自體排列臨界現象並未出現。因此自體排列臨界現象可能對系統的細節十分地敏感。莎拉・古蘭博切（Sara Grumbacher）與她的同事們曾使用微小的鐵球和玻璃球來研究崩潰模型，結果在所有的實驗中都發現了自體排列臨界現象。

科學家在地球物理學、進化論生物學、經濟學以及宇宙學等各種領域中尋找自體排列臨界現象，這種現象可能和許多微小變化造成整個系統突然產生連鎖反應的複雜現象有關。其中一個關鍵要素是冪律分布（power-law distributions）。對一個沙堆來說，這表示大型崩潰的發生次數要遠比小型崩潰的發生次數少。例如，我們預期會在一天中看到一次涉及 1000 顆沙子的崩潰，但有 100 次涉及 10 顆沙子的崩潰。在許多情況，系統所呈現表面上的複雜結構或行為，都可以藉由簡單的規則來描述。

上圖——科學家早期曾利用米堆形狀的穩定性來研究自體排列臨界點。左圖——研究顯示雪崩也是一種自體排列臨界現象。雪崩規模大小與頻率之間的關係有助於量化雪崩的風險。

參照條目　瘋狗浪（西元 1826 年）、孤立波（西元 1834 年）及混沌理論（西元 1963 年）

蟲洞時光機

索恩（**Kip Stephen Thorne**，西元 **1940** 年生）

　　我們在〈時光旅行〉一節中曾談到，戈德爾在 1949 年所提出的時光機必須運作在巨大的尺度上——整個宇宙都必須隨之旋轉才行得通。而另一種完全不同的時光機，則是索恩和他的同事，在一篇 1988 年發表於著名的《物理評論通信》（*Physical Review Letters*）上的文章中所提出的，從次原子量子泡沫（quantum foam）中所產生的蟲洞（Wormhole）。他們在論文裡描述了一個連接了存在於不同時間下的兩個區域的蟲洞，因此蟲洞可以連結過去與現在。由於經由蟲洞的旅行幾乎是發生在一瞬間，因此我們可以藉由蟲洞來回到過去。索恩的時光機與威爾斯（H. G. Wells）的時光機不同，需要極為龐大的能量，而我們的文明在未來的許多年內都不可能產生如此龐大的能量。然而索恩樂觀地在論文中提到：「一個夠先進的文明，都可以藉由單一的蟲洞建造出回到過去的時光機。」

　　把宇宙中無所不在的量子泡沫中的微形蟲洞放大，也許可以產生索恩的時光蟲洞。把蟲洞放大後，可以把其中一端短暫地加速到非常高的速度，或是把其中一個開口移到重力非常大的天體旁，然後回頭。這兩種方法都可以讓蟲洞移動過的那一端因為時間延遲而經歷較短的時間（跟相對於實驗室座標從未移動過的那一端相比）。例如放在加速過那一端的時鐘顯示的時間可能是 2012 年，而靜止不動那一端的時鐘顯示的可能是 2020 年。如果你跳進 2020 年那一端的蟲洞，你將會回到 2012 年。但是你無法回到蟲洞時光機建造之前的日期。建造蟲洞時光機的困難之一是為了讓蟲洞保持開啟，需要大量的暗能量（dark energy，例如具有負質量的稀罕物質），而我們現今的科技仍無法製造出這種物質。

太空中蟲洞的想像圖。蟲洞可以作為空間中的捷徑，也可以作為時光機。其中黃色與藍色的區域分別表示蟲洞的兩個出入口。

參照條目　時光旅行（西元 1949 年）、卡西米爾效應（西元 1948 年）及時序保護猜想（西元 1992 年）

哈伯太空望遠鏡

史匹哲（**Lyman Strong Spitzer, Jr.**，西元 1914 年～西元 1997 年）

　　太空望遠鏡科學研究所的科學家說：「從開始有天文學以來，包括伽利略在內，天文學家們一直有個共同的目標，那就是看得更多、看得更遠、看得更深。1990 年發射的哈伯太空望遠鏡（Hubble Telescope）讓人類在追求這個目標的旅程上跨出了最巨大的一步。」使用地面上的望遠鏡來進行觀測時，會因為地球大氣層的干擾而使星星看起來一閃一閃的，而且大氣層還會吸收掉一部分的電磁輻射。而哈伯太空望遠鏡由於位於大氣層之外的軌道上，因此可以拍攝到高品質的影像。

　　來自外太空的入射光會從哈伯望遠鏡的凹面主鏡（直徑 2.4 公尺）反射到較小的鏡子上，再聚焦通過一個位於主鏡中央的小孔。這些光線接著會經過分別用來記錄可見光、紫外光和紅外光的儀器。由 NASA 以太空梭送上軌道的哈伯望遠鏡，大小相當於一台灰狗巴士，由太陽能板陣列提供動力，並且利用**陀螺儀**來穩定軌道並瞄準太空中的目標。

　　哈伯望遠鏡的觀測結果已經為天文物理學帶來了許多重要的突破。藉由哈伯望遠鏡，科學家可以更仔細的量測我們與造父變星之間的距離，並且更準確地定出宇宙的年齡。哈伯望遠鏡還拍攝到可能是行星誕生之處的原行星盤、不同演化階段的星系、**伽瑪射線爆**的光學餘暉、**類星體**的特性、繞著其他恆星公轉的太陽系外行星、以及可能是宇宙正在加速膨脹的原因的**暗能量**。哈伯望遠鏡還確認了星系的中心大多存在著巨大的黑洞，以及這些黑洞的質量與星系的特性有關。

　　1946 年，美國天文物理學家史匹哲開始鼓吹建造一座太空望遠鏡。而他也在有生之年看到了夢想實現。

太空人史蒂芬・史密斯（Steven L. Smith）和約翰・葛倫菲爾德（John M. Grunsfeld）正在更換哈伯太空望遠鏡中的陀螺儀（攝於 1999 年）。

時序保護猜想

霍金（**Stephen William Hawking**，西元 **1942** 年生）

如果回到過去的時光旅行是可行的，那麼該如何避免可能發生的各種矛盾，例如你回到了過去，殺掉自己的祖父，源頭就排除自己已出生的可能性？已知的物理定律並未排除回到過去的可能性，而且根據假想的科技，例如運用蟲洞（時空之間的捷徑）或是強大的重力，時光旅行很可能是可行的，那麼，為什麼我們並未發現時光旅行者存在的證據呢？科幻小說家席維伯格（Robert Silverberg）生動地點出了時光旅行者可能造成的問題：「到最後，不斷累積的矛盾會形成這樣的一幅圖像：數十億的時光旅行者蜂擁到過去，見證耶穌受刑的那一刻，這些旅行者塞滿了聖地，甚至是土耳其、阿拉伯、印度以及伊朗……然而原本的事件發生時，並未出現這一大群人……我們可自由地群聚到過去的某個關鍵時刻的時代就要到來。屆時，我們的昨天將被自己填滿，而我們的祖先將無立足之地。」

部分基於我們從未見過來自未來的旅行者，讓物理學家霍金提出了時序保護猜想（Chronology Protection Conjecture）。這個猜想認為，物理定律不允許時光機的出現，尤其是巨觀尺度的時光機。今天科學家仍持續在爭論這個猜想真正的意義為何，或是這假說是否成立。這些矛盾能不能透過一連串的巧合，讓你即使真的回到了過去也無法殺死你的祖父？或是回到過去的時光旅行跟某些基礎自然定律牴觸，例如描述重力的量子力學定律？

或許即使回到過去的時光旅行可行，我們的過去也不會因此而改變，因為在某人會到過去的那一瞬間，時光旅行者實際上是進到了一個平行宇宙。原本的宇宙仍然維持不變，但新的宇宙則會因為時光旅行者的動作而產生變化。

霍金提出時序保護猜想，認為物理定律不允許時光機出現，特別是巨觀尺度的時光機。今天科學家仍持續爭論這個猜想的真實意涵。

參照條目 時光旅行（西元 1949 年）、費米悖論（西元 1950 年）、平行宇宙（西元 1956 年）、蟲洞時光機（西元 1988 年）及霍金的星際奇航記（西元 1993 年）

量子遙傳

貝內特（**Charles H. Bennett**，西元 1943 年生）

在《星際奇航記》（*Star Trek*）裡，當艦長必須從某個星球上一個危險的狀況下脫身時，他會對星艦上操作傳送裝置的工程師大喊一聲：「傳送！」幾秒鐘內，艦長就會消失在星球表面，重新出現在星艦上。直到最近，物質的遙傳仍然只是純粹的想像。

1993 年，電腦科學家貝內特和他的同事提出了一個方法，可以藉由量子糾纏來傳送粒子的量子態。當一對粒子（例如光子）產生糾纏時，則發生在一個粒子上的變化會立刻反映到另一顆粒子上，而且這種現象與粒子之間的距離（不管是只有幾英吋或是與行星間的距離相當）無關。貝內特提出了一個方法來掃描並傳送一個粒子量子態的部分資訊給遠處的另一個粒子同伴。遠處的粒子再根據接收到的掃描資訊，將自己的狀態修改為原本粒子的狀態。這樣一來，第一個粒子就不再處於原本的狀態。雖然我們傳送的事實上是粒子的狀態，但是我們可以把它想成是原本的粒子神奇地跳躍到新的位置。當兩個同樣種類的粒子具有相同的量子態時，他們是無法被區分開來的。由於這種傳送方法中，資訊必須要以傳統的方式（例如雷射光束）來發送接收，因此其速度無法超過光速。

研究人員在 1997 年曾傳送過一顆光子，並且在 2009 年將一顆鐿（ytterbium）離子的狀態傳送到位於一公尺以外另一個容器中的鐿離子上。目前以我們的科技要以量子遙傳來傳送人類、甚至是病毒，都還十分遙不可及。

量子遙傳在未來可能可以協助量子電腦進行遠距的量子通訊，量子電腦在執行加密運算或是搜尋資訊等任務時，速度遠高於傳統電腦。這些電腦使用的將會是以量子疊加態的形式存在的量子位元，這些位元就像是一枚兩面同時都是正面也同時都是反面的硬幣。

科學家已經可以傳送光子，以及傳送位於不同容器的兩顆原子（鐿離子）的資訊。幾個世紀以後，我們將能夠傳送人類嗎？

參照條目　薛丁格的貓（西元 1911 年）、EPR 悖論（西元 1935 年）、貝爾定理（西元 1964 年）及量子電腦（西元 1981 年）

霍金的星際奇航記

霍金（**Stephen William Hawking**，西元 1942 年生）

　　根據調查，天文物理學家霍金是二十一世紀初時「全世界最知名的科學家」。由於他所帶給人們的啟發，這本書特別把他列為單獨的一節。就像愛因斯坦一樣，霍金也橫跨到流行文化的領域，並且在許多電視節目，例如《星際奇航記：銀河飛龍》（*Star Trek: The Next Generation*）中扮演自己。由於頂尖的科學家極少成為文化的象徵，因此我們用這一節的標題來彰顯他的重要性。

　　許多與黑洞有關的定理都是霍金的貢獻。例如質量為 M 的史瓦茲黑洞（Schwarzschild black hole），其蒸發速率可以寫成 $dM/dt = -C/M^2$，其中的 C 是常數，t 是時間，就是由霍金所提出。另一條霍金所提出的定律說，黑洞的溫度與其質量成反比。物理學家李·斯莫林（Lee Smolin）說：「一個質量與喜馬拉雅山相當的黑洞，其大小不會超過一個原子核，但是它的溫度會比恆星中心的溫度還要高。」

　　1974 年，霍金發現黑洞會散發出由次原子粒子所組成的熱輻射，這種過程就是所謂的霍金輻射（Hawking radiation）。同一年，他被選為倫敦皇家學會最年輕的院士之一。黑洞會散發出這種輻射，最後因為蒸發而消失。霍金在 1979 到 2009 年之間一直擔任劍橋大學的盧卡斯數學教授（Lucasian）這個牛頓也曾擔任過的職位。霍金也猜測在虛數時間中（imaginary time），宇宙既沒有邊緣也不具界限，這表示「宇宙開始的方式完全由科學定律所決定」。霍金在 1988 年 10 月 17 日的《明鏡周刊》上說：「宇宙是如何開始的很可能是由科學定律所決定……而不需要由上帝來決定宇宙該如何開始。這並不表示上帝不存在，只是表示上帝並不是必要的。」

上圖——在《星際奇航記》裡，霍金和同樣以全像投影的牛頓以及愛因斯坦一起玩撲克。右圖——美國總統歐巴馬在白宮頒給霍金總統自由勳章之前與他交談（2009 年）。霍金患有運動神經元疾病，讓他幾乎完全陷入癱瘓。

參照
條目
牛頓——偉大的啟迪者（西元 1687 年）、黑洞（西元 1783 年）、愛因斯坦——偉大的啟迪者（西元 1921 年）及時序保護猜想（西元 1992 年）

玻色－愛因斯坦凝聚態

玻色（**Satyendra Nath Bose**，西元 1894 年～西元 1974 年），
愛因斯坦（**Albert Einstein**，西元 1879 年～西元 1955 年），
康奈爾（**Eric Allin Cornell**，西元 1961 年生），
威曼（**Carl Edwin Wieman**，西元 1951 年生）

玻色－愛因斯坦凝聚態（Bose-Einstein Condensate）下的低溫物質呈現非常奇特的性質：在這個狀態下，原子不再單獨存在，而是融匯成神祕的集體狀態。想像現在有個包含 100 隻螞蟻的聚落，當你把溫度冷卻到 1700 億分之一度 K 時（比最遠的外太空還要冷），每隻螞蟻都會變成一種詭異的雲，延展到整個聚落。每個螞蟻雲都與其它的螞蟻雲重疊在一起，因此聚落裡填滿了一個單一緻密的雲，你再也看不到單獨存在的螞蟻。然而當你把溫度提高時，螞蟻雲再度分開，回復到 100 隻單獨的螞蟻繼續牠們的工作，就像什麼事都沒發生過一樣。

玻色－愛因斯坦凝聚態是由玻色子的低溫氣體所形成的物質態，在這個狀態下，所有的粒子都佔據同一個量子態。在低溫下，它們的波函數彼此重疊，而且可以在大尺度下觀察到有趣的量子效應。玻色－愛因斯坦凝聚態最早是在 1925 年左右由玻色和愛因斯坦提出預測。1995 年物理學家康奈爾和威曼把銣 87 原子（rubidium-87，銣是一種玻色子）冷卻到接近絕對零度而得到這種奇異的物質態。根據**海森堡不確定性原理**，當氣體原子的速度降低時，其位置就變得不確定，到最後所有的原子會「凝聚」成一個單一的大型「超原子」（superatom），就像是個量子冰塊。和真正的冰塊不同，玻色－愛因斯坦凝聚態非常地脆弱，很容易因為擾動而回復成一般的氣體。雖然如此，玻色－愛因斯坦凝聚態仍然在量子理論、超流體、降低光脈衝的速度甚至是黑洞的模擬中得到越來越多的研究。

研究人員可以利用**雷射**和磁場來降低並限制原子的速度，以達到如此低的溫度。雷射光束可以對原子施加壓力，在同時間降低其速度並進行冷卻。

在 1995 年 7 月 14 日那期的《科學》雜誌中，來自實驗天文物理研究所的研究人員發表了製造出玻色愛因斯坦凝聚態的結果。圖中顯示凝聚態（藍色的高峰）逐漸形成的樣子。實驗天文物理研究所是由美國國家標準與技術研究院與科羅拉多大學柏德分校共同營運。

參照條目 海森堡不確定性原理（西元 1927 年）、超流體（西元 1937 年）及雷射（西元 1960 年）

暗能量

　　「50 億年前，宇宙發生了一件奇怪的事，」科學記者歐佛比（Dennis Overbye）說：「就像上帝突然把反重力機打開一樣，宇宙開始加速膨脹，星系以前所未見的速度遠離彼此。」而其中的原因，很可能就是暗能量──一種遍佈所有空間，且造成宇宙加速膨脹的能量型式。宇宙中含有大量的暗能量，其佔有整個宇宙質能（mass-energy）將近四分之三。天文物理學家尼爾・泰森（Neil deGrasse Tyson）和天文學家唐納高史密斯（Donald Goldsmith）說：「只要宇宙學家能夠解釋暗能量是從何而來的，他們就可以宣稱發現了宇宙最基本的祕密。」

　　科學家在 1998 年發現暗能量存在的證據，當時天文物理的觀測結果顯示某些遙遠的超新星（因恆星爆炸所產生）正在加速離我們遠去。同一年，美國宇宙學家特納（Michael Turner）提出了「暗能量」（Dark Energy）這個詞。

　　如果宇宙持續地加速膨脹下去，則未來我們將看不到本超星系團（local supercluster）以外的星系，因為最終它們的退行速度將會大於光速。在某些情境下，暗能量可能會在一次**宇宙大撕裂**（Cosmological Big Rip）後結束，到時從原子到行星的所有物質都將被扯裂。即使大解體並未發生，宇宙也會成為一個非常寂寞的地方（參考〈**宇宙孤立**〉）。泰森說：「暗能量最終將使得未來的世代越來越難了解他們的宇宙。除非當代的天文物理學家留下橫跨星系的詳盡記錄……未來的天文物理家對外面的星系將一無所知……暗能量將使他們無法讀到宇宙這本書裡的每個章節……（今天）我們同樣失去了一些宇宙曾經擁有的基本片段，留下我們摸索一些或許永遠都找不到的答案。」

SNAP（Supernova Acceleration Probe，超星新加速探測衛星）是由 NASA 與美國能源部共同合作的太空觀測站，以測量宇宙膨脹的速度以及了解暗物質的本質。

參照條目　哈伯定律（西元 1929 年）、暗物質（西元 1933 年）、宇宙微波背景輻射（西元 1965 年）、宇宙暴脹（西元 1980 年）、宇宙大撕裂（三百六十億年後）及宇宙孤立（一千億年後）

蘭德爾－桑卓姆膜

蘭德爾（**Lisa Randall**，西元 **1962** 年生），
桑卓姆（**Raman Sundrum**，西元 **1964** 年生）

蘭德爾－桑卓姆膜（Randall-Sundrum Branes, RS）理論是為了解決物理學中的級列問題所提出的理論，級列問題是指重力與其他三種基本作用力，電磁作用力、強核作用力與弱核作用力比起來為何如此微弱？雖然重力看起來很強，但是別忘了，一顆表面被摩擦過的氣球所產生的電磁作用力，就足以讓它貼附在牆上，換句話說，大於整個地球施加在它身上的重力。根據 RS 理論，重力之所以如此微弱的原因是因為它集中在別的維度。

物理學家蘭德爾和桑卓姆在 1999 年發表了一篇名為〈微小額外維度所產生的巨大質量級列〉的文章，從一個數據可以看出全世界對於這個理論感興趣的程度：由於這篇文章和其他相關論文，蘭德爾是 1999 到 2004 年之間全世界論文被引用數最高的理論物理學家。蘭德爾也是普林斯頓大學物理系史上第一位女性的終身職教授。要理解 RS 理論，我們可以把我們的世界（具有三維空間和一維時間）想像成一張巨大的浴簾，物理學家把這張浴簾稱為「膜」（brane）。你和我就像是一些小水珠，終其一生都貼附在這張浴簾上，沒有發現很近的距離外就有另一張位於另一個空間維度的浴簾。而重力子（graviton），這個產生重力的基本粒子，主要就位於這張隱藏起來的膜上（hidden brane）。**標準模型**中的其他粒子，例如電子和光子，則位於我們的可見宇宙所存在的可見膜（visible brane）上。重力的強度事實上並不比其他的作用力弱，但是由於在「漏」到我們的可見膜時稀釋了，造成它的強度減弱。決定我們能看到什麼的光子離不開可見膜，因此我們無法觀察到這張隱藏膜。

目前科學家仍尚未觀察到重力子。但是高能粒子加速器可能有機會讓科學家觀察到這種粒子，並提供一些額外維度是否存在的證據。

超環面儀器（ATLAS）是大強子對撞機中用來尋找質量的來源以及額外維度是否存在的粒子探測器。

參照條目　廣義相對論（西元 1915 年）、弦論（西元 1919 年）、平行宇宙（西元 1956 年）、標準模型（西元 1961 年）、萬有理論（西元 1984 年）、暗物質（西元 1933 年）及大強子對撞機（西元 2009 年）

最快的龍捲風

沃曼（**Joshua Michael Aaron Ryder Wurman**，西元 1960 年生）

桃樂絲（Dorothy）在《綠野仙蹤》（*The Wizard of OZ*）中的奇幻旅程不完全是虛構的。龍捲風是最具破壞力的自然力量之一。早期的美國拓荒者剛抵達中部大平原時，曾經有人目擊成年的野牛被整頭捲到空中。龍捲風漩渦中心的低壓會造成水氣的冷卻和凝結，形成清晰可見的漏斗雲。

1999 年 5 月 3 日科學家在靠近地面的地方記錄下史上最快的龍捲風風速——時速 512 公里。在大氣科學家沃曼的率領下，一個團隊開始追蹤一個超級胞雷爆（supercell thunderstorm）的形成，超級胞雷爆是一種伴隨著中尺度氣旋（mesocyclone）的雷雨暴，這種氣旋會在離地幾英哩的上空產生一個不斷旋轉的大範圍上升氣流。沃曼藉由車載都卜勒雷達對這個位於美國奧克拉荷馬州的風暴發射微波脈衝。這些微波會被雨和其他微粒反彈會來，讓研究人員藉由頻率的變化精確地估計出離地表 30 公尺左右的風速。

雷雨暴的特徵是上升氣流。科學家仍然在研究為何在某些雷雨暴裡上升氣流會形成轉動的漩渦，在某些雷雨暴裡則否。從地面往上升的空氣形成上升氣流並且與來自不同方向的高空風產生交互作用。龍捲風的漏斗雲是因為空氣及塵埃形成漩渦後所產生的低壓區造成的。雖然空氣在龍捲風內部是往上升，但是漏斗雲通常是在龍捲風形成的過程中，逐漸從雷雨雲的底部延伸到地面上。

大多數的龍捲風發生在美國中部的龍捲風走廊。龍捲風可能是靠近地面的暖空氣陷入離地面較高的局部冷空氣所造成的。較重的冷空氣從暖空氣的四周往下移動，較輕的暖空氣則快速上升取代原本的冷空氣。美國的龍捲風經常發生在來自墨西哥灣溫暖潮濕的空氣與來自洛磯山脈寒冷乾燥的空氣發生碰撞的季節。

VORTEX-99 團隊在 1999 年 5 月 3 號於奧克拉荷馬州中部所拍攝到的龍捲風。

 參照條目　氣壓計（西元 1643 年）、瘋狗浪（西元 1826 年）、都卜勒效應（西元 1842 年）及白貝羅氣候定律（西元 1857 年）

高頻主動極光研究計畫

根據一些陰謀論者的說法，高頻主動極光研究計畫（high-frequency active auroral research program, HAARP）是祕密開發中的終極飛彈防禦系統，或是用來破壞世界其他地方的天氣與通訊的武器，不然就是一種控制數百萬人類心智的方法。其實 HAARP 並沒有這麼可怕，事實上它還非常地有趣。

HAARP 是部分由美國空軍、美國海軍以及國防先進研究計畫局共同資助的一項實驗計畫，其目的是為了研究大氣層最外圍之一的電離層（ionosphere）。HAARP 擁有一座包含 180 具天線，佔地約 140,000 平方公尺的天線陣列，從 2007 開始全面運轉。HAARP 利用一個高頻的發射系統將功率高達 360 萬瓦的無線電波投射到距離地表約 80 公里高空的電離層，然後再由 HAARP 設施內的靈敏儀器研究加熱電離層所產生的影響。

科學家之所以想研究電離層是因為它對民用和軍用的通訊系統都非常地重要。陽光會使這個區域的大氣層產生帶電離子。而 HAARP 之所以設置在阿拉斯加是因為這裡有各種不同的電離層狀況可供研究。科學家可調整 HAARP 的訊號以誘發低層電離層中的反應，產生極光電噴流（auroral current）將低頻的電磁波傳回到地面。這種波可以直達深海，讓海軍能夠用來指揮下潛到海底深處的潛艦。

馬可尼（Guglielmo Marconi）在 1901 年成功地展示了橫跨大西洋的通訊，當時的人們對無線電波為何能隨著地球的曲度轉彎而感到十分好奇。1902 年，工程師奧立佛黑維賽（Oliver Heaviside）與亞瑟肯乃利（Arthur Kennelly）分別獨立發表了大氣層的高處有一層可以將無線電波反射回地面的導電層的看法。今天我們的長距離通訊必須要借助電離層，當電離層受到太陽閃焰的影響時就會造成通訊中斷。

上圖——HAARP 的高頻天線陣列。左圖——HAARP 的研究成果可能可以讓美國海軍更容易與潛入深海中的潛艦進行通訊。

參照條目　電漿（西元 1879 年）、北極光（西元 1621 年）、綠閃光（西元 1882 年）及電磁脈衝（西元 1962 年）

最深沉的黑

所有人造的材料，即使是瀝青和木炭，都會反射少量的光線，但這並無礙於未來學家幻想一種可以吸收所有顏色的光且什麼都不反射的完美黑色材料。2008 年，一組美國科學家成功地製造出一種超級無敵黑，比科學上已知的所有物質都還要黑的材料。這種材料是由碳奈米管（carbon nanotube）所製成。碳奈米管是由單層碳原子薄層捲成的管狀物。理論上來說，完美的黑色材料必須要將從任何角度而來的所有的波長的光線都吸收掉。

倫斯勒理工學院和萊斯大學的研究人員將碳奈米管製作成微小的「地毯」。這種地毯的「粗糙度」經過調整，以盡量減少光線的反射。

這種包含碳奈米管的地毯只會反射所有照射到材料上的光的 0.045%，大概比黑色的漆還「黑」上一百倍。未來，這種「終極黑」可能可以用來更有效率地捕捉來自太陽的能量或是設計更靈敏的光學儀器。為了降低光線照到這種超級黑的材料上的反射，研究人員讓奈米管地毯的表面形成不規則而粗糙的樣子。其中有很大一部分的光會「陷入」地毯中鬆散堆積的奈米線之間所形成的空隙。

目前這種超級黑的材料只適用於可見光。但是可以阻隔或是高度吸收其他波段電磁輻射的材料未來在國防領域可能非常地有用，因為它們可以用來製作難以偵測的物體。

科學家對最深沉的黑的追尋從未停止。2009 年，萊登大學的研究人員展示了一種吸收率非常高的氮化鈮（niobium nitride）薄膜，它在某些視角下對光線的吸收率接近百分之百。同樣是在 2009 年，日本的研究人員發表了一種碳奈米管所組成的薄片，這種薄片可以吸收範圍相當寬廣的波長下的所有光線。

科學家在 2008 年製作出當時最黑的材料，這種由碳奈米管所組成的地毯比黑色跑車上的漆還要黑上一百倍。科學家仍持續地在尋找更黑的材料。

參照條目 電磁頻譜（西元 1864 年）、超穎材料（西元 1967 年）及巴克球（西元 1985 年）

大強子對撞機

　　英國的《衛報》說：「粒子物理是我們對那些難以想像的事物最不可思議的探求。為了找出宇宙中最小的組成份子，你必須建造世界上最大的機器。為了重建創世之後數百萬分之一秒時的景象，你必須要聚焦驚人的能量。」比爾‧布萊森（Bill Bryson）說，「粒子物理學家以非常直接了當的方式來揭開宇宙的奧祕：把粒子扔在一起，然後看看有什麼東西飛出來。這種過程就好像讓兩隻瑞士錶互相撞碎，再從散裂物裡推論它們是怎麼運作的。」

　　歐洲核子研究組織（CERN）所建造的大強子對撞機（Large Hadron Collider, LHC）是全世界最大且能量最高的粒子加速器。這座加速器主要是設計來進行質子束的對撞（質子是強子的一種）。質子束在強力電磁鐵的導引下，環繞著 LHC 的真空環形軌道中運行，每繞行一圈，粒子的能量就會提高一些。LHC 使用的磁鐵是**超導磁鐵**，並且使用大型的液態氦冷卻系統來進行冷卻。在超導的狀態下，磁鐵中的導線和接點可以達到幾乎零電阻。

　　整個 LHC 位於法國與瑞士邊界一個周長 27 公里的環型隧道中。它將讓物理學家更了解希格斯玻色子，希格斯波色子是一種可以解釋為何粒子會具有質量的假想粒子。LHC 也可以用來尋找**超對稱**（Supersymmetry）理論所預測的粒子，這個理論認為每種基本粒子都有一個質量比自己更大的超伴子（例如電子 electron 會有個稱為超電子 selectron 的伴子）。除此之外，LHC 或許還將提供我們除了已知的三度空間以外是否還有額外維度存在的證據。在某種意義上，藉由粒子束的對撞，LHC 可以重建**大霹靂**發生後不久的情形。物理學家藉由特殊的偵測器分析碰撞後所產生的粒子。2009 年，LHC 完成了第一次的質子對撞。

正在安裝的超環面儀器（ATLAS）中的熱能計（calorimeter）。圖中是即將移入探測器中，被八具超環面磁鐵所圍繞的熱能計，用來測量質子在探測器中發生碰撞時所產生的粒子的能量。

參照條目 超導（西元 1911 年）、弦論（西元 1919 年）、迴旋加速器（西元 1929 年）、標準模型（西元 1961 年）、上帝粒子（西元 1964 年）、超對稱（西元 1971 年）及蘭德爾 - 桑卓姆膜（西元 1999 年）

宇宙大撕裂

考德威爾（**Robert R. Caldwell**，西元 1965 年生）

有許多因素會決定宇宙最終的命運，其中一個因素，是**暗物質**到底會讓宇宙膨脹到什麼程度。有個可能性是等加速度膨脹，就像一台每走一公里，時速就增加一公里的車子。這樣一來所有的星系最後將以超越光速的速度彼此遠離，使得每個星系都孤零零的存在於黑暗的宇宙中（參考〈**宇宙孤立**〉）。最終所有的星星都看不到，就像生日蛋糕上的蠟燭逐漸熄掉一樣。但是在某些情境下，這些蠟燭會被扯得四分五裂：當宇宙因為暗物質而產生「大撕裂」（Big Rip）時，所有的物質，從次原子到行星與恆星，都會被撕裂成碎片。如果暗物質的排斥效應不知怎麼地被「關掉」的話，重力就會重新主宰宇宙，讓宇宙塌縮而形成「大擠壓」（Big Crunch）。

達特茅斯學院的物理學家考德威爾與他的同事首先在 2003 年發表了「大撕裂」假說，在這個假說中，宇宙膨脹的速度會不斷地變快，同時看得見的宇宙的大小會不斷地縮減，最終只縮到剩下次原子大小。雖然我們不確定宇宙死亡的確切時間，但是考德威爾的論文中有個例子，計算出來的時間是 220 億年後。

如果大撕裂真的發生了，那麼在宇宙終結之前的六千萬年，重力將不足以讓個別的星系待在一起。最後時刻之前的約三個月，太陽系將不再受到重力的束縛。地球會在終點前 30 分鐘爆炸。原子則在萬物消滅前的 10^{-19} 秒四分五裂。到最後，連讓夸克結合成質子和中子的強核作用力終於撐不住。

事實上，愛因斯坦在 1917 年時曾經以宇宙常數的形式提出反重力排斥力的想法，他的目的是為了解釋為何天體的重力不會造成宇宙的收縮。

在大撕裂時，包含行星和恆星在內的所有的物質都會被撕裂。

參照條目　大霹靂（西元前一百三十七億年）、哈伯定律（西元 1929 年）、宇宙暴脹（西元 1980 年）、暗能量（西元 1998年）及宇宙孤立（一千億年後）

宇宙孤立

C.S. 路易斯（Clive Staples "Jack" Lewis，西元 1898 年～西元 1963 年），
福斯喬爾（Gerrit L. Verschuur，西元 1937 年生），
克勞斯（Lawrence M. Krauss，西元 1954 年生）

外星種族和我們進行第三類接觸的機會可能十分渺茫。天文學家傑瑞特福斯喬爾相信，如果外星文明和我們的文明一樣正處於嬰兒期，則此刻整個可見宇宙頂多存在 10 個或 20 個這樣的文明，而這些文明彼此間的距離達 2000 光年。福斯喬爾說：「這表示，基本上我們是銀河系中唯一的文明。」事實上，英國國教神學家 C.S. 路易斯就曾經提出將宇宙中的智慧生命彼此隔開的遙遠距離，是「避免衰亡種族的精神汙染散播開來」的保證。

而未來，要與其他的星系進行接觸將會更為困難。即使**宇宙大撕裂**沒有發生，宇宙的膨脹仍然會將星系以超越光速的速度彼此拉開，使得其他星系紛紛消失在我們的眼前。我們的後代將會發現自己住在一大團星星中，這些星星都來自同一個因重力把幾個鄰近星系拉在一起而形成的超星系（supergalaxy）。而這團星星將會坐落於無止無盡且似乎靜止不動的黑暗中。夜空不會完全是黑的，因為你還是看得到超星系裡的星星。但是越過超星系之後，望眼鏡中所看到的將會是一片荒蕪。物理學家克勞斯說，在 1000 億年後，死亡的地球將「孤單地漂浮」在超星系這個「鑲嵌在巨大空洞中的恆星之島」。到最後，超星系本身也將因為塌縮成黑洞而消失不見。

如果我們一直碰不到來自外星的訪客，或許是因為有能力進行太空飛行的生命非常稀少，或是星際間的旅行極為困難。另外一個可能性是，我們四周到處都是外星人存在的跡象，只是我們對此一無所知。1973 年，無線電天文學家約翰波爾（John A. Ball）曾提出一個動物園理論，他說：「在完美的動物園或是野生動物保留區裡，動物們不但不會與動物園管理員互動，而且也不會知道他們的存在。」

哈伯望遠鏡所拍攝的觸鬚星系（Antennae Galaxies），可以看到一對星系互相碰撞時產生的美麗景像。我們的後代可能會發現自己住在一大團星星中，而這些星星都來自同一個因重力把幾個鄰近星系拉在一起所形成的超星系。

參照
條目　黑洞（西元 1783 年）、黑眼星系（西元 1779 年）、暗物質（西元 1933 年）、費米悖論（西元 1950 年）、暗能量（西元 1998 年）、宇宙的終結（一百兆年後）及宇宙大撕裂（三百六十億年後）

宇宙的終結

弗雷德亞當斯（**Fred Adams**，西元 1961 年生），
霍金（**Stephen William Hawking**，西元 1942 年生）

　　詩人佛洛斯特（Robert Frost）曾寫道：「有人說世界將會終結於火中，有人說終結於冰裡。」我們的宇宙的最終命運取決於它的幾何形狀，**暗能量**的行為以及物質的總量等因素。而天文物理學家弗雷德亞當斯以及格雷戈里勞克林則描繪了一個黯淡的終點：現在這個充滿星星的宇宙，到最後將成為一個由次元子粒子所組成的巨大海洋，所有的恆星、星系和黑洞都將消失不見。

　　在其中一個情境裡，宇宙的死亡分成好幾幕。目前上演的這一幕，恆星所產生的能量正驅動各種天體物理的過程。雖然我們的宇宙已經有 137 億歲，但是大部分的恆星都才剛剛開始發亮。但是所有的恆星都會在 100 兆年後死亡，屆時將不再有新的恆星誕生，因為星系已經耗盡它們的燃料——那些用以產生新恆星的原料。到了此刻，滿天繁星的這一幕將迎來它的終點。

　　第二幕，宇宙繼續膨脹，但是能量不變且星系逐漸萎縮，物質逐漸聚集到星系的中央。只剩因為質量不足而無法像恆星一樣發光的棕矮星仍在苟延殘喘。到了這時候，重力已經把死亡恆星的殘骸聚集成超級緻密的天體，例如白矮星、中子星與黑洞。到最後，即使是這些**白矮星**和**中子星**也都會因為質子衰變而消失。

　　第三幕，是黑洞的時代，這時候重力已經將所有的星系都轉換成看不見、質量也非常巨大的黑洞。藉由天文物理學家霍金在 1970 年代所提出的一種能量輻射過程，黑洞會逐漸地流失其巨大的質量。這表示一個巨有大型星系質量的黑洞，在大約 10^{98} 到 10^{100} 年後，會蒸發殆盡。

　　當黑洞時代落幕後，還有什麼東西留下來嗎？有什麼來填滿這個寂寞的巨大宇宙空洞？有生命能夠存活嗎？到最後，我們的宇宙可能只是一片漂散著無數**電子**的海洋。

2006 年發現以重力互相牽引的棕矮星（想像圖）。

　參照
條目　黑洞（西元 1783 年）、霍金的星際奇航記（西元 1993 年）、暗能量（西元 1998 年）及宇宙大撕裂（三百六十億年後）

一百兆年之後

量子復活

波茲曼（Ludwig Eduard Boltzmann，西元 1844 年～西元 1906 年）

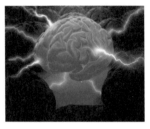

就如我們前幾節說過的，宇宙的命運仍是個未知數，有些理論認為，其他的宇宙持續地從我們現有的宇宙像「發芽」一樣地長出來。另一個可能性，則是我們的宇宙無止盡地膨脹下去，而粒子將會越來越疏散。聽起來好像不是什麼快樂的結局對嗎？但是量子力學告訴我們，即使是在空無一物的宇宙中，殘餘的能量場仍然會產生隨機的漲落。粒子將如同無中生有那樣，從真空中突然冒出來。通常這種漲落的幅度都很小，而大規模的漲落十分罕見。然而，粒子一定會出現，而且只要時間拉長，一定會產生一些「巨大」的東西，例如氫原子，甚至是乙烯（ethylene）之類的小分子。這些東西雖然看起來並不起眼，但如果我們的未來是無窮無盡，那麼只要我們等得夠久，幾乎所有的東西都會再度出現。剛開始可能只是一堆什麼都不是的混沌，但假以時日，螞蟻、行星、人類甚至是由黃金所構成有如木星一般大小的大腦都可能出現。根據物理學家凱瑟琳弗里茲的說法，只要有無限長的時間，你將會再一次出現。所以別難過，量子復活（Quantum Resurrection）可能正等著我們。

今天，有些研究人員甚至認真地思考我們的宇宙中到處都充斥著波茲曼大腦（Boltzmann Brains）——一種赤裸、自由地漂浮在外太空的大腦的可能性。當然，波茲曼大腦存在的機率很低，而且在我們的宇宙誕生以來的 137 億年間出現過這樣一個大腦的機會幾乎是零。根據物理學家湯姆·班克斯（Tom Banks）的計算，大腦因熱擾動而出現的機率是 10^{-25}。但是如果有無限大的空間加上無限長的時間，這種如鬼魅般具有意識的觀察者就會出現。今天有越來越多的文獻在探討波茲曼大腦的意義。這個想法最早是由麗莎·戴森（Lisa Dyson）、馬修·克雷本（Matthew Kleban）與雷納德·薩斯坎德（Leonard Susskind）在 2002 年的一篇論文所提出，他們認為典型的智慧觀察者來自熱擾動所產生，而不是來自於宇宙學與演化。

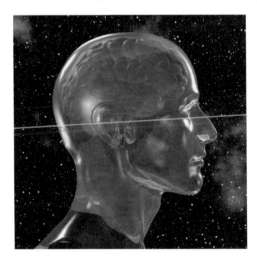

波茲曼大腦即是因熱擾動所產生的無形體智慧，有一天可能會主宰我們的宇宙，而且其數量將遠大於早在它們之前就已經存在的自然演化智慧生命。

參照
條目　卡西米爾效應（西元 1948 年）及量子永生（西元 1987 年）

科學人文 ㊺
物理之書
The Physics Book: From the Big Bang to Quantum Resurrection, 250 Milestones in the History of Physics

作　　者——柯利弗德‧皮寇弗（Clifford A. Pickover）
譯　　者——顏誠廷
主　　編——李清瑞
責任編輯——李筱婷
美術設計——三人制創
執行企畫——鍾岳明

總 編 輯——余宜芳
董 事 長——趙政岷
出 版 者——時報文化出版企業股份有限公司
　　　　　　一〇八〇一九臺北市和平西路三段二四〇號四樓
　　　　　　發行專線—（〇二）二三〇六六八四二
　　　　　　讀者服務專線—〇八〇〇二三一七〇五
　　　　　　　　　　　　（〇二）二三〇四七一〇三
　　　　　　讀者服務傳真—（〇二）二三〇四六八五八
　　　　　　郵撥——一九三四四七二四時報文化出版公司
　　　　　　信箱— 一〇八九九臺北華江橋郵局第九九信箱
時報悅讀網——http://www.readingtimes.com.tw
電子郵箱——history@readingtimes.com.tw
法律顧問——理律法律事務所 陳長文律師、李念祖律師
印　　刷——和楹印刷股份有限公司
初版一刷——二〇一三年一月四日
初版十六刷——二〇二二年四月十五日
定　　價——新台幣五八〇元
（缺頁或破損的書，請寄回更換）

時報文化出版公司成立於一九七五年，
並於一九九九年股票上櫃公開發行，於二〇〇八年脫離中時集團非屬旺中，
以「尊重智慧與創意的文化事業」為信念。

物理之書 / 柯利弗德‧皮寇弗(Clifford A. Pickover)作；顏誠廷譯. -- 初版. --
臺北市：時報文化, 2013.01
　　面；　公分. -- (科學人文；45)
　　譯自：The physics book: from the big bang to quantum resurrection, 250
　　　　 milestones in the history of physics

　　ISBN 978-957-13-5698-3(平裝)

　　1. 物理學　2. 歷史

330.9　　　　　　　　　　　　　　　　　　101024886